U0256510

“十三五”国家重点图书出版规划项目

中国河口海湾水生生物资源与环境出版工程

庄　平　主编

崂山湾
水生生物资源

王　俊　李忠义　主编

中国农业出版社
北　京

图书在版编目（CIP）数据

崂山湾水生生物资源 / 王俊，李忠义主编．—北京：中国农业出版社，2018.12

中国河口海湾水生生物资源与环境出版工程 / 庄平主编

ISBN 978-7-109-24715-4

Ⅰ.①崂…　Ⅱ.①王…②李…　Ⅲ.①黄海—海湾—水产资源—栖息环境　Ⅳ.①S922.9

中国版本图书馆 CIP 数据核字（2018）第 233733 号

中国农业出版社出版

（北京市朝阳区麦子店街 18 号楼）

（邮政编码 100125）

策划编辑　郑　珂　黄向阳

责任编辑　王金环

中国农业出版社印刷厂印刷　　新华书店北京发行所发行

2018 年 12 月第 1 版　　2018 年 12 月北京第 1 次印刷

开本：787mm×1092mm　1/16　　印张：13.75

字数：280 千字

定价：120.00 元

内容简介

本书以作者 2013—2015 年多次对崂山湾渔业资源增殖的调查数据为基础，比较系统地阐述了崂山湾的水生生物资源状况，在此基础上，介绍了渔业资源增殖养护和生态系统健康评价有关的内容。全书共七章，分别介绍了崂山湾的概况、浮游植物、浮游动物、大型底栖动物、游泳动物、增殖生态容量与健康评价以及中国对虾增殖放流与管理。本书可供海洋生物资源与环境、海洋生态学、生物资源保护和生态修复等专业领域的高校师生、科研人员以及有关管理人员参考。

丛书编委会

本书编写人员

主　编　王　俊　李忠义

副主编　袁　伟　左　涛　栾青杉　吴　强

编　者（按姓氏笔画排序）

王　俊　王伟继　牛明香　左　涛　吕末晓

孙坚强　李忠义　时永强　吴　强　林　群

袁　伟　栾青杉　彭　亮

丛书序

中国大陆海岸线长度居世界前列，约18 000 km，其间分布着众多具全球代表性的河口和海湾。河口和海湾蕴藏丰富的资源，地理位置优越，自然环境独特，是联系陆地和海洋的纽带，是地球生态系统的重要组成部分，在维系全球生态平衡和调节气候变化中有不可替代的作用。河口海湾也是人们认识海洋、利用海洋、保护海洋和管理海洋的前沿，是当今关注和研究的热点。

以河口海湾为核心构成的海岸带是我国重要的生态屏障，广袤的滩涂湿地生态系统既承担了“地球之肾”的角色，分解和转化了由陆地转移来的巨量污染物质，也起到了“缓冲器”的作用，抵御和消减了台风等自然灾害对内陆的影响。河口海湾还是我们建设海洋强国的前哨和起点，古代海上丝绸之路的重要节点均位于河口海湾，这里同样也是当今建设“21世纪海上丝绸之路”的战略要地。加强对河口海湾区域的研究是落实党中央提出的生态文明建设、海洋强国战略和实现中华民族伟大复兴的重要行动。

最近20多年是我国社会经济空前高速发展的时期，河口海湾的生物资源和生态环境发生了巨大的变化，亟待深入研究河口海湾生物资源与生态环境的现状，摸清家底，制定可持续发展对策。庄平研究员任主编的“中国河口海湾水生生物资源与环境出版工程”经过多年酝酿和专家论证，被遴选列入国家新闻出版广电总局“十三五”国家重点图书出版规划，并且获得国家出版基金资助，是我国河口海湾生物资源和生态环境研究进展的最新展示。

该出版工程组织了全国20余家大专院校和科研机构的一批长期从事河口海湾生物资源和生态环境研究的专家学者，编撰专著28部，系统总结了我国最近20多年来在河口海湾生物资源和生态环境领域的最新研究成果。北起辽河口，南至珠江口，选取了代表性强、生态价值高、对社会经济发展意义重大的10余个典型河口和海湾，论述了这些水域水生生物资源和生态环境的现状和面临的问题，总结了资源养护和环境修复的技术进展，提出了今后的发展方向。这些著作填补了河口海湾研究基础数据资料的一些空白，丰富了科学知识，促进了文化传承，将为科技工作者提供参考资料，为政府部门提供决策依据，为广大读者提供科普知识，具有学术和实用双重价值。

中国工程院院士 唐启升

2018年12月

前　言

崂山湾位于山东省青岛市崂山以东海域，濒临黄海南部，包括鳌山湾（亦称北湾）和小岛湾，东北端岬角为女岛，西南端岬角为草岛。湾口朝东南，为半封闭海湾，海湾面积164.02 km^2，最大水深约13 m，湾内基本无径流输入，水质较好，20世纪80年代海洋生物资源丰富。但是，在气候变化及过度捕捞等人类活动影响的多重压力下，崂山湾渔业资源衰退严重。为恢复渔业资源，促进渔业经济增长，崂山湾成为青岛市渔业资源增殖放流和人工鱼礁建设的重点海域之一。

本书的编写是在国家科技支撑计划课题“近海典型渔业水域增殖潜力与环境修复评价技术研究与应用（2012BAD18B01）”及青岛市海洋与渔业局课题“青岛市近海渔业资源增殖效果评估”等工作的基础上，对2013—2015年崂山湾海域的渔业资源与环境的相关调查数据进行整理、分析而成，较系统地阐述了崂山湾的渔业生物组成、生物量及其栖息环境状况，以期为该海域的渔业资源增殖养护以及栖息地修复提供科学依据。

书中引用了国内外诸多学者已发表的研究成果，在此表示诚挚的谢意！

本书在编撰过程中还得到了国家基金委—山东省联合基金项目（U1606404）和青岛海洋科学与技术国家实验室“海洋生态与环境科学

功能实验室”创新团队项目（LMEES-CTSP-2018-4）的支持。

由于水平所限，书中难免会有疏漏和错误之处，敬请广大读者不吝赐教，提出宝贵意见和建议。

2018年12月

目　录

第一章
崂山湾概况

第一节　自然环境

一、地理位置与基本概况

崂山湾位于山东省青岛市崂山以东海域，面向东南，南面紧邻国家级崂山风景名胜区，西部与青岛市即墨区相接；海湾周边陆域为大面积的自然山体，地形西高东低、南高北低，为南北走向狭长地带；口门宽阔，与黄海相通，为环抱式天然岬角海湾。海湾面积 164.02 km^2，其中 0 m 以深面积 142.17 km^2，5 m 以深面积 36.87 km^2，10 m以深面积 0.91 km^2，平均水深约 4 m，最大水深约 13 m。岸线长度 64.59 km。

崂山湾东、西两侧为崂山花岗岩形成的低丘陵，海岸陡峭，北部地势平坦。海湾水域条件较好，湾北侧为陆地，除湾口易受外海风浪影响以外，没有形成大浪的条件，整个区域以风浪为主，涌浪较少。周边有田横镇、王村镇、温泉镇和鳌山卫镇四个镇。崂山湾没有大河入海，沿岸有大任河、温泉河、新生河、皋虞河、大桥河、王村河等季节性小河流，侵蚀模数较小，向海湾输沙有限。

崂山湾海底地势平缓，海湾两侧为基岩海岸，两侧山坡不断有碎屑物质输入。湾内海底地形平缓向南倾斜，平均坡度为 0.035%，在水深 8～10 m 处坡度增至 0.74%，出现明显转折，向南过渡为浅海平原。海底基岩埋深变化较大，最浅者仅有 4 m，深者达 30 m 以上。海底表层沉积物自湾顶向湾口呈由粗变细、再变粗的带状分布，依次出现沙、粉沙、泥质粉沙和沙质沙，多为泥质粉沙。近岸多为沙质，少部分为岩礁。海湾中部泥质粉沙颗粒较细，黏土粒级含量最高可达 40%。总体上泥沙来源有限。

崂山湾总体上海阔水深，底质稳定；温度受外海影响较大，受气候变化影响较小；透明度较高且相对稳定；无较大的河流入海，盐度也相对稳定。

二、气候条件

（一）气温

崂山湾所在区域为大陆性气候和海洋性气候过渡区，8 月气温最高，平均为 25.2 ℃；6—9 月，各月平均气温都高于 20.0 ℃；1 月气温最低，平均为－0.4 ℃。春季平均气温为 9.8 ℃，夏季为 22.7 ℃，秋季为 15.9 ℃，冬季为 0.8 ℃。

（二）风

多年平均风速 4.2 m/s，全年只有 9 月平均风速较小（3.7 m/s），其他月份平均风速都大于 4.0 m/s。

（三）降水

多年平均降水量 776.7 mm。季节变化比较明显：6—9 月降水量最多，各月平均在 76.5～210.7 mm，其中以 7 月、8 月降水量最多。

三、理化环境

（一）波浪

崂山湾以风浪为主，涌浪较少，强风向和常风向均为 SE 向。春、夏季的强浪向和常浪向均为 SE 向；秋、冬季的常浪向都偏 NW 向，冬季的强浪向为 NE 向，秋季虽然多偏 N 向浪，但偏 S 向浪势力仍较强，强浪向为 SE 向。

（二）潮汐

崂山湾潮汐属正规半日潮，最大潮差为 421 cm，最低潮差为−39 cm，平均潮差为 241 cm。

（三）化学环境

崂山湾近岸无工业集中地，且无大的河流入海，因此水环境化学状况相对稳定。各要素污染指数均小于 1，属一类海水水质；综合污染指数为 0.25，尚属清洁水域。盐度、pH 适中，溶解氧含量较高，6 月平均表层水温、平均盐度、平均溶解氧含量、平均 pH 分别为 19.43 ℃、32.7、8.5 mg/L 和 8.1。水中有害物质石油类、重金属含量较低，适宜各种海洋生物栖息生长。

第二节　调查方法

一、调查区域与内容

调查范围位于 36°—36.6°N、120.6°—121°E，在湾内、湾口和外海海域共设置 21 个调查站位（图 1－1）。使用中国水产科学研究院黄海水产研究所“黄海星”调查船，调查内容包括渔业资源、浮游生物、底栖动物、营养盐及水文环境等。春季调查于 3 月、4 月、5 月进行，夏季调查于 6 月、7 月、8 月进行，秋季调查于 9 月、10 月、11 月进行，冬季由于风浪原因没有进行调查。

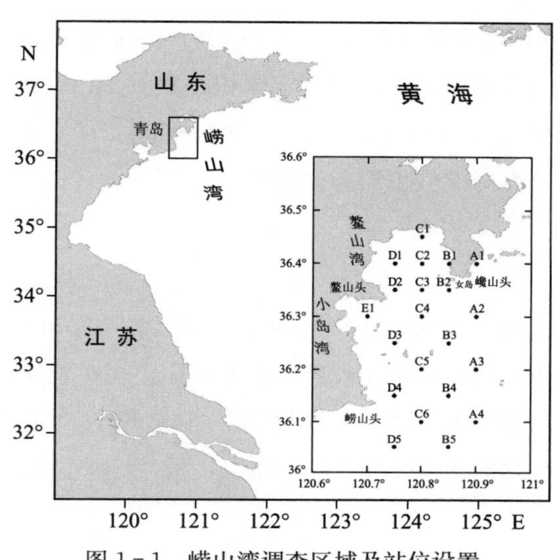

图 1－1 崂山湾调查区域及站位设置

二、材料与方法

（一）渔业资源

渔业资源采用底拖网调查，网口宽度 3.75 m、高度 1.65 m，每站拖曳 1 h，平均拖速约 3.0 kn。在船上现场分析和记录每站渔获物的种类与数量（尾数和重量）。渔获物分析根据渔获多少，或全部用作样品（≤20 kg），或进行随机抽样（≥20 kg）；对全部样品或随机抽取样品进行分类。生物学测定包括体长、体重，年龄、性腺和胃含物等级分析；稀有种类和现场不能鉴定的种类进行标本保存，根据抽样情况综合计算网次总渔获的组成和渔获量。所有样品的处理、分析鉴定和资料整理及数据处理均按《海洋监测规范》（GB 17378—2007）和《海洋调查规范》（GB/T 12763—2007）规定的方法进行。

（二）理化环境

使用温盐深仪（CTD）和多参数水质监测仪（YSI）测定海水的温度、盐度、pH 等基本参数；同步采集海水的营养盐样品，所有样品的处理、分析鉴定和资料整理及数据处理均按《海洋监测规范》(GB 17378—2007) 规定的方法进行。

(三) 浮游植物

样品采集使用浅水Ⅲ型浮游生物网(网长 140 cm、网口面积 0.1 m^2、筛孔对角线长 77 μm) 自底层至表层垂直拖网，样品立即转移至 0.5 L 的聚乙烯 (PE) 瓶中，加入终浓度为 5%的甲醛海水溶液，常温避光保存。浮游植物样品分析在实验室内进行，样品按照浮游植物的多少进行浓缩或稀释，标定到一定体积，取 0.5 mL 的亚样品置于 Sedgwick - Rafter 计数框中，然后在 Leica Biomed (型号：020 - 507.010) 光学显微镜下进行物种鉴定和细胞计数，物种的分类标准依据形态学差异。

(四) 浮游动物

采用浅水Ⅱ型浮游生物网(网口面积 0.08 m^2，网目 160 μm) 自近底层至表层垂直拖取浮游动物，所获样品用 5%的甲醛海水溶液固定保存，在实验室内对浮游动物样品测量湿重并进行镜检鉴定及计数。利用网口面积及采样释放绳长确定各站位滤水体积，并以此计算获得各站位浮游动物的丰度 (个/m^3) 和生物量 (mg/m^3)。

(五) 底栖生物

采用德国 HYDRO - BIOS 公司生产的 Van Veen 抓斗式采泥器 (开口面积为 0.025 m^2) 进行取样，每站成功采集 4 次合并成一个样品，经 0.5 mm 网筛淘洗收集底栖动物置于蓝盖样品瓶中，用 5.0%～7.0%的中性福尔马林海水溶液现场固定后带回实验室。样品个体计数及称重 (湿重) 等均按照《海洋调查规范》(GB/T 12763—2007) 规定的方法在实验室内进行。

(六) 统计分析

物种多样性采用香农威纳指数 (H')，物种均匀度采用 Pielou 指数 (J')，丰富度采用 Margalef 指数 (d_{Ma})，物种优势度采用 Y 指数和相对重要性指数 (IRI)。具体计算公式见下：

$$H' = -\sum_{i=1}^{S} P_i \log_2 P_i$$

式中，P_i 是第 i 种的丰度与该站位样品总丰度的比值；S 是样品中出现的物种数。

$$J' = \frac{H'}{\log_2 S}$$

式中，S 是样品中出现的物种数。

$$d_{Ma} = \frac{S-1}{\log_2 N}$$

式中，S 是样品中出现的物种数；N 是样品中生物的总丰度。

$$Y = \frac{n_i}{N} \times f_i$$

式中，n_i 是第 i 个物种的丰度；N 是所有物种的总丰度；f_i 是第 i 个物种在各站位的出现频率。

$$IRI = (N + W) \times F$$

式中，N 是某一种类密度占总密度的百分率；W 是某一种类生物量占总生物量的百分率；F 是某一种类出现站位数占总站位数的百分率。

浮游植物和浮游动物物种优势度指数（Y），选取 $Y \geqslant 0.02$ 的物种为优势种。底栖动物的优势种类根据相对重要性指数（IRI）确定，$IRI \geqslant 500$ 定为优势种，$100 \leqslant IRI < 500$ 为重要种，$10 \leqslant IRI < 100$ 为常见种，$IRI < 10$ 为少见种。

第二章
崂山湾浮游植物

第一节　种类组成

崂山湾常见浮游植物 52 属 106 种，其中硅藻 38 属 75 种，甲藻 13 属 30 种，硅鞭藻 1 属 2 种。硅藻是调查区浮游植物的主要类群，以角毛藻属（*Chaetoceros*）和圆筛藻属（*Coscinodiscus*）的物种居多，分别出现了 15 种和 10 种；甲藻中原甲藻属（*Prorocentrum*）和原多甲藻属（*Protoperidinium*）分别有 6 种和 8 种。浮游植物生态类型多为温带近岸种，物种组成季节变化详见表 2－1。

表 2－1　崂山湾浮游植物物种组成季节变化

物种组成		春季	夏季	秋季
硅藻				
爱氏辐环藻辣氏变种	*Actinocyclus ehrenbergii* var. *ralfsii*			*
八幅辐环藻	*Actinocyclus octonarius*	*	*	*
六幅辐裥藻	*Actinoptychus senarius*			*
翼内茧藻	*Amphiprora alata*		*	
冰河拟星杆藻	*Asterionopsis glacialis*	*	*	*
加拉星平藻	*Asteroplanus karianus*	*		
派格棍形藻	*Bacillaria paxillifera*	*	*	*
透明辐杆藻	*Bacteriastrum hyalinum*	*	*	*
辐杆藻属未定种	*Bacteriastrum* sp.		*	
正盒形藻	*Biddulphia biddulphiana*		*	*
窄隙角毛藻	*Chaetoceros affinis*		*	*
桥联角毛藻	*Chaetoceros anastomosans*		*	
卡氏角毛藻	*Chaetoceros castracanei*	*	*	
扭角毛藻	*Chaetoceros convolutus*	*		
旋链角毛藻	*Chaetoceros curvisetus*		*	*
丹麦角毛藻	*Chaetoceros danicus*	*	*	*
柔弱角毛藻	*Chaetoceros debilis*	*		
并基角毛藻	*Chaetoceros decipiens*		*	*
密联角毛藻	*Chaetoceros densus*	*	*	*
双孢角毛藻	*Chaetoceros dydimus*	*	*	*
爱氏角毛藻	*Chaetoceros eibenii*	*		
洛氏角毛藻	*Chaetoceros lorenzianus*	*		
窄面角毛藻	*Chaetoceros paradoxus*		*	
角毛藻属未定种	*Chaetoceros* spp.		*	*
扭链角毛藻	*Chaetoceros tortissimus*	*	*	*
蛇目圆筛藻	*Coscinodiscus argus*		*	*

（续）

物种组成		春季	夏季	秋季
星脐圆筛藻	*Coscinodiscus asteromphalus*	*	*	*
中心圆筛藻	*Coscinodiscus centralis*	*	*	*
格氏圆筛藻	*Coscinodiscus granii*	*	*	*
琼氏圆筛藻	*Coscinodiscus jonesianus*		*	*
虹彩圆筛藻	*Coscinodiscus oculus－iridis*		*	*
辐射圆筛藻	*Coscinodiscus radiatus*	*	*	*
圆筛藻属未定种	*Coscinodiscus* spp.	*	*	*
细弱圆筛藻	*Coscinodiscus subtilis*	*	*	*
威氏圆筛藻	*Coscinodiscus wailesii*		*	*
条纹小环藻	*Cyclotella striata*	*	*	*
新月筒柱藻	*Cylindrotheca closterium*	*	*	*
矮小短棘藻	*Detonula pumila*		*	
蜂腰双壁藻	*Diploneis bombus*	*	*	*
布氏双尾藻	*Ditylum brightwellii*	*	*	*
唐氏藻属未定种	*Donkinia* sp.		*	*
浮动弯角藻	*Eucampia zoodiacus*		*	*
脆杆藻属未定种	*Fragilaria* sp.	*	*	*
柔弱几内亚藻	*Guinardia delicatula*	*	*	
萎软几内亚藻	*Guinardia flaccida*	*	*	*
斯氏几内亚藻	*Guinardia striata*	*	*	*
泰晤士旋鞘藻	*Helicotheca tamesis*		*	*
丹麦细柱藻	*Leptocylindrus danicus*		*	*
短纹楔形藻	*Licmophora abbreviata*	*		
膜状缪氏藻	*Meuniera membranacea*		*	*
舟形藻属未定种	*Navicula* sp.	*	*	*
洛氏菱形藻	*Nitzschia lorenziana*			*
菱形藻属未定种	*Nitzschia* sp.	*	*	*
长角齿状藻	*Odontella longicruris*	*		
中华齿状藻	*Odontella sinensis*	*	*	*
具槽帕拉藻	*Paralia sulcata*		*	*
羽纹藻属未定种	*Pinnularia* sp.	*		*
具翼漂流藻	*Planktoniella blanda*			*
端尖斜纹藻	*Pleurosigma acutum*	*	*	*
斜纹藻属未定种	*Pleurosigma* sp.	*	*	*
柔弱伪菱形藻	*Pseudo－nitzschia delicatissima*		*	
尖刺伪菱形藻	*Pseudo－nitzschia pungens*		*	

（续）

物种组成		春季	夏季	秋季
翼根管藻印度变型	*Rhizosolenia alata* f. *indica*	*	*	*
刚毛根管藻	*Rhizosolenia setigera*	*	*	*
中华根管藻	*Rhizosolenia sinensis*			*
优美施罗藻施氏变型	*Schroederella delicatula* f. *schroederi*	*		*
中肋骨条藻	*Skeletonema costatum*	*		
针杆藻属未定种	*Synedra* sp.	*	*	*
伏氏海线藻	*Thalassionema frauenfeldii*	*	*	*
菱形海线藻	*Thalassionema nitzschioides*	*	*	*
离心列海链藻	*Thalassiosira eccentrica*	*	*	*
太平洋海链藻	*Thalassiosira pacifica*	*	*	*
圆海链藻	*Thalassiosira rotula*	*		*
海链藻属未定种	*Thalassiosira* sp.	*	*	*
蜂窝三角藻	*Triceratium favus*		*	*
甲藻				
血红阿卡藻	*Akashiwo sanguinea*	*		*
塔玛亚历山大藻	*Alexandrium tamarense*	*	*	*
叉状角藻	*Ceratium furca*		*	*
梭状角藻	*Ceratium fusus*		*	*
大角角藻	*Ceratium macroceros*		*	
马西利斯角藻	*Ceratium massiliense*		*	
三角角藻	*Ceratium tripos*		*	*
海洋卡盾藻	*Chattonella marina*	*		
渐尖鳍藻	*Dinophysis acuminata*		*	*
具刺膝沟藻	*Gonyaulax spinifera*		*	
春膝沟藻	*Gonyaulax verior*		*	
华丽裸甲藻	*Gymnodinium splendens*		*	
米氏凯伦藻	*Karenia mikimotoi*		*	*
夜光藻	*Noctiluca scintillans*	*	*	*
具齿原甲藻	*Prorocentrum dentatum*	*		
纤细原甲藻	*Prorocentrum gracile*	*		
海洋原甲藻	*Prorocentrum marinum*		*	*
闪光原甲藻	*Prorocentrum micans*	*		
反曲原甲藻	*Prorocentrum sigmoides*			*
尖叶原甲藻	*Prorocentrum triestinum*		*	*
锥形原多甲藻	*Protoperidinium conicum*		*	*
扁平原多甲藻	*Protoperidinium depressum*		*	*

（续）

物种组成		春季	夏季	秋季
歧散原多甲藻	*Protoperidinium divergens*			*
椭圆原多甲藻	*Protoperidinium oblongum*		*	*
海洋原多甲藻	*protoperidinium oceanicum*		*	
灰甲原多甲藻	*Protoperidinium pellucidum*	*		
透明原多甲藻	*Protoperidinium pellucidum*		*	
五角原多甲藻	*Protoperidinium pentagonum*		*	*
斯氏扁甲藻	*Pyrophacus steinii*		*	*
锥状斯克里普藻	*Scrippsiella trochoidea*	*	*	*
硅鞭藻				
小等刺硅鞭藻	*Dictyocha fibula*	*	*	*
六异刺硅鞭藻八幅变种	*Distephanus speculum* var. *octonarius*		*	

注：* 表示有。

第二节　丰度变化

浮游植物丰度具有明显的季节和年间变化。受季节气候变化的影响，北方温带海域浮游植物丰度的季节变化常呈现双峰格局，一般在春季和秋季各有一个丰度高峰。

一、2013 年浮游植物总丰度变化

2013 年 3 月，浮游植物总丰度变化在（119～8 057）$\times10^3$ 个/m^3，平均 3 143$\times10^3$ 个/m^3，密集分布在鳌山头东部水域。硅藻丰度变化在（98～8 041）$\times10^3$ 个/m^3，平均 3 132$\times10^3$ 个/m^3；甲藻丰度变化在 0～102$\times10^3$ 个/m^3，平均 11$\times10^3$ 个/m^3。浮游植物优势种为加拉星平藻（*Asteroplanus karianus*）、冰河拟星杆藻（*Asterionopsis glacialis*）、具槽帕拉藻（*Paralia sulcata*）、布氏双尾藻（*Ditylum brightwellii*）、中肋骨条藻（*Skeletonema costatum*）、浮动弯角藻（*Eucampia zoodiacus*），其优势度分别为 0.41、0.27、0.06、0.04、0.02、0.01（图 2-1）。

2013 年 4 月，浮游植物总丰度变化在（8～624）$\times10^3$ 个/m^3，平均 158$\times10^3$ 个/m^3，密集分布在崂山湾中部水域。硅藻丰度变化在（7～596）$\times10^3$ 个/m^3，平均 139$\times10^3$ 个/m^3；甲藻丰度变化在（0～58）$\times10^3$ 个/m^3，平均 19$\times10^3$ 个/m^3。浮游植物优势种为密联角毛

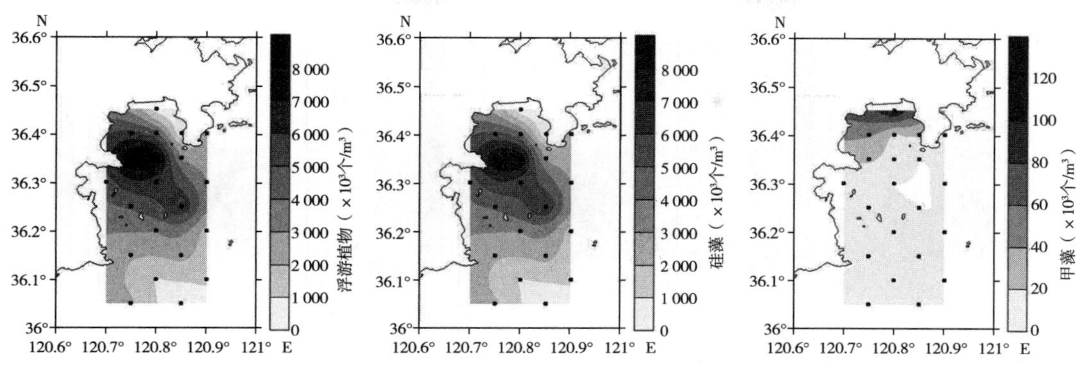

图 2-1 2013 年 3 月浮游植物丰度变化

藻（*Chaetoceros densus*）、夜光藻（*Noctiluca scintillans*）、新月筒柱藻（*Cylindrotheca closterium*）、太平洋海链藻（*Thalassiosira pacifica*）、冰河拟星杆藻（*Asterionopsis glacialis*）、布氏双尾藻（*Ditylum brightwellii*），其优势度分别为 0.20、0.11、0.07、0.05、0.05、0.04（图 2-2）。

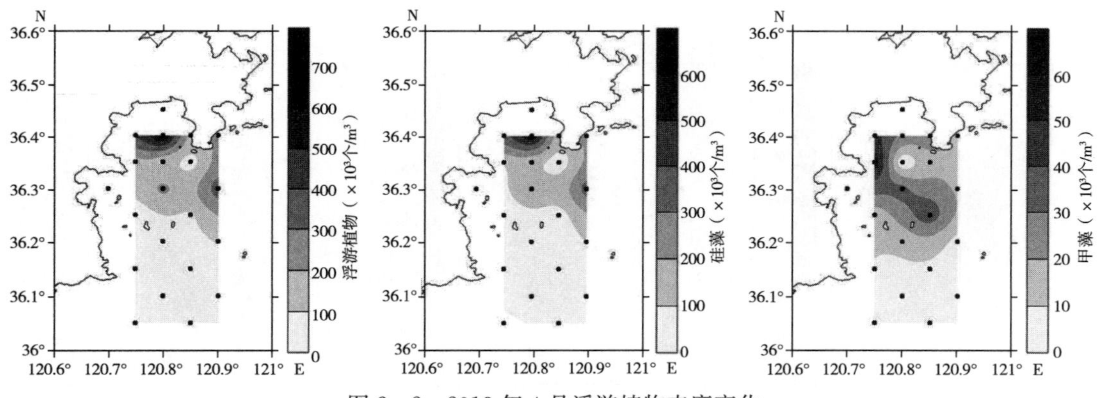

图 2-2 2013 年 4 月浮游植物丰度变化

2013 年 5 月，浮游植物总丰度变化在（50～404）×10³ 个/m³，平均 171×10³ 个/m³，密集分布在小岛湾东部和巉山头南部水域。硅藻丰度变化在（22～252）×10³ 个/m³，平均 90×10³ 个/m³；甲藻丰度变化在（16～247）×10³ 个/m³，平均 81×10³ 个/m³。浮游植物优势种为夜光藻（*Noctiluca scintillans*）、密联角毛藻（*Chaetoceros densus*）、太平洋海链藻（*Thalassiosira pacifica*）、伏氏海线藻（*Thalassionema frauenfeldii*）、新月筒柱藻（*Cylindrotheca closterium*）、条纹小环藻（*Cyclotella striata*），其优势度分别为 0.46、0.15、0.09、0.06、0.02、0.02（图 2-3）。

2013 年 7 月，浮游植物总丰度变化在（7～252）×10³ 个/m³，平均 74×10³ 个/m³，密集分布在崂山湾南部水域。硅藻丰度变化在（5～245）×10³ 个/m³，平均 68×10³ 个/m³；甲藻丰度变化在（2～11）×10³ 个/m³，平均 6×10³ 个/m³。浮游植物优势种为窄隙角毛

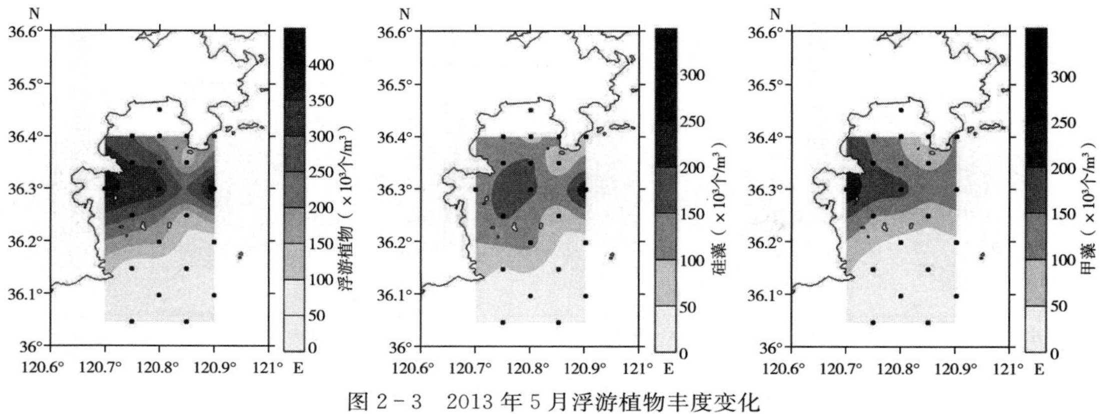

图 2-3　2013 年 5 月浮游植物丰度变化

藻（*Chaetoceros affinis*）、短纹脆杆藻（*Fragilaria brevistriata*）、透明辐杆藻（*Bacteriastrum hyalinum*）、中肋骨条藻（*Skeletonema costatum*）、泰晤士旋鞘藻（*Helicotheca tamesis*）、米氏凯伦藻（*Karenia mikimotoi*），其优势度分别为 0.12、0.11、0.07、0.05、0.04、0.04（图 2-4）。

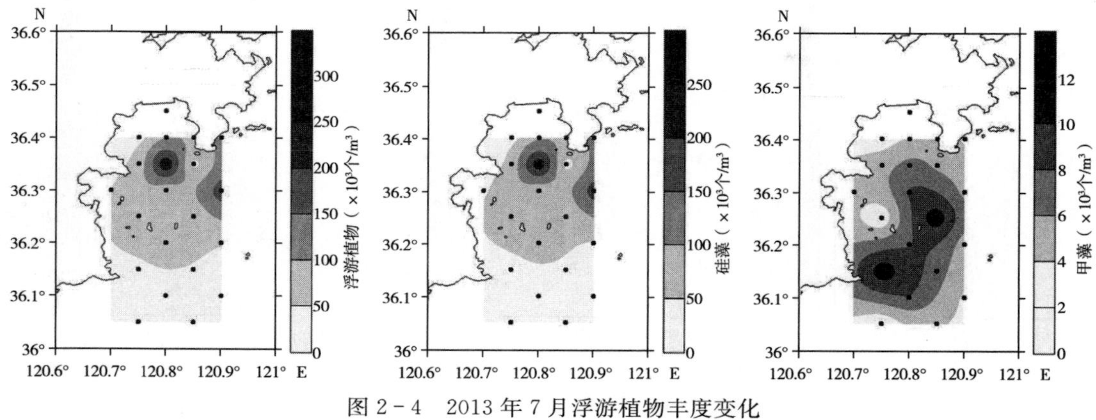

图 2-4　2013 年 7 月浮游植物丰度变化

2013 年 8 月，浮游植物总丰度变化在（13～219）×10^3 个/m^3，平均 85×10^3 个/m^3，密集分布在小岛湾东部水域。硅藻丰度变化在（6～179）×10^3 个/m^3，平均 45×10^3 个/m^3；甲藻丰度变化在（5～117）×10^3 个/m^3，平均 41×10^3 个/m^3。浮游植物优势种为伏氏海线藻（*Thalassionema frauenfeldii*）、三角角藻（*Ceratium tripos*）、夜光藻（*Noctiluca scintillans*）、并基角毛藻（*Chaetoceros decipiens*）、米氏凯伦藻（*Karenia mikimotoi*）、八幅辐环藻（*Actinocyclus octonarius*），其优势度分别为 0.30、0.23、0.14、0.04、0.04、0.03（图 2-5）。

2013 年 9 月，浮游植物总丰度变化在（17～77）×10^3 个/m^3，平均 43×10^3 个/m^3，密集分布在鳌山头东南部水域。硅藻丰度变化在（8～47）×10^3 个/m^3，平均 29×10^3 个/m^3；

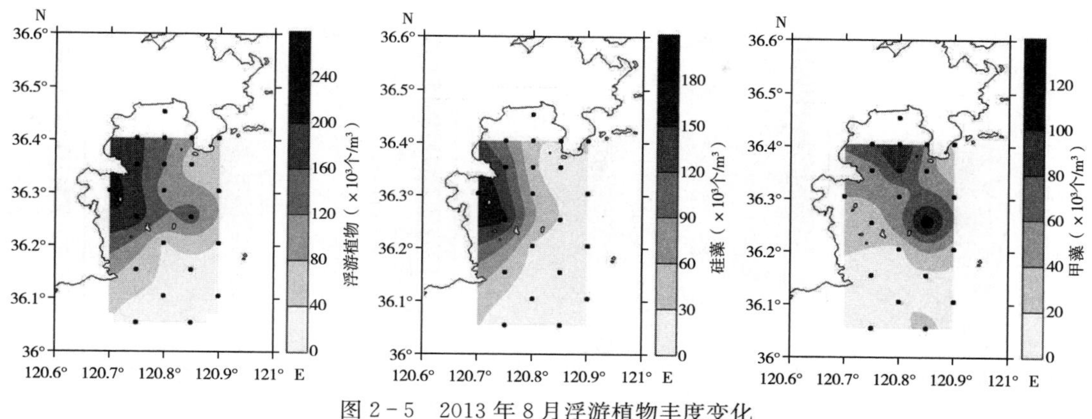

图 2－5　2013 年 8 月浮游植物丰度变化

甲藻丰度变化在（5～36）×10³ 个/m³，平均 14×10³ 个/m³。浮游植物优势种为梭角角藻（*Ceratium fusus*）、琼氏圆筛藻（*Coscinodiscus jonesianus*）、叉状角藻（*Ceratium furca*）、蛇目圆筛藻（*Coscinodiscus argus*）、太平洋海链藻（*Thalassiosira pacifica*）、具翼漂流藻（*Planktoniella blanda*），其优势度分别为 0.17、0.11、0.08、0.08、0.06、0.04（图 2－6）。

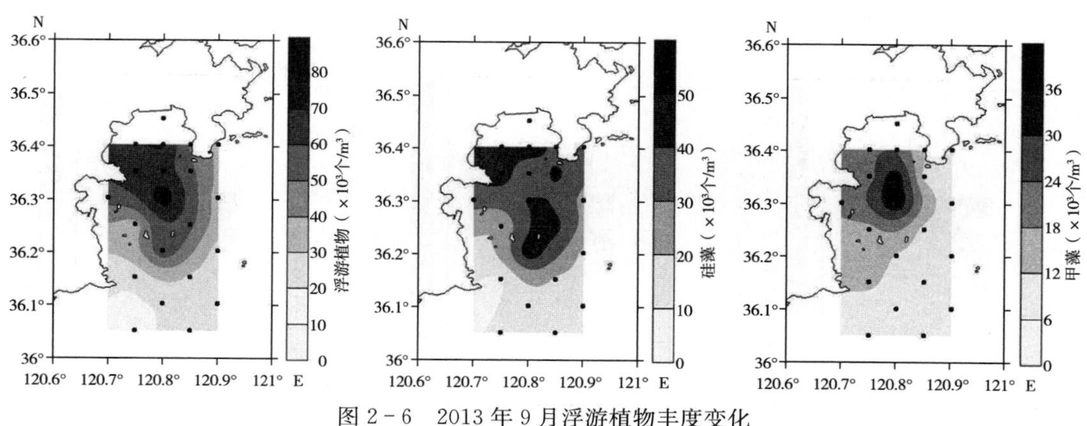

图 2－6　2013 年 9 月浮游植物丰度变化

2013 年 10 月，浮游植物总丰度变化在（22～158）×10³ 个/m³，平均 65×10³ 个/m³，密集分布在鳌山头邻近水域。硅藻丰度变化在（21～140）×10³ 个/m³，平均 60×10³ 个/m³；甲藻丰度变化在（1～17）×10³ 个/m³，平均 5×10³ 个/m³。浮游植物优势种为格氏圆筛藻（*Coscinodiscus granii*）、琼氏圆筛藻（*Coscinodiscus jonesianus*）、派格棍形藻（*Bacillaria paxillifera*）、星脐圆筛藻（*Coscinodiscus asteromphalus*）、布氏双尾藻（*Ditylum brightwellii*）、伏氏海线藻（*Thalassionema frauenfeldii*），其优势度分别为 0.24、0.17、0.07、0.05、0.04、0.03（图 2－7）。

2013 年 11 月，浮游植物总丰度变化在（10～153）×10³ 个/m³，平均 66×10³ 个/m³，

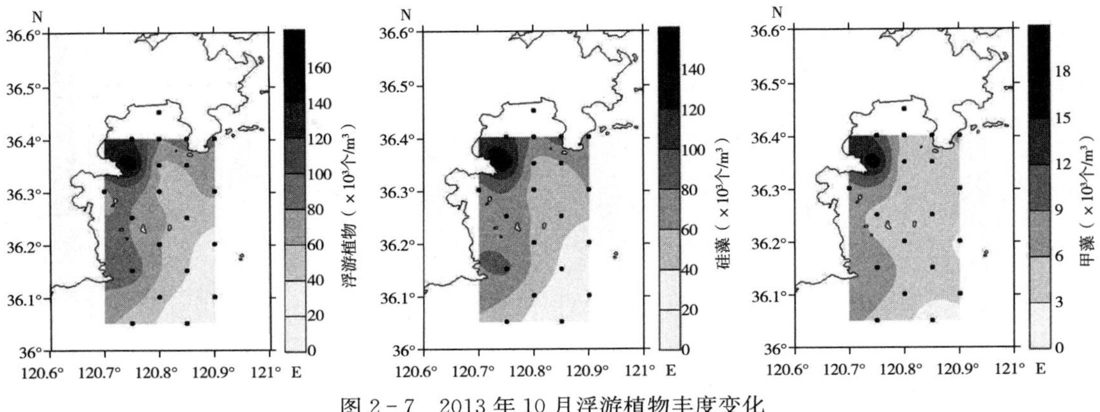

图 2－7　2013 年 10 月浮游植物丰度变化

密集分布在崂山湾水域。硅藻丰度变化在（9～148）×10^3 个/m^3，平均 63×10^3 个/m^3；甲藻丰度变化在（1～6）×10^3 个/m^3，平均 2×10^3 个/m^3。浮游植物优势种为派格棍形藻（*Bacillaria paxillifera*）、八幅辐环藻（*Actinocyclus octonarius*）、蛇目圆筛藻（*Coscinodiscus argus*）、星脐圆筛藻（*Coscinodiscus asteromphalus*）、格氏圆筛藻（*Coscinodiscus granii*）、辐射圆筛藻（*Coscinodiscus radiatus*），其优势度分别为 0.60、0.08、0.03、0.02、0.02、0.02（图 2－8）。

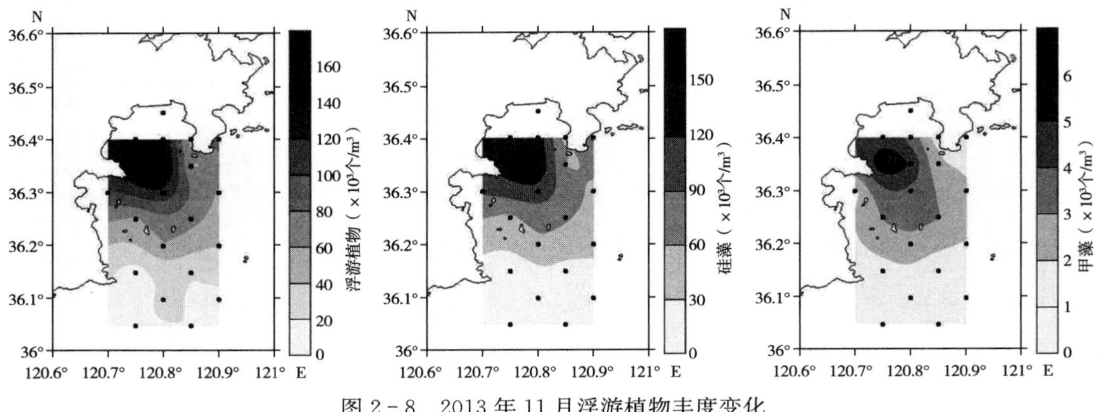

图 2－8　2013 年 11 月浮游植物丰度变化

二、2014 年浮游植物总丰度变化

2014 年 5 月，浮游植物总丰度变化在（85～986）×10^3 个/m^3，平均 361×10^3 个/m^3，密集分布在崂山湾西北部和中部水域。硅藻丰度变化在（57～785）×10^3 个/m^3，平均 255×10^3 个/m^3；甲藻丰度变化在（20～319）×10^3 个/m^3，平均 101×10^3 个/m^3。浮游植物优势种为宽角斜纹藻（*Pleurosigma angulatum*）、叉状角藻（*Ceratium furca*）、辐

射圆筛藻（*Coscinodiscus radiatus*）、长菱形藻（*Nitzschia longissima*）、短肋羽纹藻（*Pinnularia brevicostata*）、端尖斜纹藻（*Pleurosigma acutum*），其优势度分别为 0.21、0.20、0.09、0.08、0.04、0.03（图 2－9）。

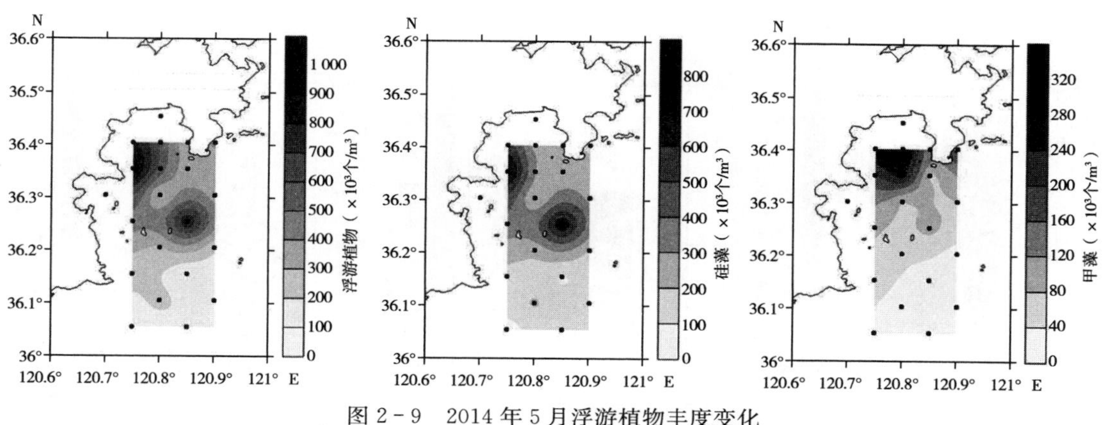

图 2－9　2014 年 5 月浮游植物丰度变化

2014 年 6 月，浮游植物总丰度变化在（42～718）×10³ 个/m³，平均 321×10³ 个/m³，密集分布在崂山湾水域。硅藻丰度变化在（9～524）×10³ 个/m³，平均 229×10³ 个/m³；甲藻丰度变化在（11～222）×10³ 个/m³，平均 66×10³ 个/m³。浮游植物优势种为宽角斜纹藻（*Pleurosigma angulatum*）、辐射圆筛藻（*Coscinodiscus radiatus*）、叉状角藻（*Ceratium furca*）、翼内茧藻（*Amphiprora alata*）、小等刺硅鞭藻（*Dictyocha fibula*）、梭状角藻（*Ceratium fusus*），其优势度分别为 0.16、0.15、0.15、0.10、0.08、0.04（图 2－10）。

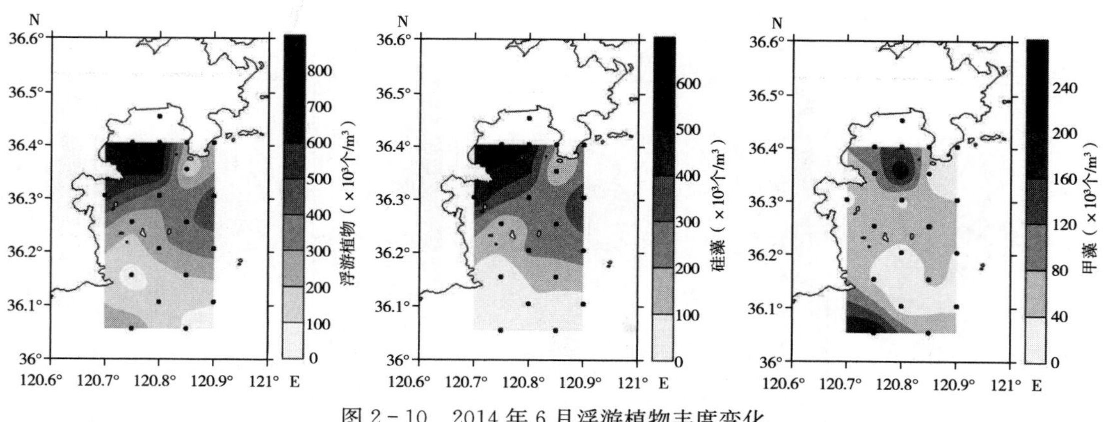

图 2－10　2014 年 6 月浮游植物丰度变化

2014 年 7 月，浮游植物总丰度变化在（99～722）×10³ 个/m³，平均 323×10³ 个/m³，密集分布在崂山湾中部水域。硅藻丰度变化在（22～370）×10³ 个/m³，平均 168×10³ 个/m³；甲藻丰度变化在（18～502）×10³ 个/m³，平均 114×10³ 个/m³。浮游植物优势种为梭状角藻（*Ceratium fusus*）、辐射圆筛藻（*Coscinodiscus radiatus*）、小等刺硅鞭藻（*Dictyocha fibula*）、宽角斜纹藻（*Pleurosigma angulatum*）、叉状角藻（*Ceratium furca*）、长菱形藻（*Nitzschia longissima*），其优势度分别为 0.25、0.13、0.13、0.10、0.07、0.03（图 2－11）。

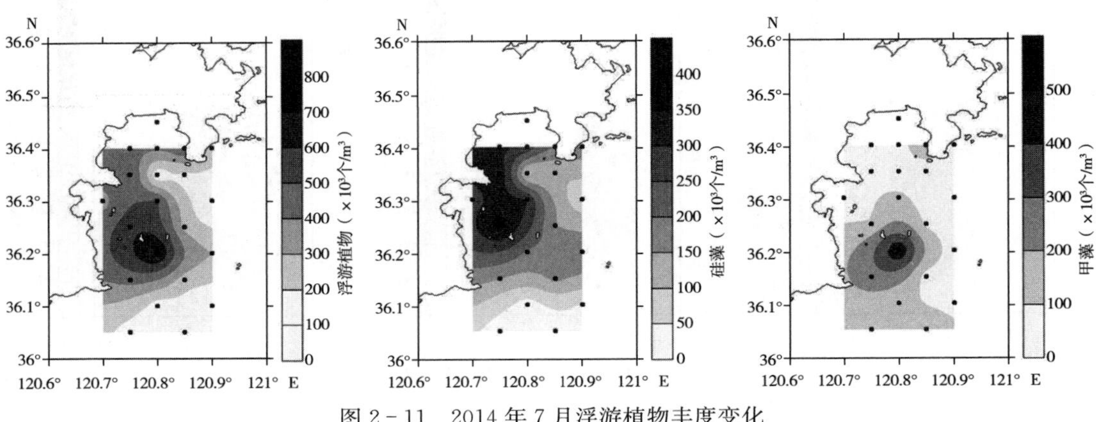

图 2－11　2014 年 7 月浮游植物丰度变化

2014 年 8 月，浮游植物总丰度变化在（3～19）×10³ 个/m³，平均 7×10³ 个/m³，密集分布在崂山湾中部和南部水域。硅藻丰度变化在（1～19）×10³ 个/m³，平均 4×10³ 个/m³；甲藻丰度变化在（0～12）×10³ 个/m³，平均 2×10³ 个/m³。浮游植物优势种为小等刺硅鞭藻（*Dictyocha fibula*）、长菱形藻（*Nitzschia longissima*）、太平洋海链藻（*Thalassiosira pacifica*）、辐射圆筛藻（*Coscinodiscus radiatus*）、梭状角藻（*Ceratium fusus*）、塔玛亚历山大藻（*Alexandrium tamarense*），其优势度分别为 0.10、0.09、0.08、0.03、0.03、0.02（图 2－12）。

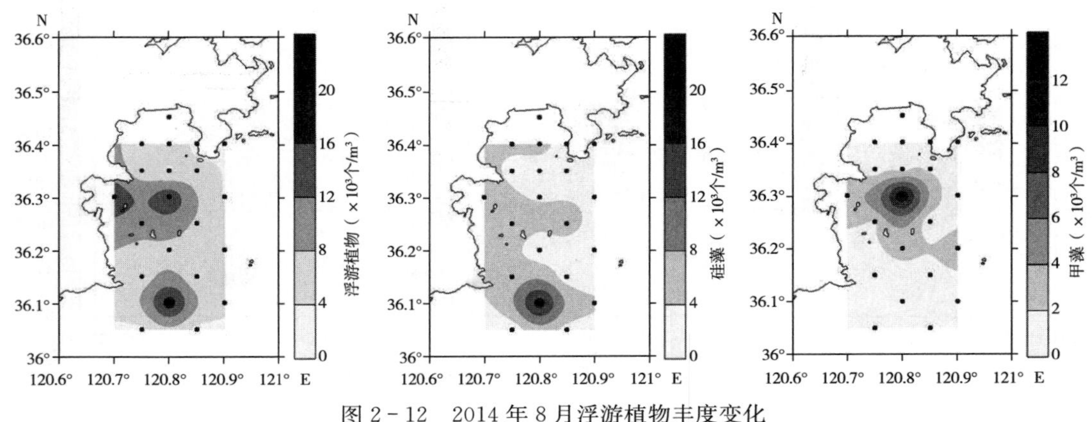

图 2－12　2014 年 8 月浮游植物丰度变化

2014 年 9 月，浮游植物总丰度变化在（0.5～24）×10³ 个/m³，平均 7.8×10³ 个/m³，密集分布在崂山湾中部水域。硅藻丰度变化在（0.5～23）×10³ 个/m³，平均 7.5×10³ 个/m³；甲藻丰度变化在（0～0.5）×10³ 个/m³，平均 0.1×10³ 个/m³。浮游植物优势种为窄隙角毛藻（*Chaetoceros affinis*）、长菱形藻（*Nitzschia longissima*）、旋链角毛藻（*Chaetoceros curvisetus*）、洛氏角毛藻（*Chaetoceros lorenzianus*）、浮动弯角藻（*Eucampia zoodiacus*）、辐射圆筛藻（*Coscinodiscus radiatus*），其优势度分别为 0.16、0.07、0.07、0.06、0.05、0.04（图 2－13）。

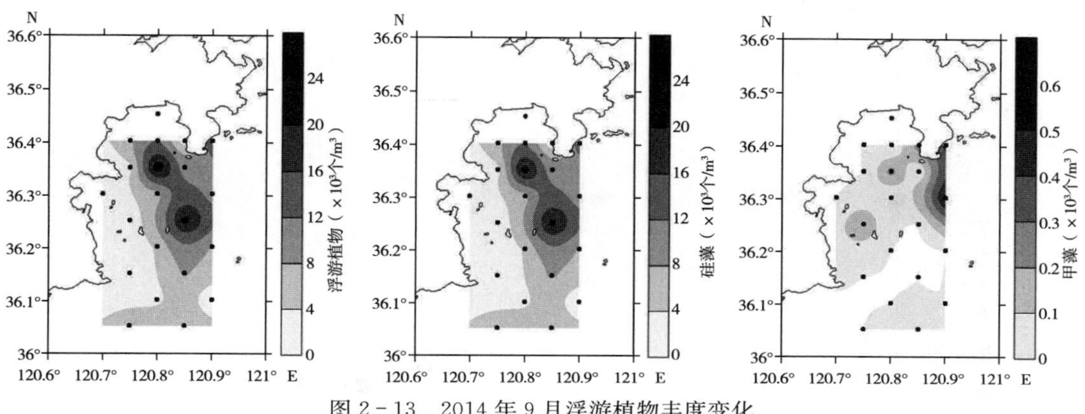

图 2－13 2014 年 9 月浮游植物丰度变化

2014 年 11 月，浮游植物总丰度变化在（0.5～16）×10³ 个/m³，平均 3.8×10³ 个/m³，密集分布在小岛湾中部和巉山头邻近水域。硅藻丰度变化在（0.2～15）×10³ 个/m³，平均 3.2×10³ 个/m³；甲藻丰度变化在（0～0.7）×10³ 个/m³，平均 0.1×10³ 个/m³。浮游植物优势种为小等刺硅鞭藻（*Dictyocha fibula*）、长菱形藻（*Nitzschia longissima*）、派格棍形藻（*Bacillaria paxillifera*）、辐射圆筛藻（*Coscinodiscus radiatus*）、宽角斜纹藻（*Pleurosigma angulatum*）、翼内茧藻（*Amphiprora alata*），其优势度分别为 0.15、0.09、0.08、0.07、0.06、0.04（图 2－14）。

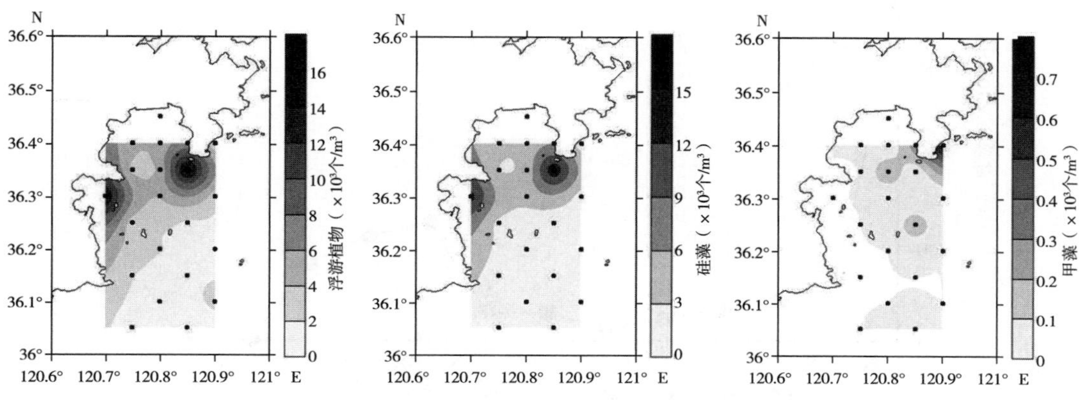

图 2－14 2014 年 11 月浮游植物丰度变化

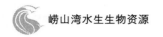

三、丰度年间变化

2013—2014 年各月浮游植物调查结果显示：从初春到夏初（3—6 月），浮游植物丰度较高，其他季节丰度平均水平皆低于 100×10^3 个/m^3。硅藻与总浮游植物变化趋势相近，甲藻在春、夏季丰度相对较高（图 2 - 15）。

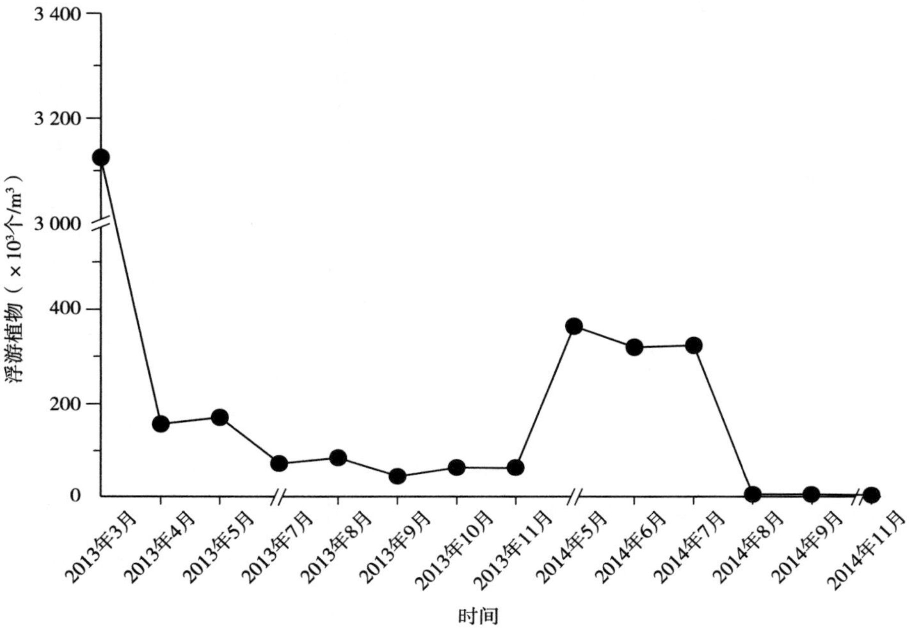

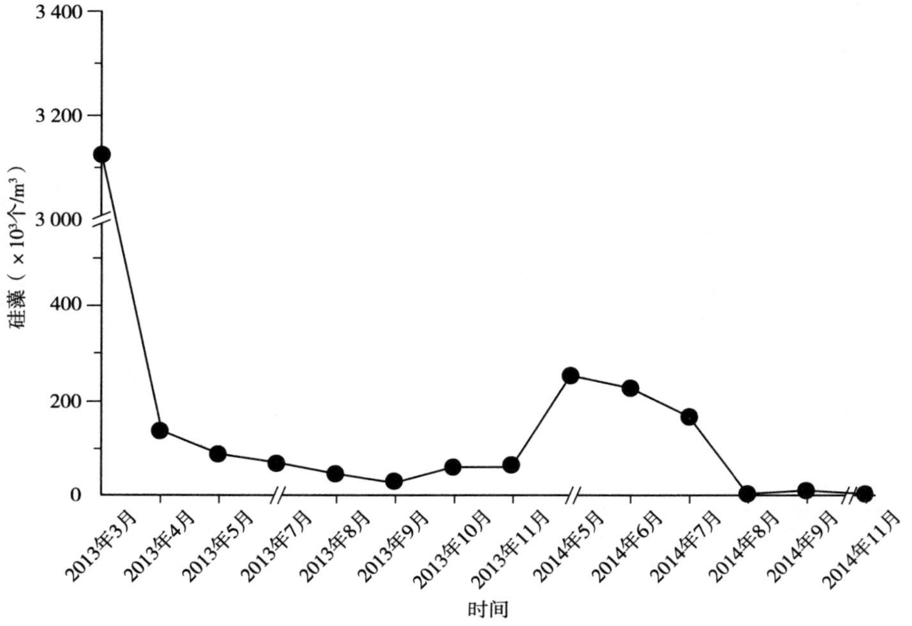

浮游植物（$\times10^3$个/m^3）
3 400
3 200
3 000
400
200
0
2013年3月 2013年4月 2013年5月 2013年7月 2013年8月 2013年9月 2013年10月 2013年11月 2014年5月 2014年6月 2014年7月 2014年8月 2014年9月 2014年11月
时间

硅藻（$\times10^3$个/m^3）
3 400
3 200
3 000
400
200
0
2013年3月 2013年4月 2013年5月 2013年7月 2013年8月 2013年9月 2013年10月 2013年11月 2014年5月 2014年6月 2014年7月 2014年8月 2014年9月 2014年11月
时间

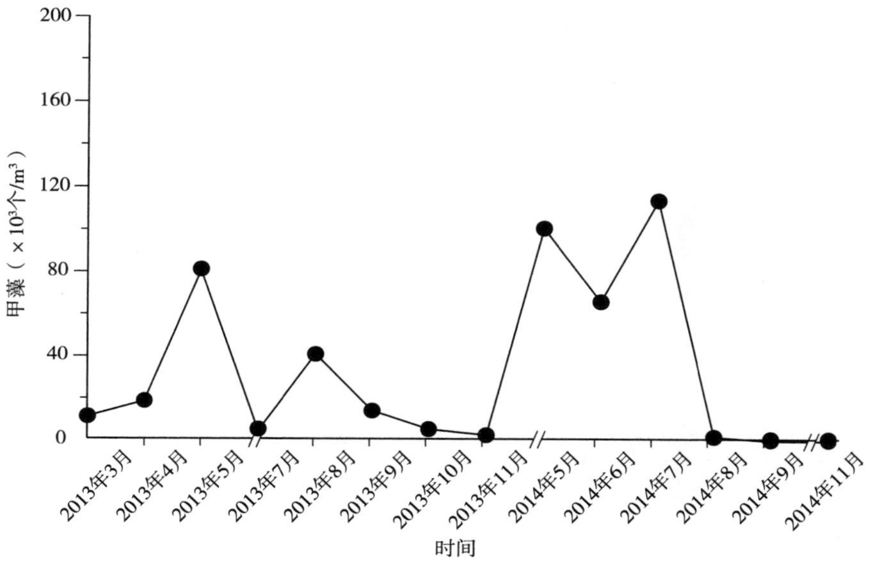

图 2-15　2013—2014 年浮游植物丰度变化

第三节　优势种类

一、2013 年优势种类及其分布

2013 年 3 月，加拉星平藻丰度变化在（0～2 900）$\times 10^3$ 个/m^3，平均 1 300$\times 10^3$ 个/m^3；冰河拟星杆藻丰度变化在（0～4 300）$\times 10^3$ 个/m^3，平均 810$\times 10^3$ 个/m^3；具槽帕拉藻丰度变化在（0～8 500）$\times 10^3$ 个/m^3，平均 210$\times 10^3$ 个/m^3（图 2-16）。

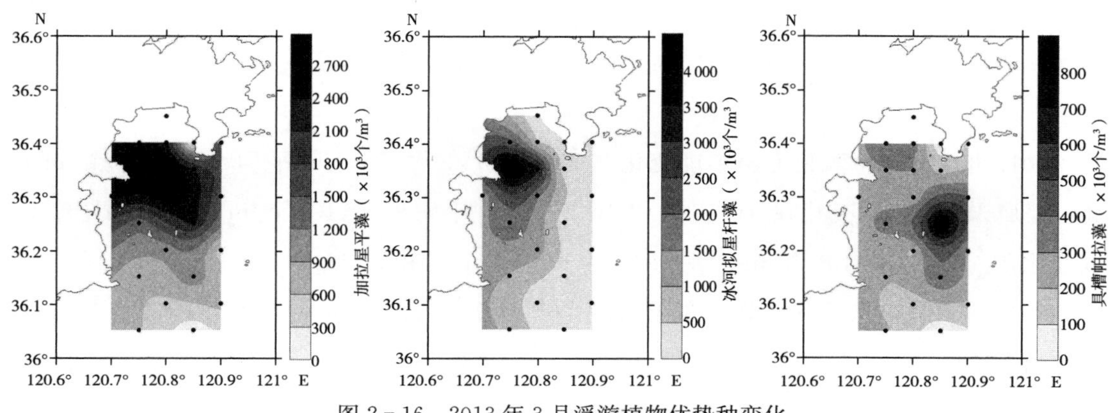

图 2-16　2013 年 3 月浮游植物优势种变化

2013 年 4 月，密联角毛藻丰度变化在（0～120）$\times 10^3$ 个/m^3，平均 22×10^3 个/m^3；夜光藻丰度变化在（0～58）$\times 10^3$ 个/m^3，平均 13×10^3 个/m^3；新月筒柱藻丰度变化在（0～45）$\times 10^3$ 个/m^3，平均 8.3×10^3 个/m^3（图 2-17）。

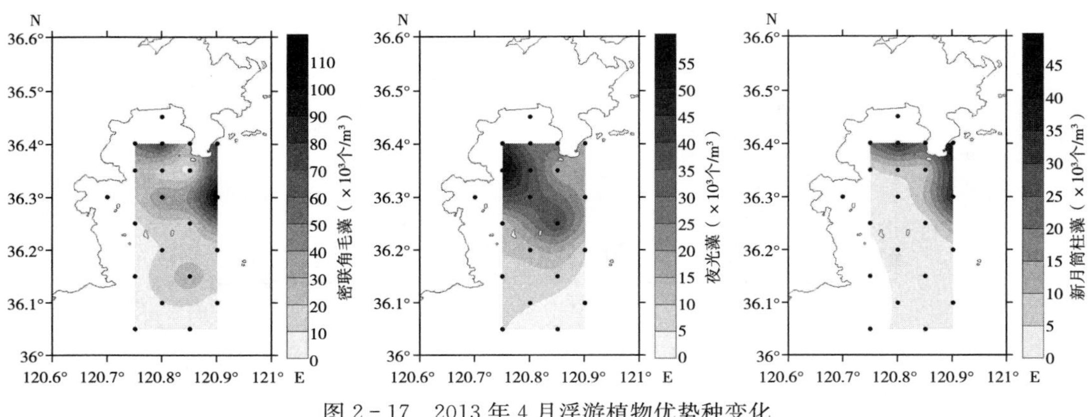

图 2-17　2013 年 4 月浮游植物优势种变化

2013 年 5 月，夜光藻丰度变化在（0～250）$\times 10^3$ 个/m^3，平均 71×10^3 个/m^3；密联角毛藻丰度变化在（0～94）$\times 10^3$ 个/m^3，平均 23×10^3 个/m^3；海链藻属未定种丰度变化在（0～54）$\times 10^3$ 个/m^3，平均 14×10^3 个/m^3（图 2-18）。

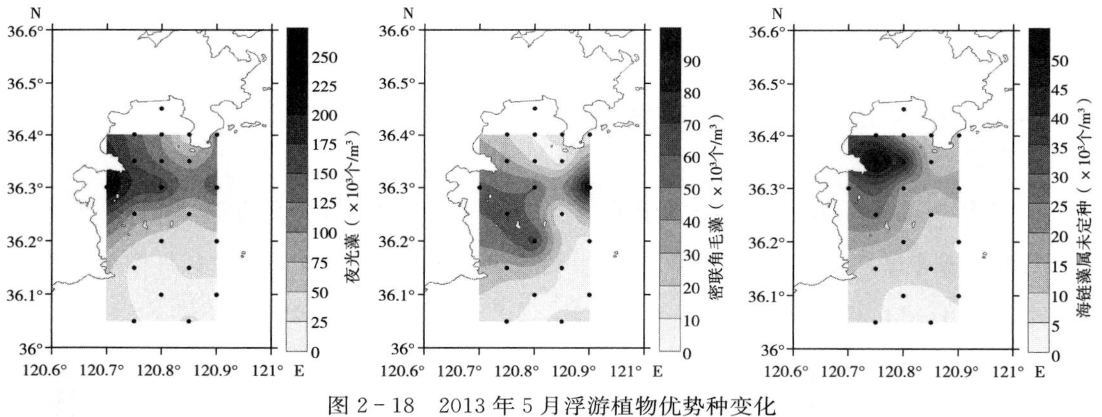

图 2-18　2013 年 5 月浮游植物优势种变化

2013 年 7 月，窄隙角毛藻丰度变化在（0～50）$\times 10^3$ 个/m^3，平均 8.0×10^3 个/m^3；脆杆藻属未定种丰度变化在（0～160）$\times 10^3$ 个/m^3，平均 8.4×10^3 个/m^3；透明辐杆藻丰度变化在（0～24）$\times 10^3$ 个/m^3，平均 4.5×10^3 个/m^3（图 2-19）。

2013 年 8 月，伏氏海线藻丰度变化在（0～120）$\times 10^3$ 个/m^3，平均 23×10^3 个/m^3；三角角藻丰度变化在（0～81）$\times 10^3$ 个/m^3，平均 18×10^3 个/m^3；夜光藻丰度变化在（0～60）$\times 10^3$ 个/m^3，平均 11×10^3 个/m^3（图 2-20）。

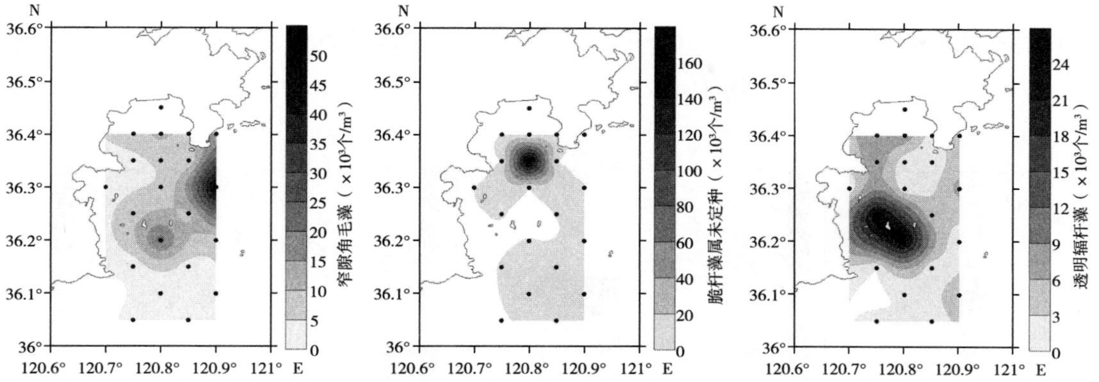

图 2-19　2013 年 7 月浮游植物优势种变化

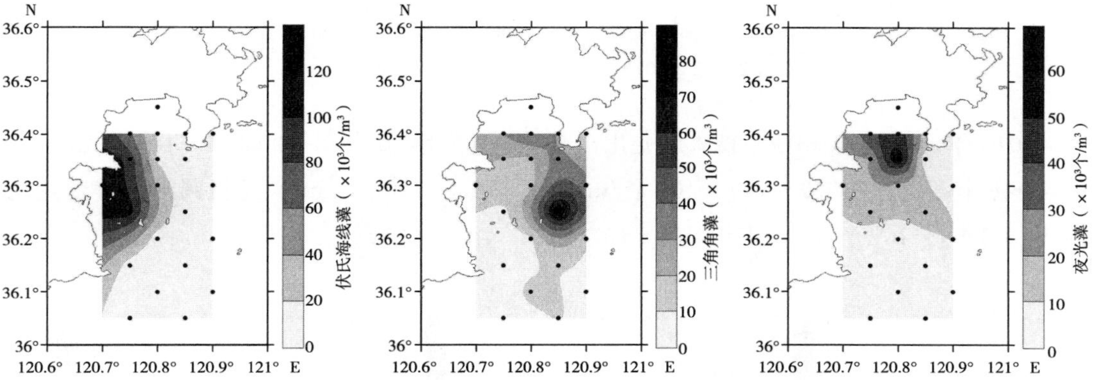

图 2-20　2013 年 8 月浮游植物优势种变化

2013 年 9 月，梭角角藻丰度变化在（0～14）$\times 10^3$ 个/m^3，平均 6.7×10^3 个/m^3；琼氏圆筛藻丰度变化在（0～11）$\times 10^3$ 个/m^3，平均 4.3×10^3 个/m^3；叉状角藻丰度变化在（0～15）$\times 10^3$ 个/m^3，平均 3.1×10^3 个/m^3（图 2-21）。

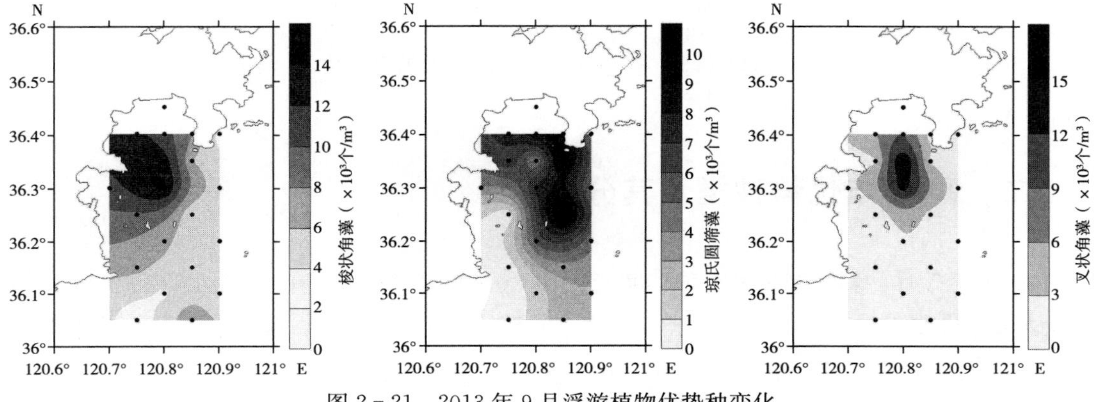

图 2-21　2013 年 9 月浮游植物优势种变化

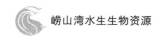

2013 年 10 月，格氏圆筛藻丰度变化在（0～37）×10^3 个/m^3，平均 14×10^3 个/m^3；琼氏圆筛藻丰度变化在（0～37）×10^3 个/m^3，平均 9.8×10^3 个/m^3；派格棍形藻丰度变化在（0～23）×10^3 个/m^3，平均 4.4×10^3 个/m^3（图 2－22）。

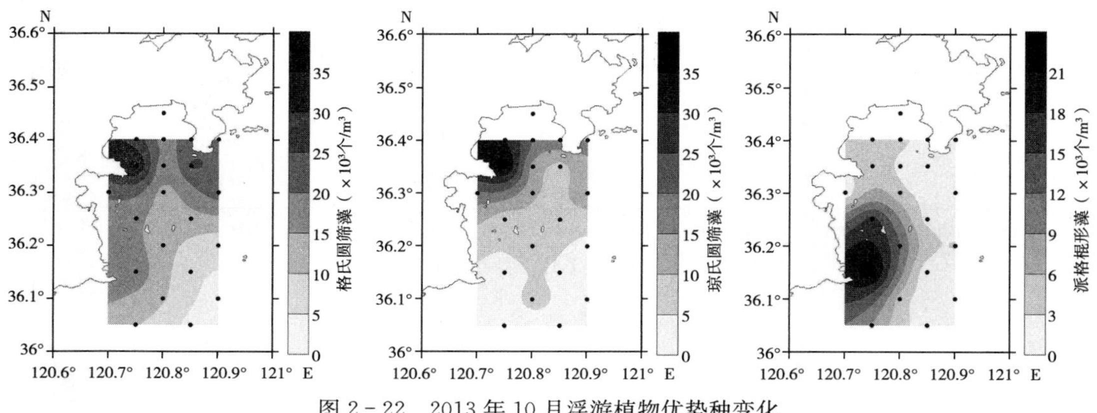

图 2－22　2013 年 10 月浮游植物优势种变化

2013 年 11 月，派格棍形藻丰度变化在（0～93）×10^3 个/m^3，平均 36×10^3 个/m^3；八幅辐环藻丰度变化在（0～14）×10^3 个/m^3，平均 4.8×10^3 个/m^3；蛇目圆筛藻丰度变化在（0～5.6）×10^3 个/m^3，平均 2.0×10^3 个/m^3（图 2－23）。

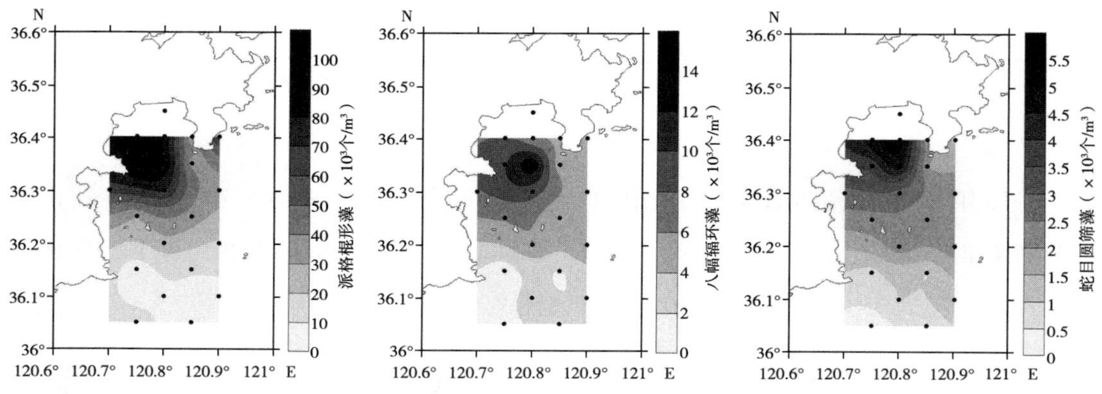

图 2－23　2013 年 11 月浮游植物优势种变化

二、2014 年优势种类及其分布

2014 年 5 月，斜纹藻属未定种丰度变化在（0～190）×10^3 个/m^3，平均 60×10^3 个/m^3；叉状角藻丰度变化在（0～290）×10^3 个/m^3，平均 65×10^3 个/m^3；圆筛藻属未定种丰度变化在（0～140）×10^3 个/m^3，平均 26×10^3 个/m^3（图 2－24）。

2014 年 6 月，斜纹藻属未定种丰度变化在（0～150）×10^3 个/m^3，平均 47×10^3 个/m^3；

圆筛藻属未定种丰度变化在（0～150）×10³ 个/m³，平均 43×10³ 个/m³；叉状角藻丰度变化在（0～160）×10³ 个/m³，平均 42×10³ 个/m³（图 2-25）。

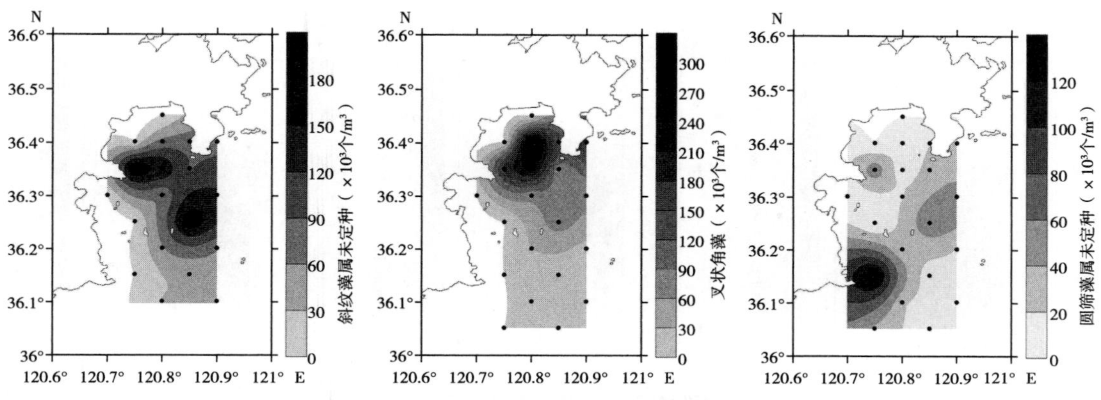

图 2-24 2014 年 5 月浮游植物优势种变化

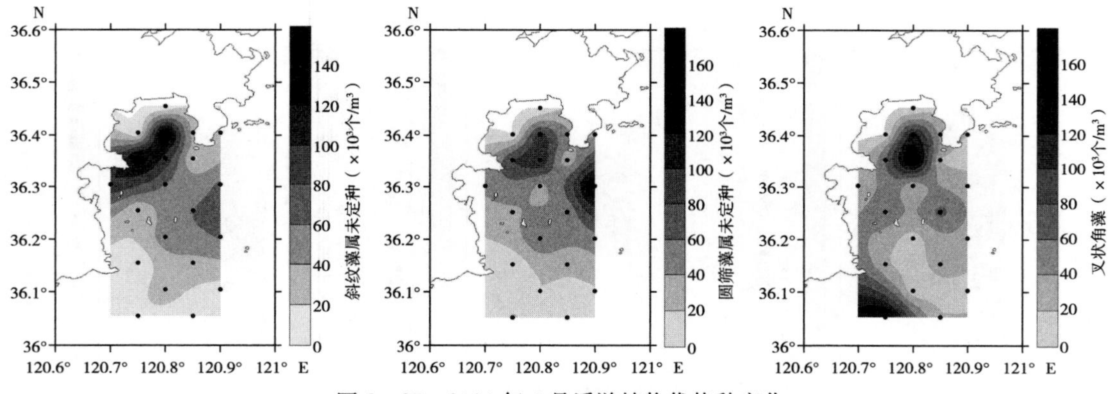

图 2-25 2014 年 6 月浮游植物优势种变化

2014 年 7 月，梭状角藻丰度变化在（0～380）×10³ 个/m³，平均 74×10³ 个/m³；圆筛藻属未定种丰度变化在（0～110）×10³ 个/m³，平均 38×10³ 个/m³；小等刺硅鞭藻丰度变化在（0～86）×10³ 个/m³，平均 37×10³ 个/m³（图 2-26）。

2014 年 8 月，小等刺硅鞭藻丰度变化在（0～3.6）×10³ 个/m³，平均 0.8×10³ 个/m³；长菱形藻丰度变化在（0～5.7）×10³ 个/m³，平均 0.63×10³ 个/m³；海链藻丰度变化在（0～3.8）×10³ 个/m³，平均 0.75×10³ 个/m³（图 2-27）。

2014 年 9 月，角毛藻属未定种丰度变化在（0～8.1）×10³ 个/m³，平均 1.5×10³ 个/m³；长菱形藻丰度变化在（0～1.9）×10³ 个/m³，平均 0.5×10³ 个/m³；旋链角毛藻丰度变化在（0～3.4）×10³ 个/m³，平均 0.88×10³ 个/m³（图 2-28）。

2014 年 11 月，小等刺硅鞭藻丰度变化在（0～1.3）×10³ 个/m³，平均 0.49×10³ 个/m³；

长菱形藻丰度变化在（0～1.2）×10³ 个/m³，平均 0.33×10³ 个/m³；派格棍形藻丰度变化在（0～13）×10³ 个/m³，平均 1.2×10³ 个/m³（图 2－29）。

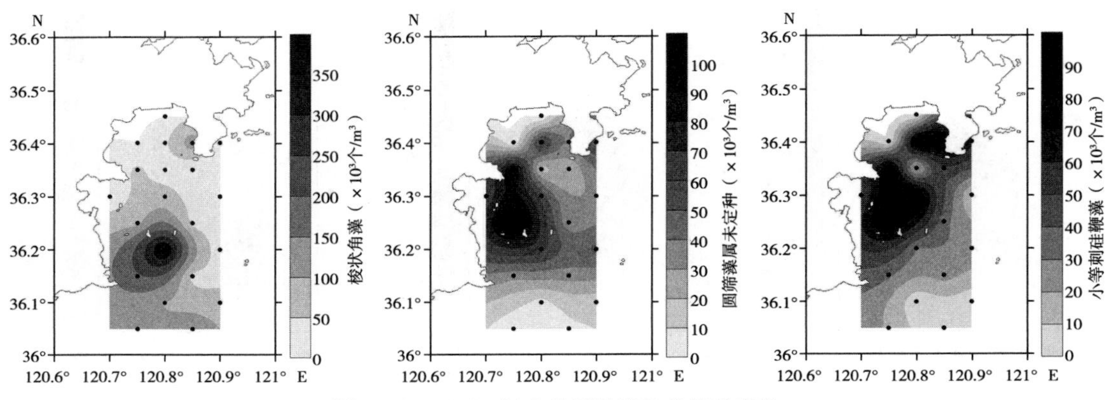

图 2－26　2014 年 7 月浮游植物优势种变化

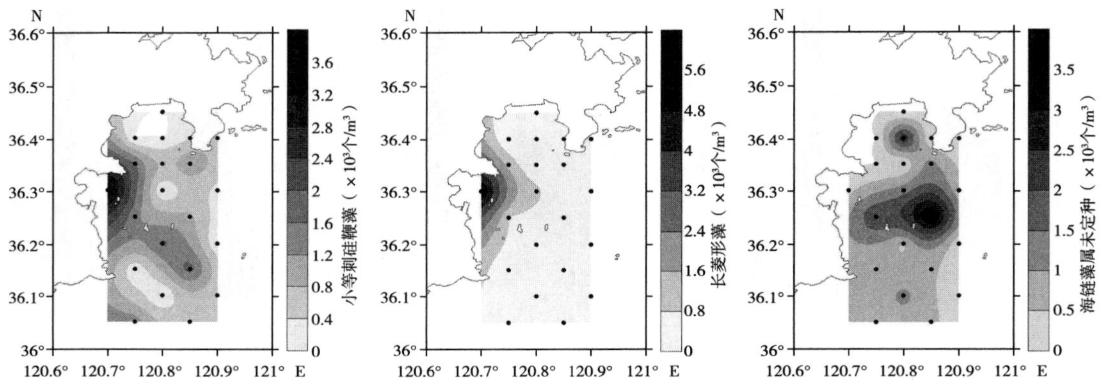

图 2－27　2014 年 8 月浮游植物优势种变化

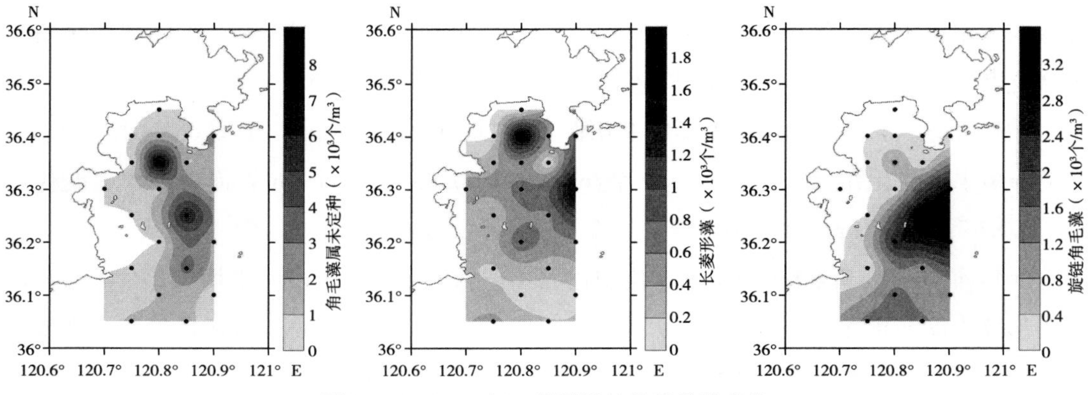

图 2－28　2014 年 9 月浮游植物优势种变化

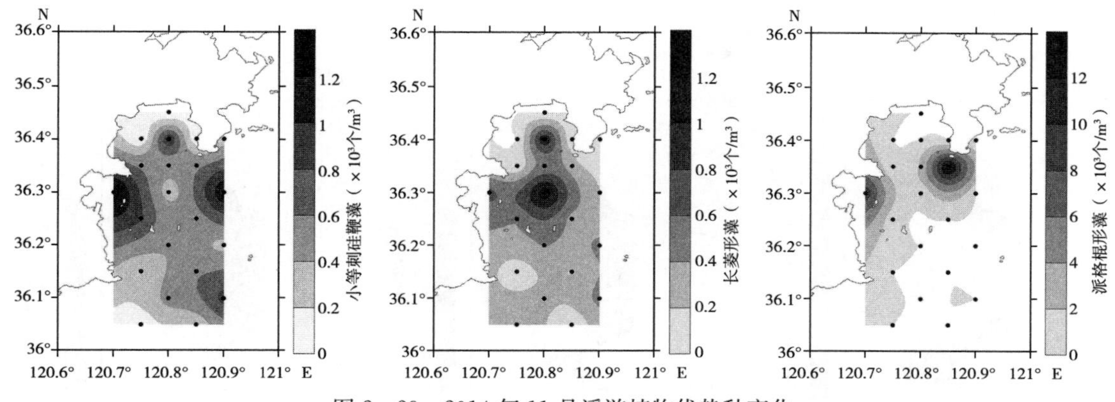

图 2-29　2014 年 11 月浮游植物优势种变化

第四节　物种多样性

一、2013 年物种多样性季节变化

1. 春季

2013 年 3 月，物种丰富度变化在 1.03～1.86，平均 1.52±0.23；物种多样性变化在 1.66～3.00，平均 2.39±0.39；物种均匀度变化在 0.36～0.81，平均 0.53±0.10（图 2-30）。

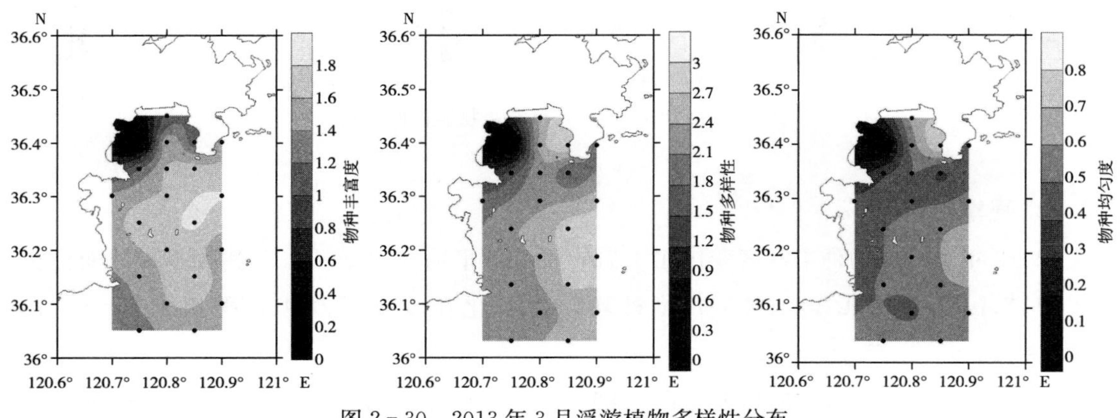

图 2-30　2013 年 3 月浮游植物多样性分布

2013 年 4 月，物种丰富度变化在 0.77～2.10，平均 1.46±0.40；物种多样性变化在

2.48～3.76，平均 3.13±0.38；物种均匀度变化在 0.59～0.89，平均 0.77±0.07（图 2-31）。

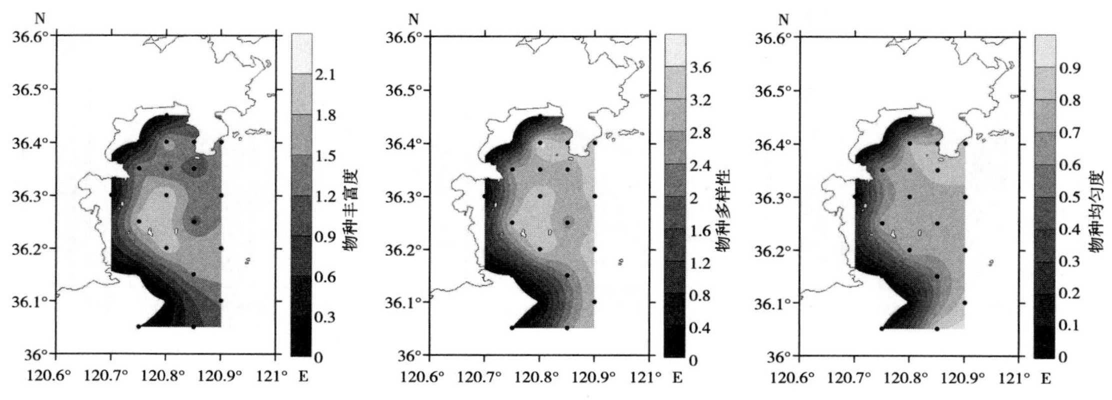

图 2-31　2013 年 4 月浮游植物多样性分布

2013 年 5 月，物种丰富度变化在 0.74～2.00，平均 1.33±0.32；物种多样性变化在 1.87～4.05，平均 2.64±0.52；物种均匀度变化在 0.49～0.87，平均 0.65±0.09（图 2-32）。

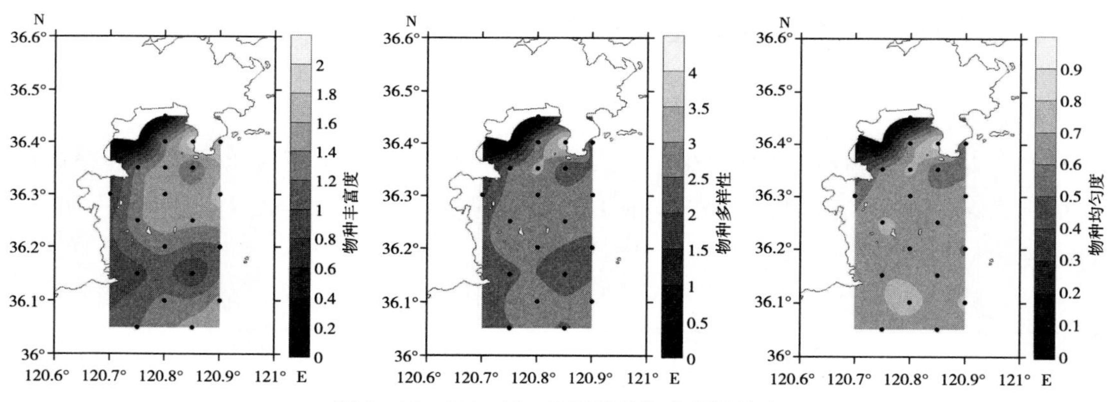

图 2-32　2013 年 5 月浮游植物多样性分布

2. 夏季

2013 年 7 月，物种丰富度变化在 4.79～7.18，平均 6.18±0.69；物种多样性变化在 2.58～5.07，平均 4.35±0.55；物种均匀度变化在 0.46～0.91，平均 0.80±0.10（图 2-33）。

2013 年 8 月，物种丰富度变化在 2.82～6.28，平均 4.82±0.73；物种多样性变化在 2.60～4.14，平均 3.16±0.42；物种均匀度变化在 0.49～0.75，平均 0.61±0.08（图 2-34）。

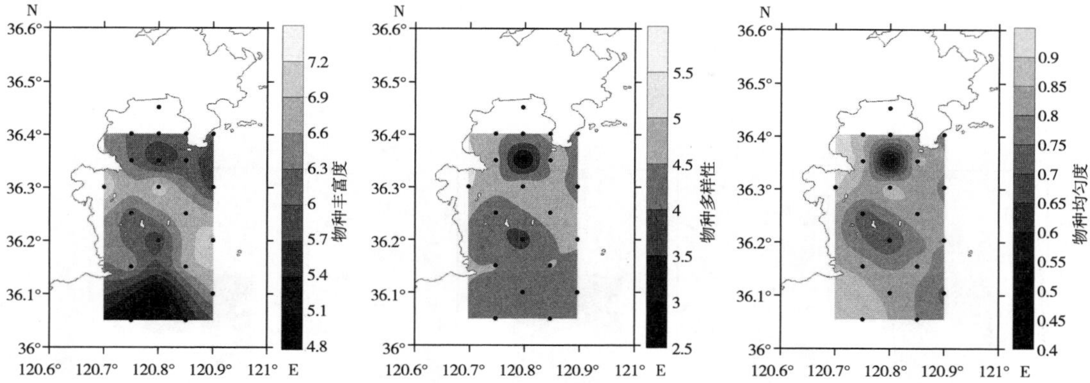

图 2－33　2013 年 7 月浮游植物多样性分布

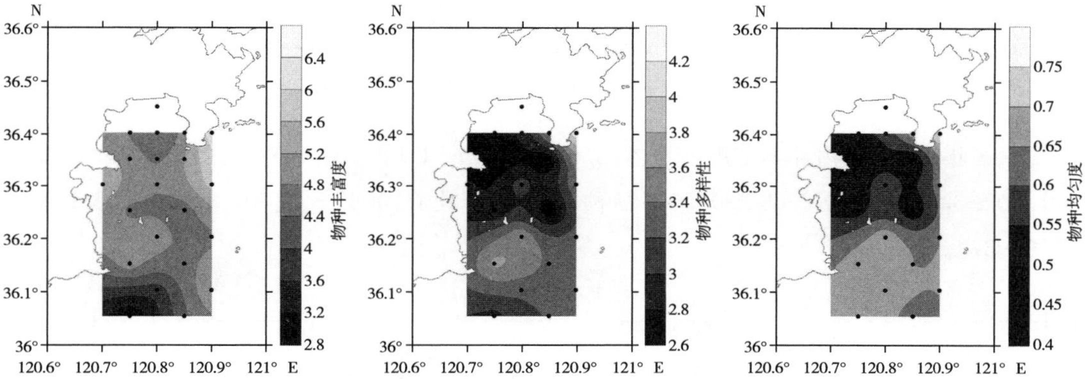

图 2－34　2013 年 8 月浮游植物多样性分布

3. 秋季

2013 年 9 月，物种丰富度变化在 4.17～5.92，平均 5.21±0.54；物种多样性变化在 3.48～4.57，平均 4.10±0.29；物种均匀度变化在 0.69～0.87，平均 0.79±0.04（图 2－35）。

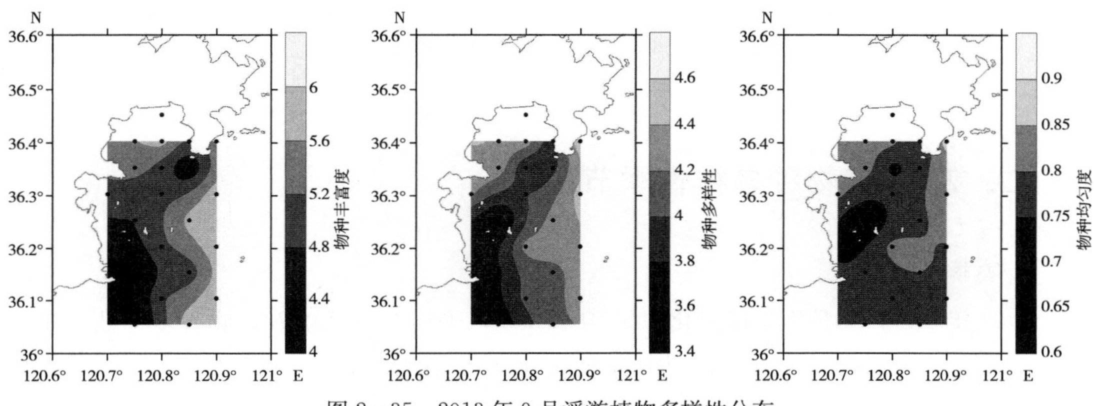

图 2－35　2013 年 9 月浮游植物多样性分布

2013 年 10 月，物种丰富度变化在 4.65～6.67，平均 5.85±0.53；物种多样性变化在 3.43～4.55，平均 4.03±0.32；物种均匀度变化在 0.67～0.82，平均 0.74±0.04（图 2－36）。

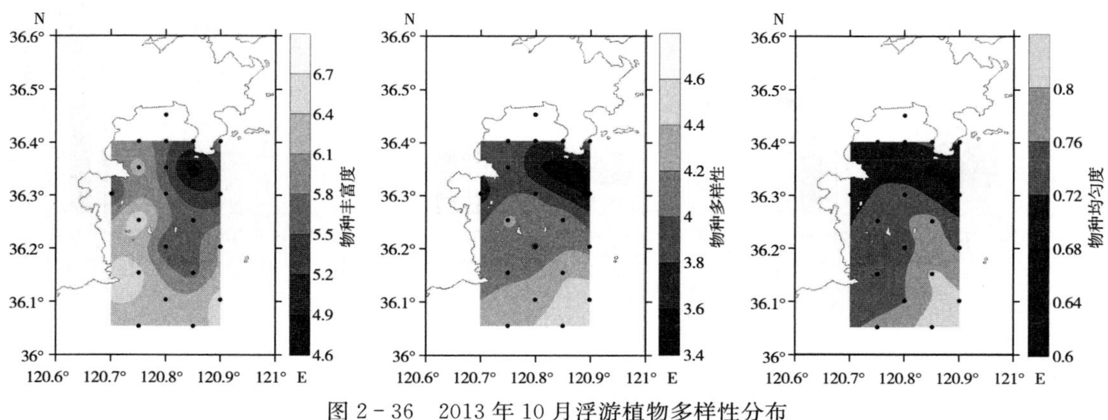

图 2－36 2013 年 10 月浮游植物多样性分布

2013 年 11 月，物种丰富度变化在 3.63～5.32，平均 4.55±0.48；物种多样性变化在 1.80～3.69，平均 2.80±0.50；物种均匀度变化在 0.37～0.70，平均 0.55±0.09（图 2－37）。

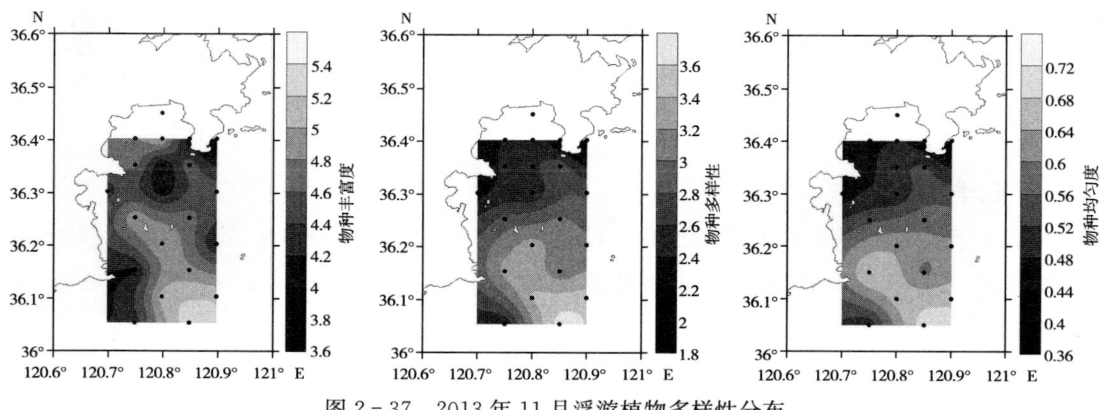

图 2－37 2013 年 11 月浮游植物多样性分布

二、2014 年物种多样性季节变化

1. 春季

2014 年 5 月，物种丰富度变化在 1.01～4.18，平均 2.99±0.77；物种多样性变化在 1.49～3.87，平均 3.13±0.65；物种均匀度变化在 0.53～0.86，平均 0.75±0.10（图 2－38）。

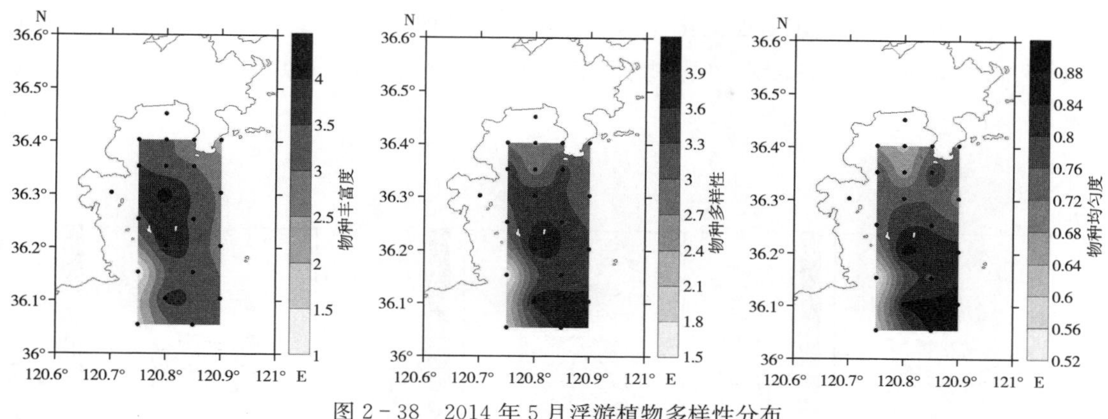

图 2-38　2014 年 5 月浮游植物多样性分布

2. 夏季

2014 年 6 月，物种丰富度变化在 2.45～4.08，平均 3.33±0.43；物种多样性变化在 2.10～3.75，平均 3.29±0.47；物种均匀度变化在 0.51～0.85，平均 0.76±0.08（图 2-39）。

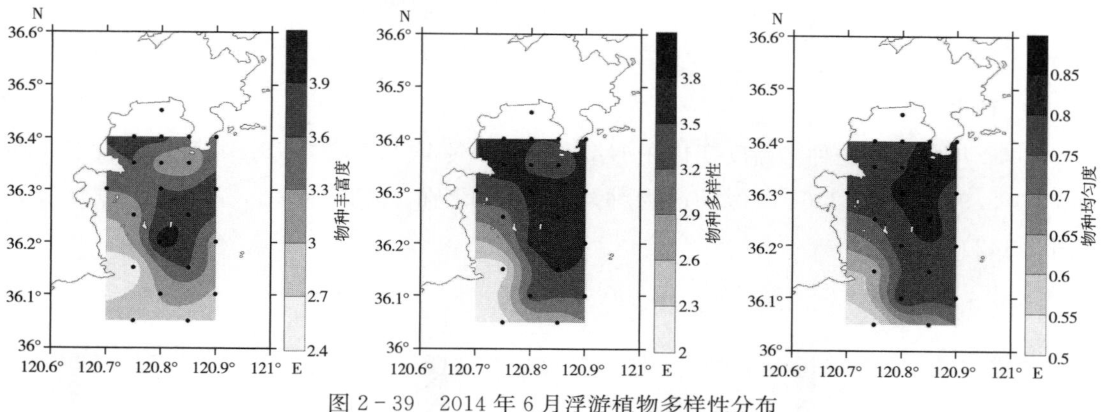

图 2-39　2014 年 6 月浮游植物多样性分布

2014 年 7 月，物种丰富度变化在 1.65～4.68，平均 3.13±0.68；物种多样性变化在 1.75～4.00，平均 3.11±0.66；物种均匀度变化在 0.47～0.89，平均 0.73±0.13（图 2-40）。

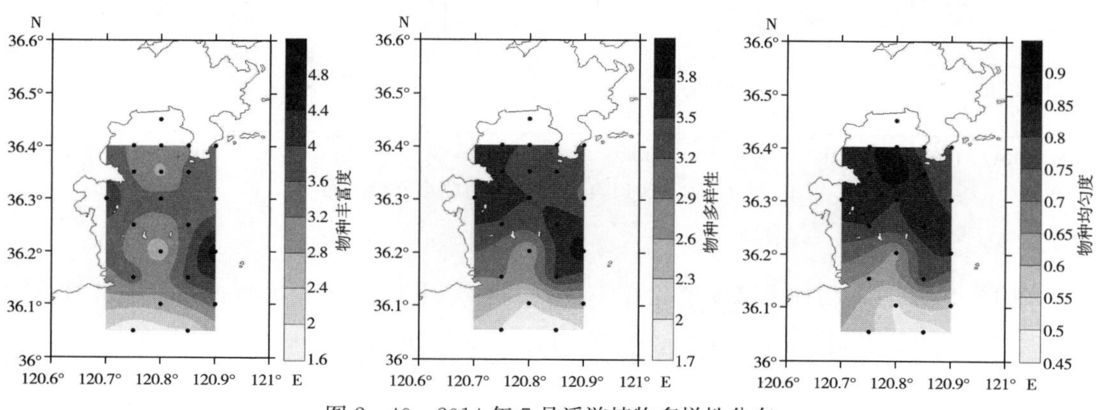

图 2-40　2014 年 7 月浮游植物多样性分布

2014 年 8 月，物种丰富度变化在 1.55～3.34，平均 2.30±0.42；物种多样性变化在 1.90～3.18，平均 2.49±0.29；物种均匀度变化在 0.63～0.98，平均 0.82±0.10（图 2-41）。

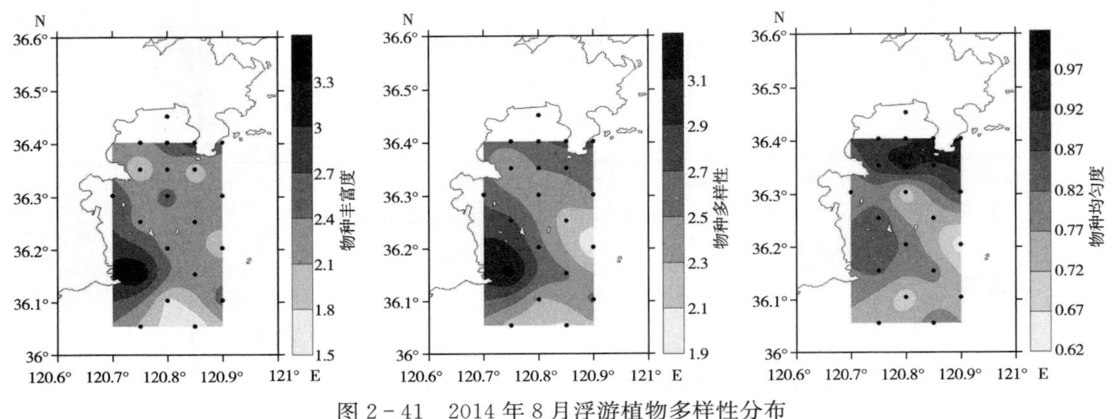

图 2-41　2014 年 8 月浮游植物多样性分布

3. 秋季

2014 年 9 月，物种丰富度变化在 1.43～4.64，平均 2.78±0.78；物种多样性变化在 1.75～3.90，平均 2.61±0.58；物种均匀度变化在 0.62～0.91，平均 0.79±0.08（图 2-42）。

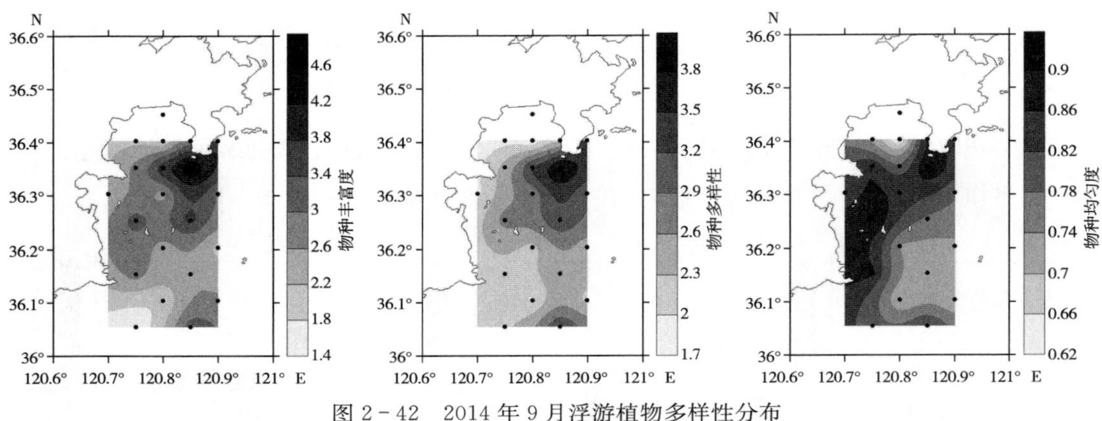

图 2-42　2014 年 9 月浮游植物多样性分布

2014 年 11 月，物种丰富度变化在 1.34～3.04，平均 2.02±0.47；物种多样性变化在 0.93～2.92，平均 2.22±0.51；物种均匀度变化在 0.31～0.97，平均 0.83±0.17（图 2-43）。

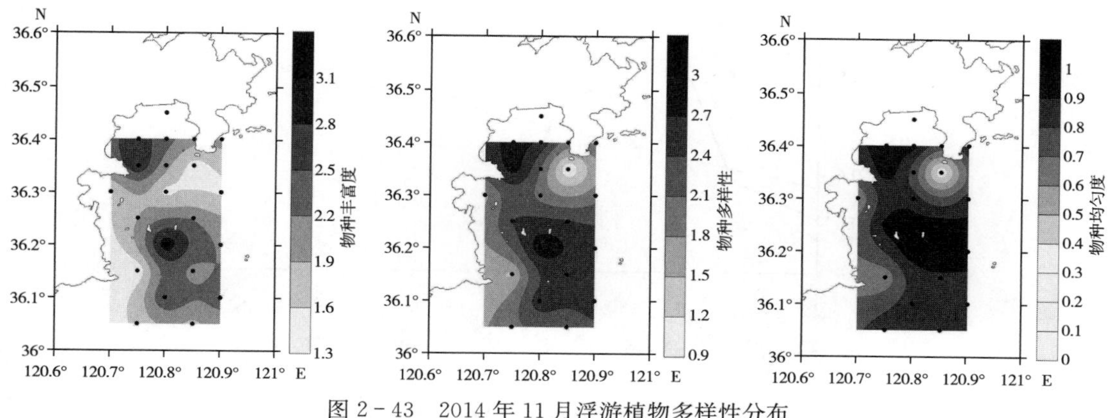

图 2-43 2014 年 11 月浮游植物多样性分布

三、物种多样性年间变化

2013 年 3 月至 2014 年 11 月，物种丰富度变化在 1.04～6.18，平均 3.35±1.72，在 2013 年夏季出现峰值，随后呈现逐渐下降的趋势；物种多样性变化在 2.22～4.35，平均 3.01±0.72，在 2013 年夏季出现峰值，随后呈现逐渐下降的趋势；物种均匀度变化在 0.51～0.83，平均 0.70±0.11，出现逐渐上升的趋势（图 2-44）。

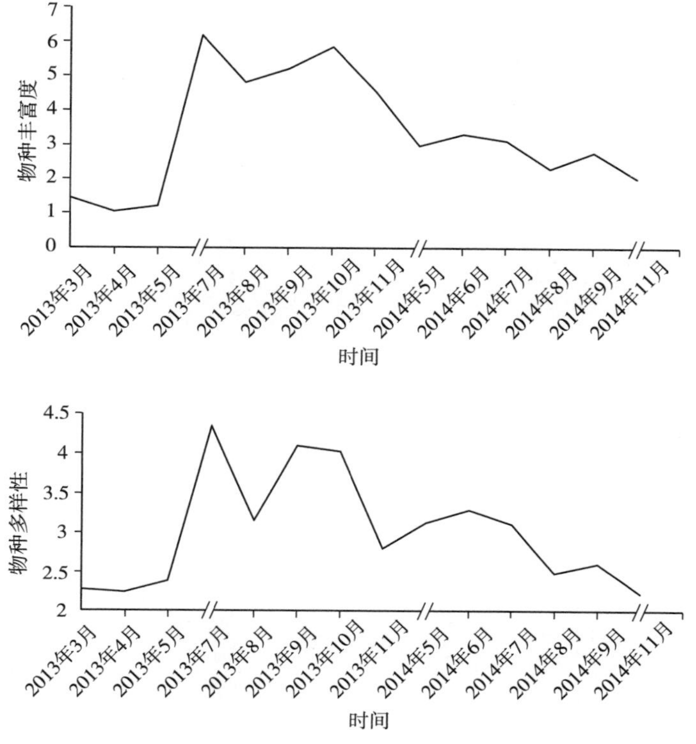

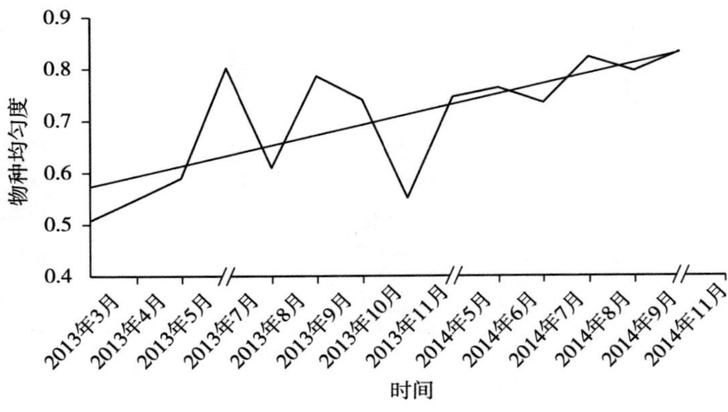

图 2-44　2013—2014 年浮游植物多样性比较

第三章 崂山湾浮游动物

浮游动物在海洋食物网中起着承上启下的传递作用，其种类组成和数量变动能够直接影响海洋生态系统能流和物流的方向与效率。一方面，浮游动物通过摄食影响浮游植物及微生物等的群落演替方向；另一方面，浮游动物是大多数渔业生物的食物来源，被认为是影响许多经济鱼类年储量变化的最重要的环境因子，其粒径、丰度及季节性峰值发生时间的年间波动都会影响鱼类的种群补充。同时，浮游动物的种类组成和数量变动与海洋水文情况及环境条件等密切相关，由于浮游动物对环境变化十分敏感，国际上常将浮游动物作为反映海洋环境变化的理想的研究对象。因此，开展海洋浮游动物的调查研究可为海洋生物资源的合理开发利用提供重要的科学依据，也能对海洋生态环境的保护起到指导作用。

第一节　物种组成

一、季节变化

2014 年分别于 5 月（春季）、6 月（夏季）、7 月（夏季）、8 月（夏季）、9 月（秋季）和 11 月（秋季）在崂山湾 19 个站位进行了浮游动物调查取样，并在实验室进行浮游动物鉴定计数及群落结构分析。

2014 年 5—11 月在崂山湾 6 个调查航次中，共采集到浮游动物 74 种，其中包括刺胞动物 15 种，栉水母 1 种，枝角类 2 种，桡足类 25 种，等足类 1 种，端足类 1 种，糠虾类 2 种，磷虾类 1 种，樱虾类 2 种，毛颚类 2 种，背囊类 1 种及浮游幼虫类 21 种，浮游动物种类名录详见表 3－1。另外，鱼卵及仔稚鱼在某些月份出现，但丰度很低，夜光藻已在浮游植物章节中分析，因此，除总生物量（湿重）外，本章其他浮游动物群落分析结果中均不包括这 3 种（类）的相关数据。

表 3－1　2014 年崂山湾各月份出现的浮游动物种类

中文名	学名/英文名	2014 年					
		5 月	6 月	7 月	8 月	9 月	11 月
两手筐水母	*Solmundella bitentaculata*				*		
八斑唇腕水母	*Rathkea octopunctata*		*	*			
双手水母	*Amphinema dinema*			*			
嵴状镰螅水母	*Zanclea costata*				*		
锡兰和平水母	*Eirene ceylonensis*		*	*			*
蟹形和平水母	*Eirene kambara*				*		

（续）

中文名	学名/英文名	2014 年					
		5月	6月	7月	8月	9月	11月
细颈和平水母	*Eirene menoni*			*			
黑球真唇水母	*Eucheilota menoni*		*			*	*
四手触丝水母	*Lovenella assimilis*		*	*			
带玛拉水母	*Malagazzia taeniogonia*						*
单囊美螅水母	*Clytia folleata*	*					
半球美螅水母	*Clytia hemisphaerica*		*	*	*	*	*
薮枝螅水母属未定种	*Obelia* spp.		*	*		*	*
未确定种水螅水母	other hydromeduse					*	*
五角水母	*Muggiaea atlantica*						*
球形侧腕水母	*Pleurobrachia globosa*		*				
鸟喙尖头溞	*Penilia avirostris*		*	*	*		
肥胖三角溞	*Pseudevadne tergestina*	*			*		
中华哲水蚤	*Calanus sinicus*	*	*	*	*	*	*
小拟哲水蚤	*Paracalanus parvus*	*	*	*	*	*	*
强额孔雀水蚤	*Parvocalanus crassirostris*	*			*	*	*
太平真宽水蚤	*Eurytemora pacifica*		*				
腹针胸刺水蚤	*Centropages abdominalis*	*	*	*			*
背针胸刺水蚤	*Centropages dorsispinatus*		*	*	*	*	*
瘦尾胸刺水蚤	*Centropages tenuiremis*		*		*		
细巧华哲水蚤	*Sinocalanus tenellus*		*	*			
海洋伪镖水蚤	*Pseudodiaptomus marinus*		*				
火腿伪镖水蚤	*Pseudodiaptomus poplesia*				*		
指状伪镖水蚤	*Pseudodiaptomus inopinus*		*				
汤氏长足水蚤	*Calanopia thompsoni*					*	*
真刺唇角水蚤	*Labibocera euchaeta*	*	*	*		*	*
科氏唇角水蚤	*Labidocera kröyeri*		*	*			
圆唇角水蚤	*Labidocera rotunda*		*	*	*	*	*
瘦尾简角水蚤	*Pontellopsis tenuicauda*				*		
沃氏纺锤水蚤	*Acartia omorii*		*	*			
洪氏纺锤水蚤	*Acartia hongi*	*	*	*	*	*	*
太平洋纺锤水蚤	*Acartia pacifica*		*	*	*	*	*
刺尾歪水蚤	*Tortanus spinicaudatus*				*		

（续）

中文名	学名/英文名	2014 年					
		5 月	6 月	7 月	8 月	9 月	11 月
钳形歪水蚤	*Tortanus forcipatus*				*		
拟长腹剑水蚤	*Oithona similis*	*	*	*	*	*	*
近缘大眼水蚤	*Corycaeus affinis*	*	*	*	*	*	*
小毛猛水蚤	*Microsetella norvegica*			*		*	*
暴猛水蚤属未定种	*Clytemnestra* sp.					*	*
小寄虱属未定种	*Microniscus* sp.			*			
钩虾科未定种	Gammaridae	*				*	*
黑褐新糠虾	*Neomysis awatschensis*		*	*			
长额超刺糠虾	*Hyperacanthomysis longirostris*		*	*			
中华假磷虾	*Pseudeuphausia sinica*					*	*
中国毛虾	*Acetes chinensis*		*	*			
日本毛虾	*Acetes japonicus*	*	*	*			
强壮箭虫	*Sagitta crassa*	*	*	*	*	*	*
中华箭虫	*Sagitta sinica*				*		
异体住囊虫	*Oikopleura dioica*	*	*	*	*	*	*
担轮幼虫	Trochophore larva	*		*	*		
辐轮幼虫	Actinotrocha larva		*	*	*		
帽状幼虫	Pilidium larva				*		
多毛类幼体	Polychaeta larva	*	*	*	*	*	*
双壳类幼体	Bivalvia larva	*	*	*	*	*	*
腹足类幼体	Gastropoda larva	*			*	*	*
腺介幼虫	Cypris larva	*	*	*			
蔓足类无节幼虫	Cirripedia nauplius larva	*	*		*		
桡足类幼体	Copepodite larva	*	*	*	*	*	*
桡足类无节幼虫	Copepoda nauplius larva	*	*	*	*	*	*
阿利玛幼虫	Alima larva		*	*	*		
糠虾幼体	Mysidae larva		*				
长尾类幼体	Macrura larva	*	*	*	*	*	*
短尾类溞状幼虫	Brachyura zoea larva	*	*	*	*	*	*
短尾类大眼幼虫	Brachyura megalopa larva		*	*	*		
磁蟹溞状幼虫	*Porcellana* zoea larva		*	*	*		

（续）

中文名	学名/英文名	2014 年					
		5月	6月	7月	8月	9月	11月
叶状幼虫	Phyllosoma larva		*				
海胆长腕幼虫	Echinopluteus larva			*			
海蛇尾长腕幼虫	Ophiopluteus larva			*		*	
海参耳状幼体	Auricularia larva			*			
柱头幼虫	Tornaria larva				*		

注：* 表示有。

从表 3-1 可见，2014 年崂山湾浮游动物种类中，水母类、桡足类和浮游幼虫类的种类数较多，且不同月份崂山湾浮游动物种类组成差异较大。2014 年 5 月崂山湾调查中共采集到浮游动物 24 种，其中水母类仅 1 种，桡足类和浮游幼虫类分别为 8 种和 10 种。浮游动物种类数随后在 6 月和 7 月达到最高值，分别为 45 种和 44 种；这两个月均采集到 7 种水母类，桡足类和幼虫类的种类数均超过 14 种。8—9 月浮游动物种类数逐渐降低，分别为 38 种和 29 种；这两个月都采集到 4 种水母类，桡足类均不低于 13 种；9 月幼虫类仅采集到 8 种。11 月浮游动物种类数有所升高，为 32 种，其中有 7 种水母类、14 种桡足类及 7 种幼虫类。从浮游动物种类更替情况来看（表 3-2），2014 年 5—6 月崂山湾浮游动物种类更替率较高，为 64.7%；而 6—7 月浮游动物种类的更替率较低，为 32.1%；7—8 月和 8—9 月种类更替率再次升高，分别达到 61.0%和 60.4%；9—11 月浮游动物种类更替率最低，仅为 15.2%。从 2014 年各月份间崂山湾浮游动物种类更替情况可以看出，在季节转变时期（春季到夏季、夏季到秋季），浮游动物种类更替率较高，而在同一季节的月份中（夏季 6—7 月、秋季 9—11 月），浮游动物的种类更替率较低。

表 3-2　2014 年各月份间崂山湾浮游动物种类更替

各月份种数变化	5月（24种）→6月（45种）	6月（45种）→7月（44种）	7月（44种）→8月（38种）	8月（38种）→9月（29种）	9月（29种）→11月（32种）
增加种数	27	8	15	10	4
减少种数	6	9	21	19	1
相同种数	18	36	23	19	28
更替率 E（%）	64.7	32.1	61.0	60.4	15.2

注：更替率 $E=A\times100\%/(A+B)$，A 为两个月间种类增加数与减少数之和，B 为季节间相同的种数。

不同月份崂山湾浮游动物优势种存在一定差异（表 3-3）。5 月，洪氏纺锤水蚤在所有站位均有捕获，且丰度很高，占绝对优势地位，其他优势种还包括小拟哲水蚤、拟长腹剑水蚤、桡足类幼体和异体住囊虫。6 月桡足类幼体和沃氏纺锤水蚤优势度较高，其他优势种为洪氏纺锤水蚤、小拟哲水蚤、拟长腹剑水蚤、桡足类无节幼虫和强壮箭虫。7 月和9月浮游动物优势种较多，且优势度相对都较低，优势度最高的种类分别为桡足类幼体和近缘大眼水蚤。8月浮游动物优势种最少，小拟哲水蚤占绝对优势地位，其余3个优势种为异体住囊虫、强额孔雀水蚤及洪氏纺锤水蚤。11月浮游动物优势种较多，桡足类幼体优势度较高。从优势种的物种出现频率来看，小拟哲水蚤在调查的6个月份中均为优势种，洪氏纺锤水蚤、桡足类幼体和拟长腹剑水蚤均有5次成为优势种，异体住囊虫、强壮箭虫和桡足类无节幼体均有4次成为优势种。可见，2014年5—11月崂山湾浮游动物以暖温带近岸性桡足类为优势种，但不同月份间不同种类的优势度存在一定的变化。

表3-3　2014年各月份崂山湾浮游动物优势种组成

5月	6月	7月	8月	9月	11月
洪氏纺锤水蚤	桡足类幼体	桡足类幼体	小拟哲水蚤	近缘大眼水蚤	桡足类幼体
小拟哲水蚤	沃氏纺锤水蚤	沃氏纺锤水蚤	异体住囊虫	小拟哲水蚤	小拟哲水蚤
拟长腹剑水蚤	洪氏纺锤水蚤	洪氏纺锤水蚤	强额孔雀水蚤	强壮箭虫	拟长腹剑水蚤
桡足类幼体	小拟哲水蚤	拟长腹剑水蚤	洪氏纺锤水蚤	桡足类幼体	强壮箭虫
异体住囊虫	拟长腹剑水蚤	异体住囊虫		洪氏纺锤水蚤	近缘大眼水蚤
	桡足类无节幼虫	小拟哲水蚤		强额孔雀水蚤	强额孔雀水蚤
	强壮箭虫	桡足类无节幼虫		拟长腹剑水蚤	桡足类无节幼虫
		强壮箭虫		太平洋纺锤水蚤	异体住囊虫
				桡足类无节幼虫	太平洋纺锤水蚤
				腹足类幼体	

注：表中各月份所列物种优势度$Y \geqslant 0.02$，且以Y值从大到小排列。

二、年间变化

2013—2015年在崂山湾进行了多学科航次调查，其中仅有7月和8月在3个年份均进行了浮游动物调查取样，因此，本小节就2013—2015年各年7—8月崂山湾浮游动物种类组成年间变化进行分析描述。

图3-1展示的是7—8月崂山湾浮游动物种类数的年间变化。2013年7月在崂山湾采集到浮游动物41种，其中包括水母类7种、桡足类14种及浮游幼虫类13种。2014年7月共采集到浮游动物44种，其中水母类、桡足类和幼虫类分别为7种、14种和15种。而2015年7月仅采集到27种浮游动物，其中水母类仅1种，桡足类和浮游幼虫类分别为10种和13种。2013年8月和2014年8月均采集到浮游动物38种，但各浮游动物类别的物种数存在一定差异：水母类分别为6种和4种；桡足类分别为15种和14种；浮游幼虫类分别为11种和15种。2015年8月采集到的浮游动物种类减少为31种，其中水母类、桡足类和幼虫类分别为3种、12种和10种。

2013—2015年各年7月浮游动物优势种均较多（表3-4）。2013年7月双壳类幼体

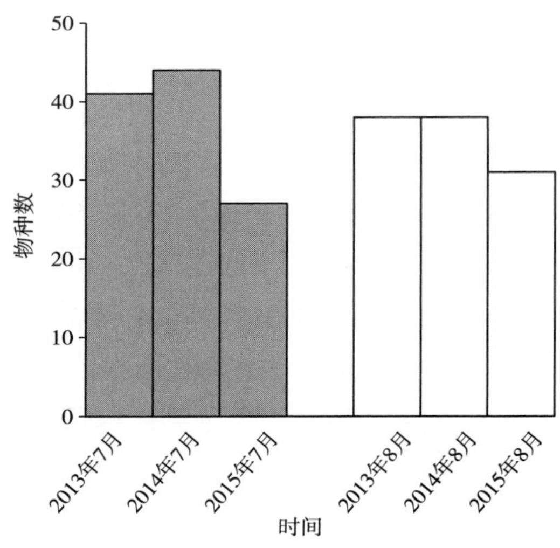

图 3-1　7—8 月崂山湾浮游动物物种数年间变化

优势度最高，其次是桡足类幼体、强壮箭虫、强额孔雀水蚤、近缘大眼水蚤、小拟哲水蚤、异体住囊虫、多毛类幼体和蔓足类无节幼虫。2014 年 7 月，桡足类幼体虽然是第一优势种，但其优势度相对较低。2015 年 7 月，小拟哲水蚤的优势度相对较高。2013 年 8 月桡足类幼体优势度最高，该月出现的优势种鸟喙尖头溞和肥胖三角溞在其他年份的 7—8 月均未出现。2014 年 8 月浮游动物优势种最少，小拟哲水蚤占绝对优势地位。2015 年 8 月强额孔雀水蚤的优势度最高，小拟哲水蚤次之，两者均具有较高的优势度。从优势种的物种出现频率来看，小拟哲水蚤和异体住囊虫在调查的 6 个月份中均为优势种，但小拟哲水蚤的优势度相对较高。强壮箭虫有 5 次成为优势种，桡足类幼体、强额孔雀水蚤和近缘大眼水蚤均有 4 次成为优势种。另外，双壳类幼体有 3 次成为优势种，出现频率也较高。

表 3-4　7—8 月崂山湾浮游动物优势种组成年间变化

2013 年 7 月	2014 年 7 月	2015 年 7 月	2013 年 8 月	2014 年 8 月	2015 年 8 月
双壳类幼体	桡足类幼体	小拟哲水蚤	桡足类幼体	小拟哲水蚤	强额孔雀水蚤
桡足类幼体	沃氏纺锤水蚤	桡足类幼体	鸟喙尖头溞	异体住囊虫	小拟哲水蚤
强壮箭虫	洪氏纺锤水蚤	洪氏纺锤水蚤	小拟哲水蚤	强额孔雀水蚤	近缘大眼水蚤
强额孔雀水蚤	拟长腹剑水蚤	近缘大眼水蚤	强额孔雀水蚤	洪氏纺锤水蚤	背针胸刺水蚤
近缘大眼水蚤	异体住囊虫	强壮箭虫	双壳类幼体		异体住囊虫
小拟哲水蚤	小拟哲水蚤	异体住囊虫	近缘大眼水蚤		太平洋纺锤水蚤
异体住囊虫	桡足类无节幼虫	双壳类幼体	肥胖三角溞		强壮箭虫
多毛类幼体	强壮箭虫	背针胸刺水蚤	强壮箭虫		
蔓足类无节幼虫			异体住囊虫		

注：表中各月份所列物种优势度 $Y \geqslant 0.02$，且以 Y 值从大到小排列。

第二节　生物量与丰度

一、季节变化

2014 年 5 月（春季）和 8 月（夏季）崂山湾浮游动物总生物量（湿重）很高，均超过 550 mg/m³，主要原因是这两个月浮游动物样品中夜光藻占比很高，其丰度占浮游动物总丰度比例均超过 65%，称量中并没有将夜光藻去除，因而影响对浮游动物总生物量的判断。其他 4 个月中，夜光藻丰度占浮游动物总丰度比例均低于 12%，浮游动物生物量差别较小(图 3－2)。崂山湾浮游动物总丰度（去除夜光藻、鱼卵和仔稚鱼）在 5 月和 6 月（夏季）最高，均超过 10 000 个/m³，随后浮游动物总丰度逐渐降低，并在 9 月（秋季）达到最低值，仅为 1 089 个/m³，在 11 月（秋季）时，浮游动物总丰度出现小幅上升(图 3－2)。在夜光藻较少的 6 月、7 月（夏季）、9 月和 11 月，虽然浮游动物总丰度差别较大，但这 4 个月生物量差别较小。可能的原因是 9 月和 11 月腹足类幼体和双壳类幼体在浮游动物群落中占比例较高，其相对较重的生物量使得浮游动物总生物量增加；而 6 月和 7 月虽然桡足类幼体等生物丰度非常高，但其生物量较小。

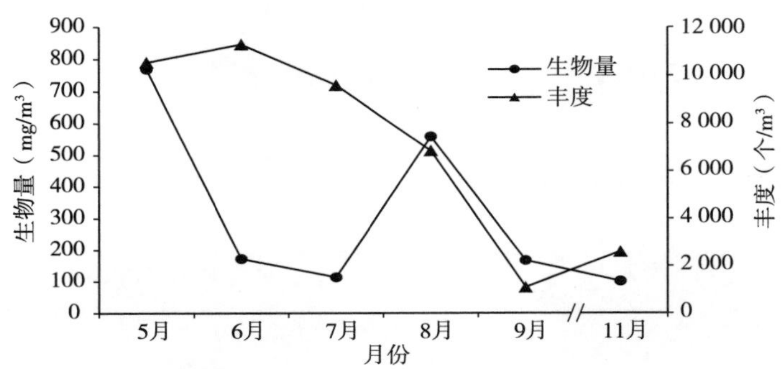

图 3－2　2014 年崂山湾浮游动物总生物量与总丰度季节变化

从空间分布来看，2014 年 5—11 月崂山湾浮游动物总生物量呈现由北向南逐渐降低的趋势（图 3－3）。在 5 月和 8 月，由于夜光藻丰度较高，称量湿重时不易挑出，导致与其他月份相比，这两个月浮游动物生物量整体较高。除 7 月外，各月浮游动物总生物量的最高值均出现在最北端站位（36.4°N，120.8°E），可能原因是该站位水深最浅（约 5 m），在每网采集相近数量的浮游动物时，该站滤水体积最小，导致浮游动物生物量较高。在 7 月，最大浮游动物总生物量出现在最西边站位，并且在最北端站位同样出现高生物量区。从图 3－3 可见，各月基本呈现浮游动物生物量随水深增加而逐渐降低的变化趋势。

7 月和 11 月，各站位浮游动物总生物量整体均较低。

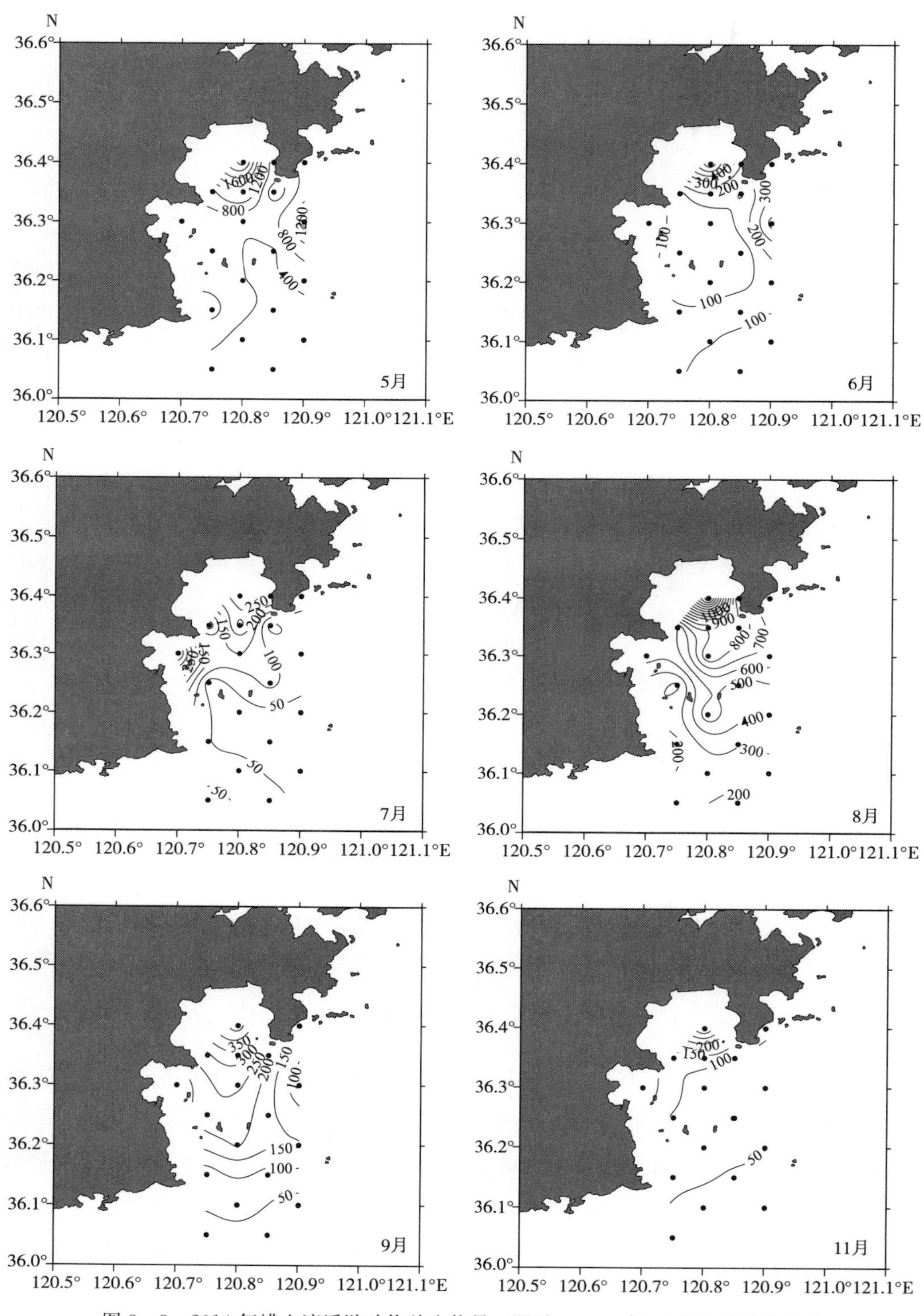

图 3-3　2014 年崂山湾浮游动物总生物量（湿重：mg/m³）空间分布季节变化

崂山湾浮游动物丰度的空间分布情况与生物量不同（图 3－4），仅 9 月和 11 月浮游动物

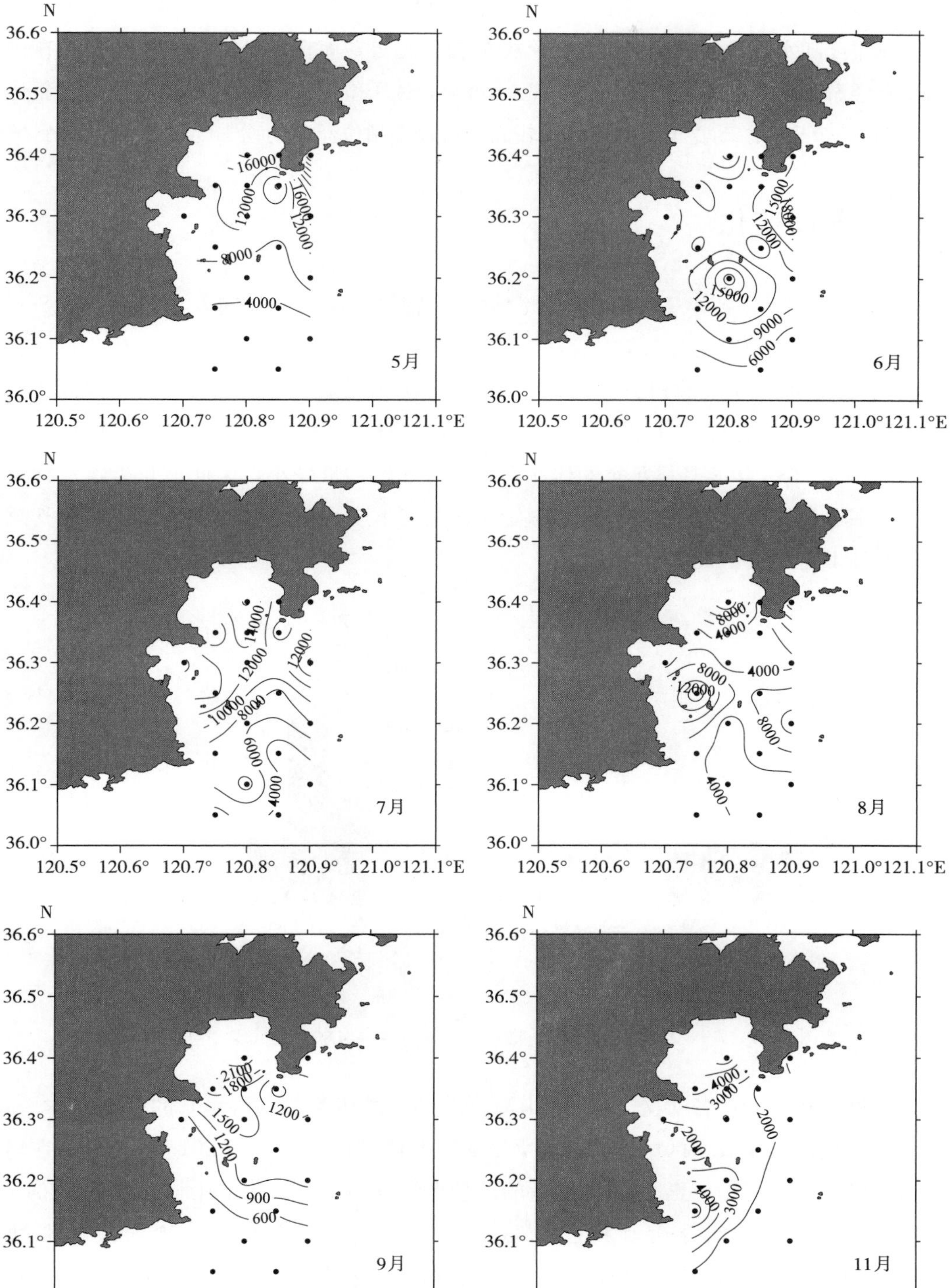

图 3－4　2014 年崂山湾浮游动物总丰度（个/m^3）空间分布季节变化

总丰度的最高值出现在最北端站位（36.4°N，120.8°E），而5—7月浮游动物总丰度的最高值均出现在东北区域站位，8月最高丰度出现在中西部站位。5月、7月和9月基本呈现浮游动物总丰度随水深增加由北向南逐渐降低的变化趋势，而在6月、8月和11月，在中部海域均有浮游动物丰度的高值区。由图3-4可见，9月和11月崂山湾浮游动物丰度整体上较低，而5—7月浮游动物丰度整体水平较高，有较多站位浮游动物丰度超过10 000个/m³。

二、年间变化

2013—2015年，各年7月崂山湾浮游动物生物量（湿重）年间差异不大，而8月年间差异很大，可能原因是各年7月浮游动物样品中的夜光藻数量均较少，对生物量的影响较小，而2013年8月和2014年8月浮游动物样品中夜光藻数量非常多，导致这两年的生物量高出2015年8月较多（图3-5A）。2014年7月崂山湾浮游动物丰度明显高于其他两年，原因是2014年7月桡足类幼体非常多，但其生物量较小，因此该年生物量并没有显著高于其他两年。同样的，2013年8月具有较高丰度的桡足类幼体，从而导致其总丰度明显高于其他两年（图3-5B）。

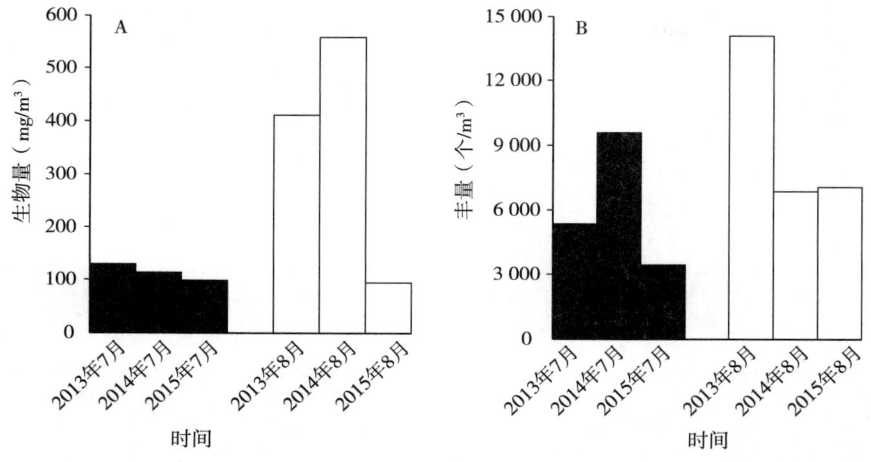

图3-5　7—8月崂山湾浮游动物总生物量（A）与总丰度（B）年间变化

从空间分布来看，各年7—8月崂山湾浮游动物总生物量（湿重）的分布基本一致，生物量均呈现由近岸浅水区域到远岸深水区域逐渐降低的趋势，但2015年7月，在崂山湾西南区域也存在一个浮游动物生物量的高值区（图3-6）。除2014年7月和2015年8月外，其他调查时间浮游动物总生物量的最高值均出现在崂山湾内最北端站位（36.4°N，120.8°E），而这两个月最大浮游动物总生物量均出现在崂山湾最西端站位。2013年8月和2014年8月由于样品中夜光藻比例较高，其浮游动物总生物量在崂山湾调查海域整体上均较高。

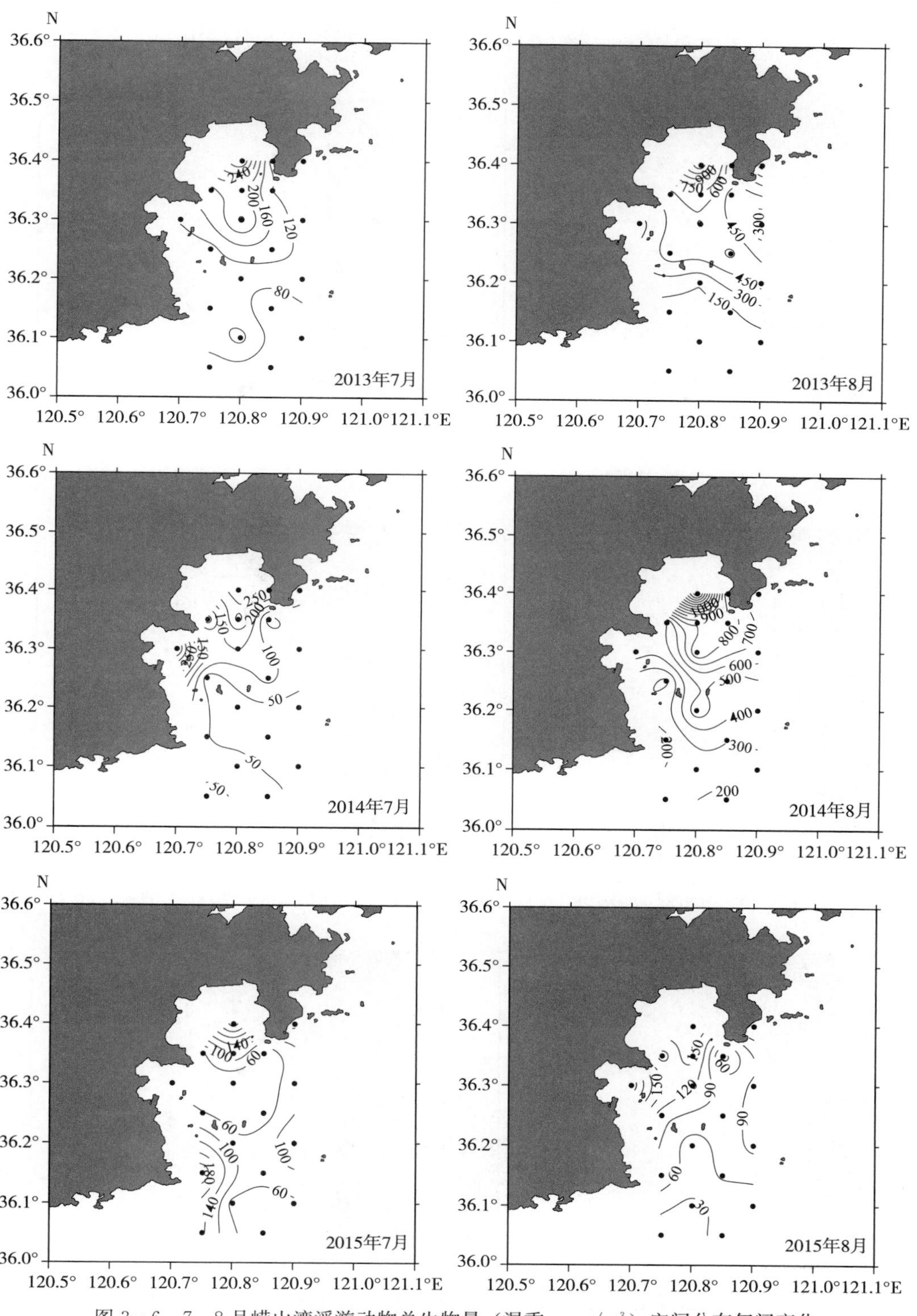

图 3-6　7—8 月崂山湾浮游动物总生物量（湿重：mg/m^3）空间分布年间变化

除 2014 年 7 月崂山湾浮游动物总丰度与总生物量空间分布格局较一致以外，其他各个航次调查中，两者之间均有一定的差异（图 3－7）。2013 年 7 月崂山湾浮游动物总丰度

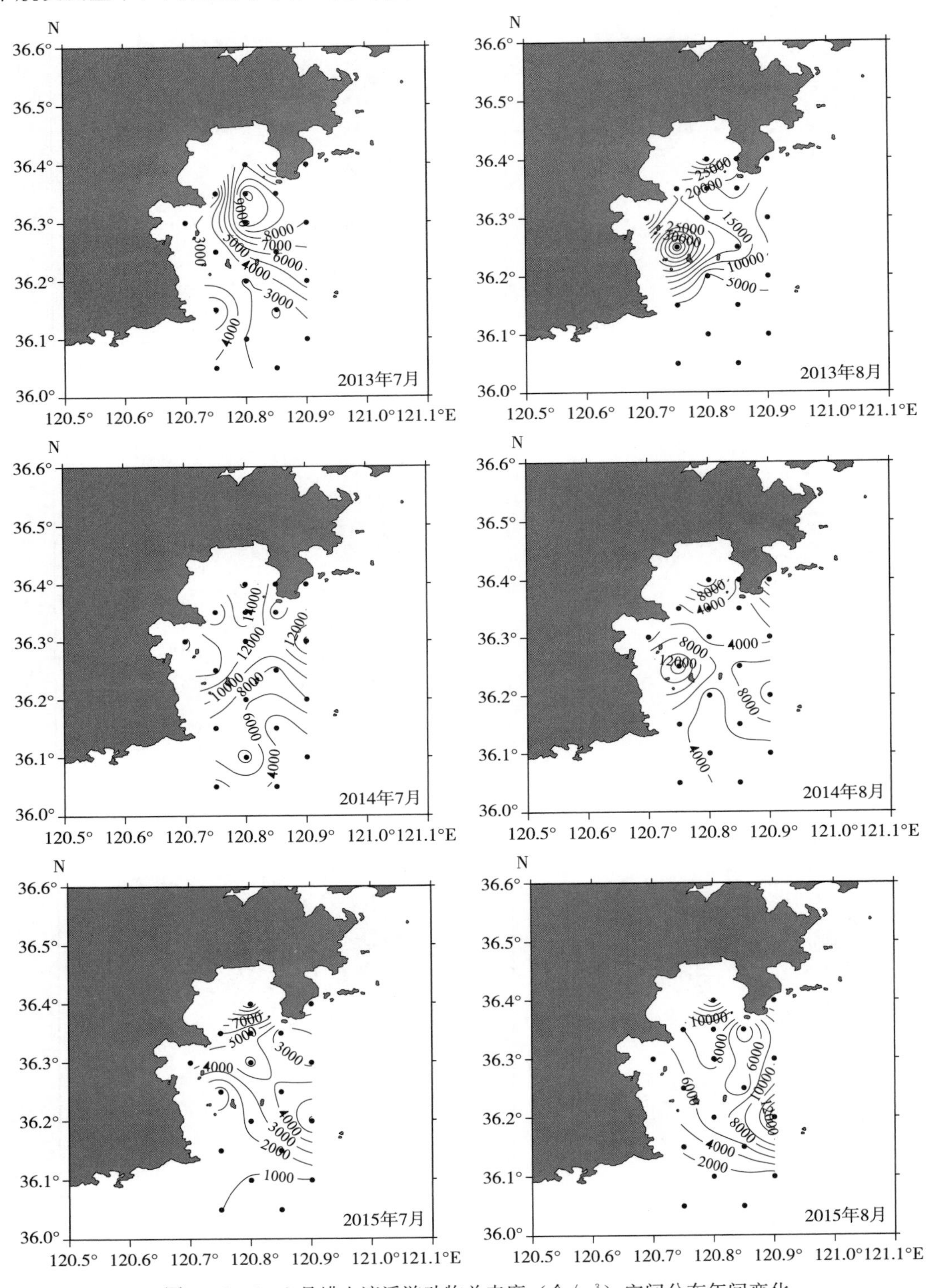

图 3－7　7—8 月崂山湾浮游动物总丰度（个/m^3）空间分布年间变化

高值区主要分布在东北区域，另外在西南区域的一个站位也具有较高的浮游动物丰度；2014 年 7 月和 2015 年 7 月崂山湾浮游动物总丰度基本呈现从北部区域到南部区域逐渐降低的趋势。2013 年 8 月和 2014 年 8 月崂山湾浮游动物高丰度区主要发生在西部区域和北部区域，而 2015 年 8 月浮游动物主要聚集在东部和北部区域。

第三节　主要种类丰度分布

由表 3－1 可知，崂山湾的浮游动物群落主要由桡足类和浮游幼虫类组成，而毛颚类丰度也较大，且在优势种中经常出现。水母类丰度虽然较低，但近年来水母类在全球范围内暴发，同时其对渔业资源（尤其是对早期补充时期鱼类的存活）具有一定的负效应，因而越来越受到人们的重视。现就崂山湾这几类浮游动物丰度的季节变化、年间变化及平面分布描述如下。

一、季节变化

崂山湾桡足类的丰度在 5 月（春季）最高，随后在 6—7 月（夏季）逐渐下降，在 8 月（夏季）缓慢升高后，在 9 月（秋季）快速下降到最低值，并在 11 月（秋季）保持较低的丰度（图 3－8）。浮游幼虫类在 5 月丰度较低，而在 6—7 月达到丰度最高值，而后其丰度在 8—9 月下降到最低值，在 11 月出现微弱上升（图 3－8）。

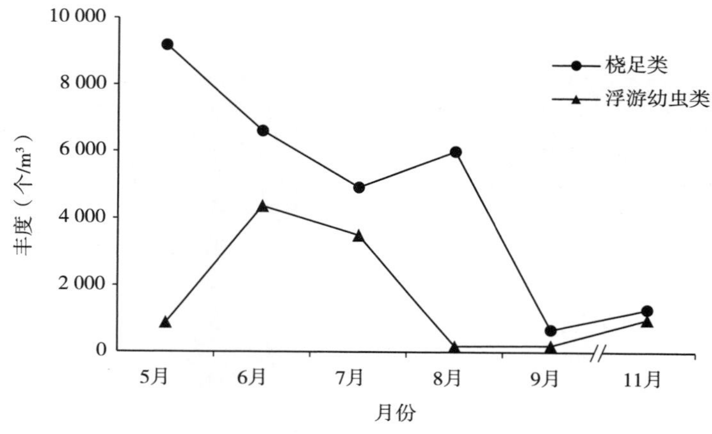

图 3－8　2014 年崂山湾桡足类与浮游幼虫类丰度季节变化

从平面分布来看（图 3－9），5 月、7 月、9 月桡足类丰度基本呈现由北部近岸区域向南部深水区域逐渐降低的趋势，而 6 月、8 月和 11 月除了在近岸区域的丰度高值区外，

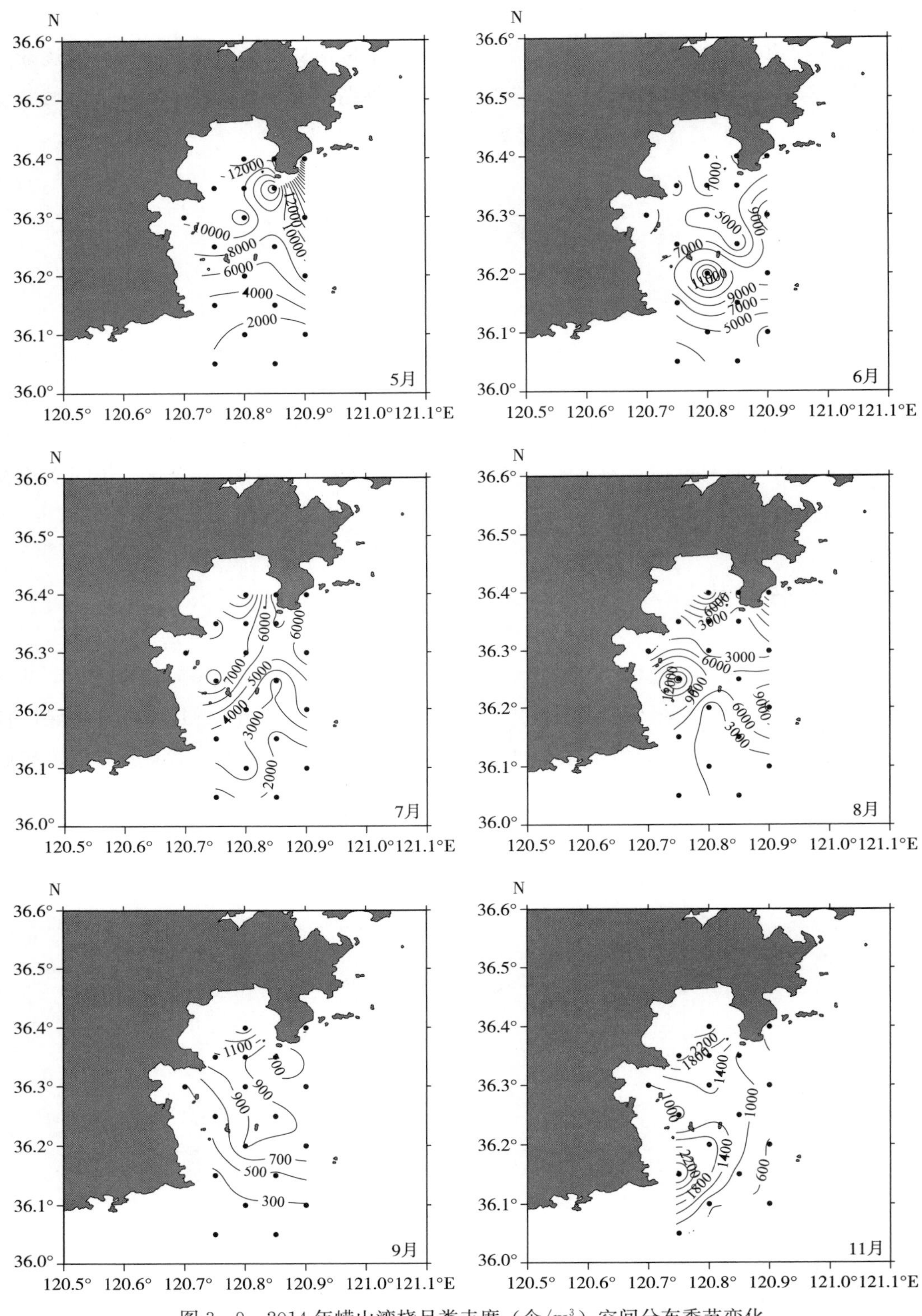

图 3-9　2014 年崂山湾桡足类丰度（个/m³）空间分布季节变化

在中西部区域也存在一个桡足类丰度高值区。相较其他浮游动物，桡足类具有最高的丰度，因此桡足类丰度的空间分布情况基本可以反映浮游动物总丰度的空间分布情况。5 月崂山湾桡足类丰度整体均较高，丰度超过 10 000 个/m^3 的站位为 8 个，均分布在北部近岸区域。6—8 月崂山湾桡足类丰度超过 10 000 个/m^3 的站位数分别为 3 个、1 个和 4 个，7 月桡足类最高丰度出现在最北端站位，6 月和 8 月最高丰度站位均出现在中西部区域。9 月、11 月崂山湾桡足类丰度整体均较低，9 月所有站位桡足类丰度均低于 1 700 个/m^3；11 月桡足类最高丰度出现在西南区域。最南端站位的桡足类丰度在所有月份均较低。

崂山湾浮游幼虫类主要分布在近岸浅水水域（图 3-10）。5 月浮游幼虫类主要分布在北部区域。6 月和 7 月浮游幼虫类的丰度整体上均较高，相对而言，南部区域深水站位丰度较低。8 月浮游幼虫类丰度急剧下降，除北部浅水区外，在东部区域出现一个丰度高值区，但较 7 月相同位置的丰度仍要低很多。9 月浮游动物幼虫类高丰度值区集中在北部区域，而 11 月除了北部高丰度区外，西南部也存在浮游幼虫类高丰度区。

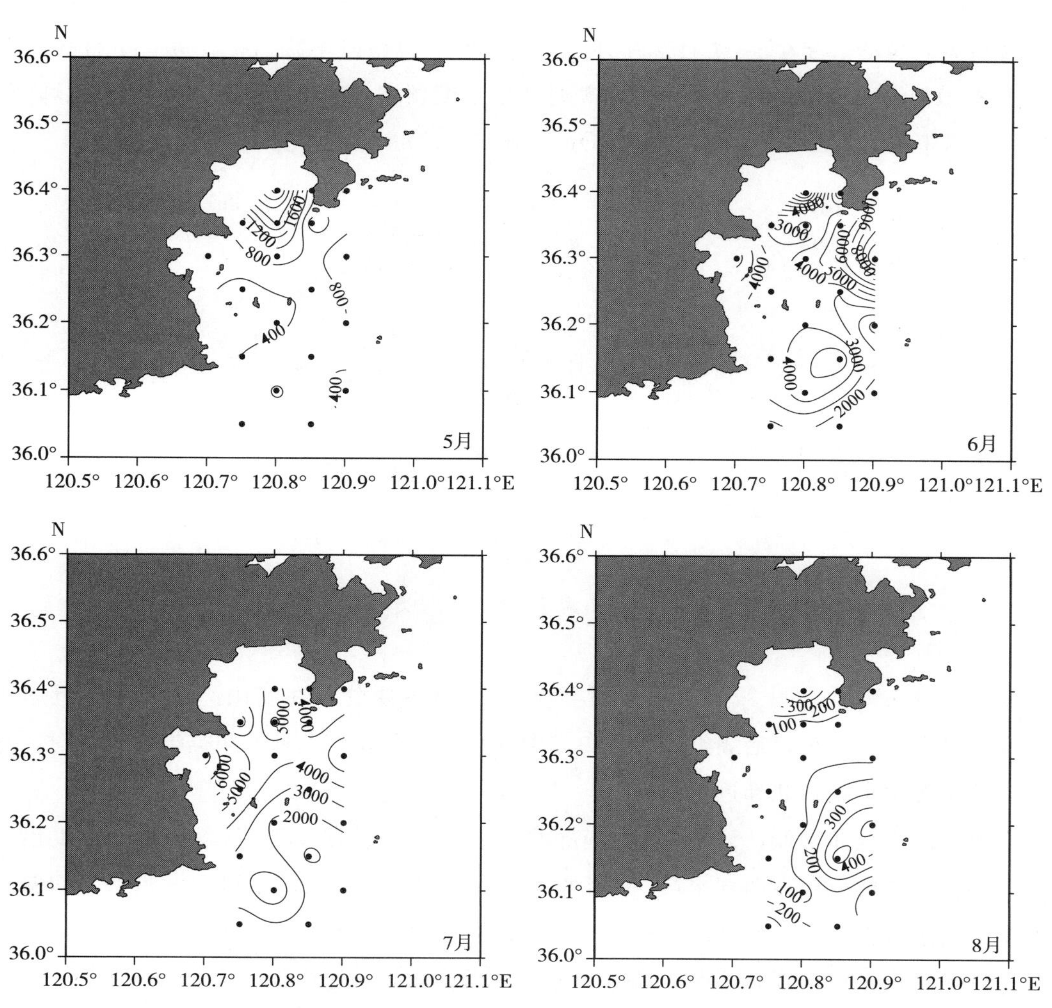

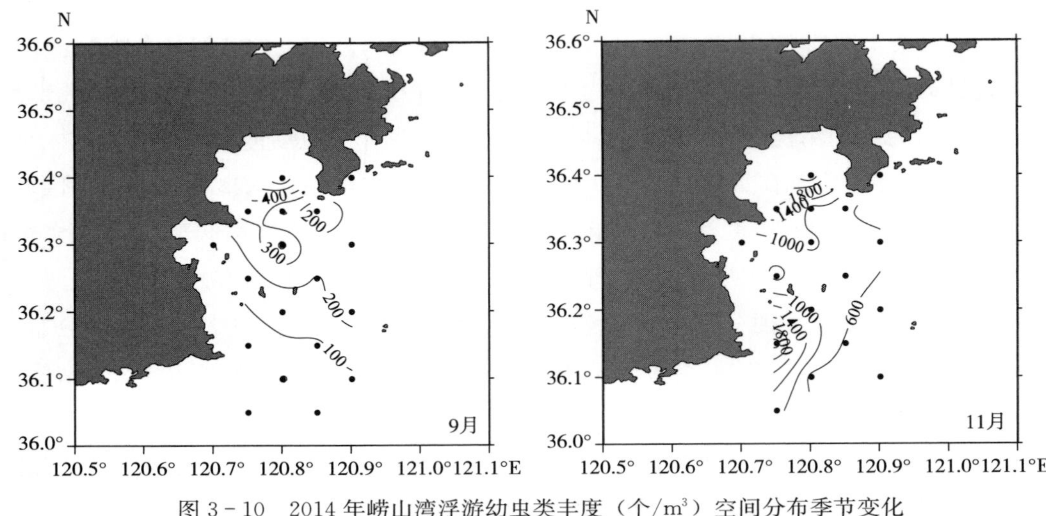

图 3-10　2014 年崂山湾浮游幼虫类丰度（个/m³）空间分布季节变化

崂山湾毛颚类丰度在 5—7 月逐渐升高，之后在 8 月急剧下降后，在 9—11 月缓慢上升（图 3-11）。水母类的季节性峰值出现时间早于毛颚类，水母类丰度在 6 月达到峰值，随后在 7 月下降，在 8—11 月再次逐渐升高（图 3-11）。

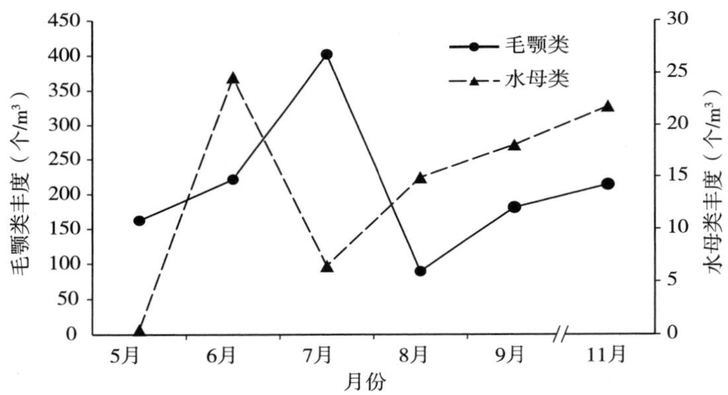

图 3-11　2014 年崂山湾毛颚类与水母类丰度季节变化

从空间分布来看（图 3-12），毛颚类在 5—6 月主要分布在崂山湾东北区域近岸水域，在 7 月丰度最高时，毛颚类主要分布在中部水域。在 8—11 月毛颚类丰度较低时，其丰度高值区再次出现在北部近岸水域。

水母类的丰度非常低，5 月仅在西南部的一个站位采集到水母。6 月水母的丰度迅速增加，高值区主要分布在西部水域。7 月崂山湾南北向的中部水域水母丰度最低，而向东西两个方向水母类丰度逐渐升高。8 月水母密集区主要集中在北部浅水海域。9 月和 11 月在中部区域出现水母丰度高值区，其空间分布格局正好与 7 月相反（图 3-13）。

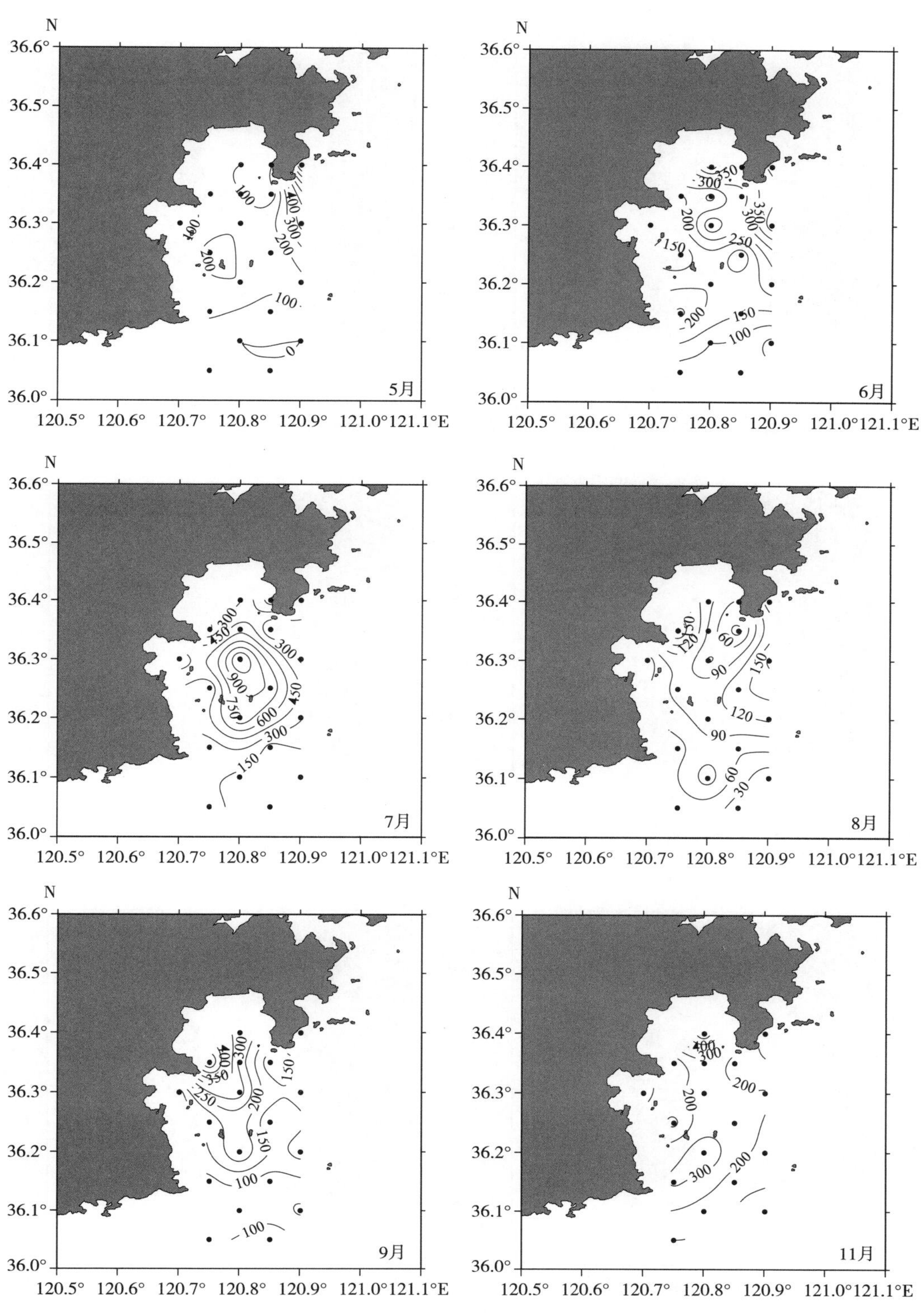

图 3－12　2014 年崂山湾毛颚类丰度（个/m³）空间分布季节变化

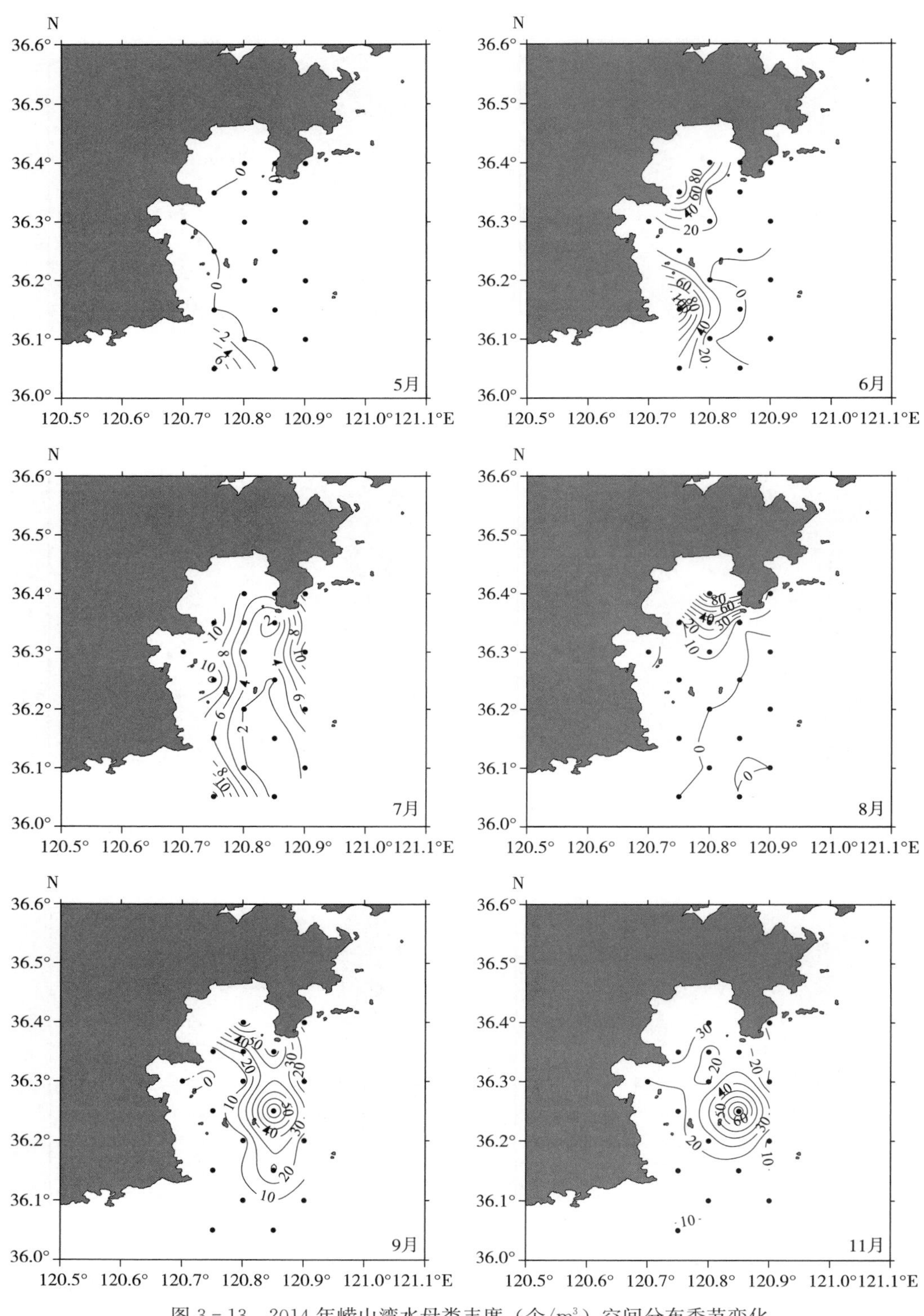

图 3-13　2014 年崂山湾水母类丰度（个/m³）空间分布季节变化

综上可见，崂山湾不同浮游动物类群季节性峰值出现时间不同，且持续时间也不同。随季节变化，各浮游动物类群的空间分布也出现一定变化。

二、年间变化

2014 年 7 月桡足类的丰度要高于 2013 年 7 月和 2015 年 7 月；而在各年 8 月，桡足类丰度从 2013 年至 2015 年呈现逐渐升高的趋势（图 3－14）。2013 年 7 月和 2014 年 7 月浮游幼虫类丰度差别不大，均明显高于 2015 年 7 月幼虫类的丰度；2013 年 8 月浮游幼虫类的丰度要明显高于其他两个年份的 8 月（图 3－14）。从图 3－14 中可见，7—8 月，浮游幼虫类丰度较高时，其丰度与桡足类的丰度在同一数量级上。2013—2015 年，7 月毛颚类丰度逐渐降低；8 月毛颚类丰度在 2013 年最高，在 2014 年最低。2013—2015 年，7 月水母类丰度逐渐降低，8 月水母类丰度则在 2014 年最高。

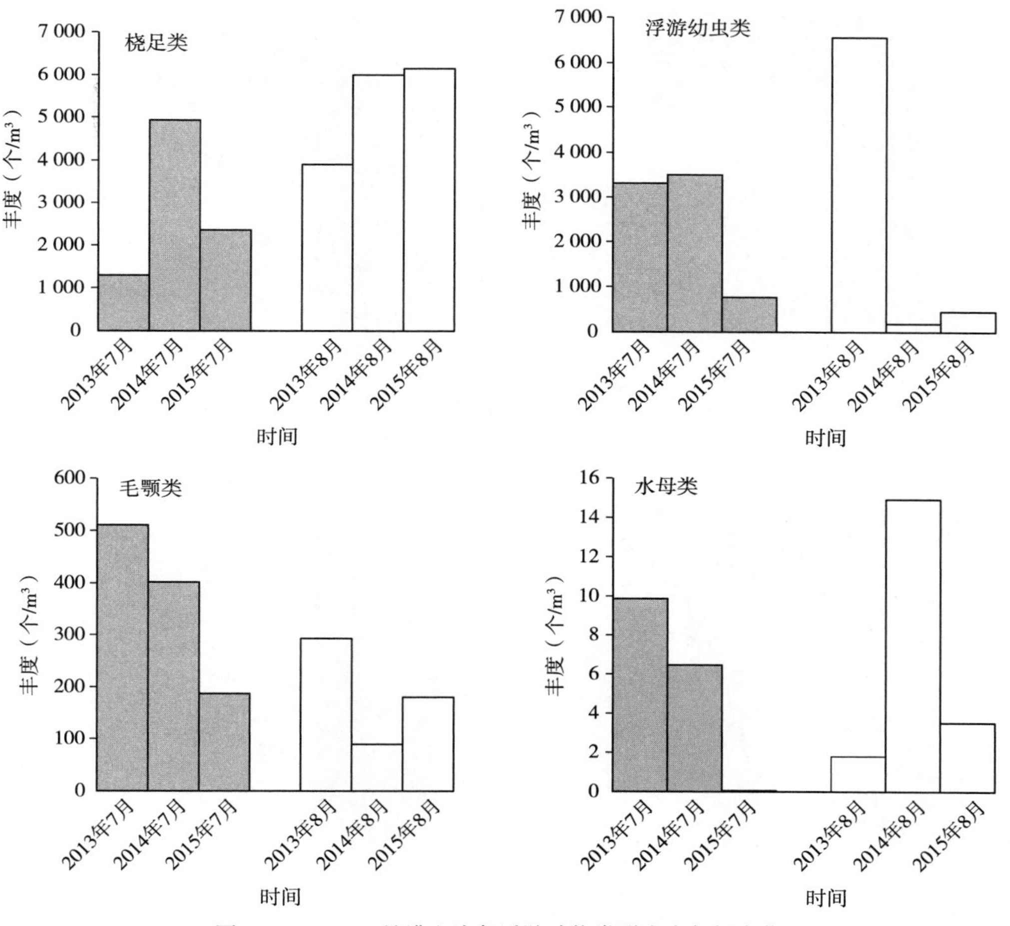

图 3－14　7—8 月崂山湾各浮游动物类群丰度年间变化

注：2015 年 7 月水母类丰度为 0.058，数值过小，柱状图未能显示

从空间分布来看，7 月崂山湾桡足类在 3 个调查年份丰度变化趋势较一致，均呈现由北部近岸区域向南部深水区域逐渐降低的趋势，但桡足类丰度高值区的位置有一些差异。2013 年桡足类丰度高值区主要分布在调查海域的东北区域，2014 年在北部区域，而 2015 年则在最北端站位（图 3－15）。8 月崂山湾桡足类丰度的空间分布格局存在一定的年间变化，2013 年在北部和西部区域较高，2014 年在北部、东部和西部站位较高，而 2015 年在北部和东部区域最高（图 3－15）。

7 月崂山湾浮游幼虫类丰度空间分布年间差异较大。2013 年 7 月浮游幼虫类主要聚集在东北部水域，2014 年 7 月浮游幼虫类丰度高值区出现在北部和西部区域，而 2015 年 7 月在西北部浮游幼虫类丰度最高。2013 年 8 月浮游幼虫类丰度高值区出现在西部区域，2014 年 8 月和 2015 年 8 月浮游幼虫类的空间分布相近，均主要集中在东部和北部区域（图 3－16）。

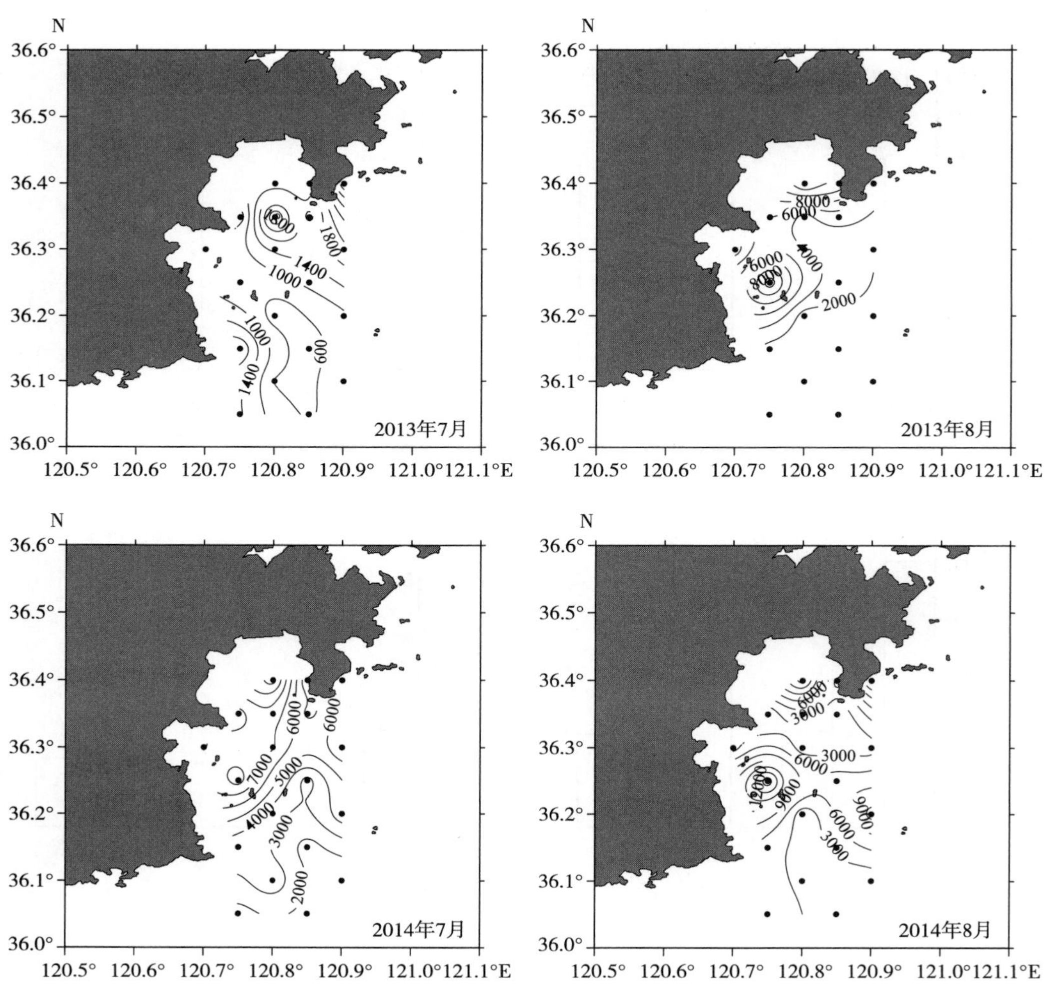

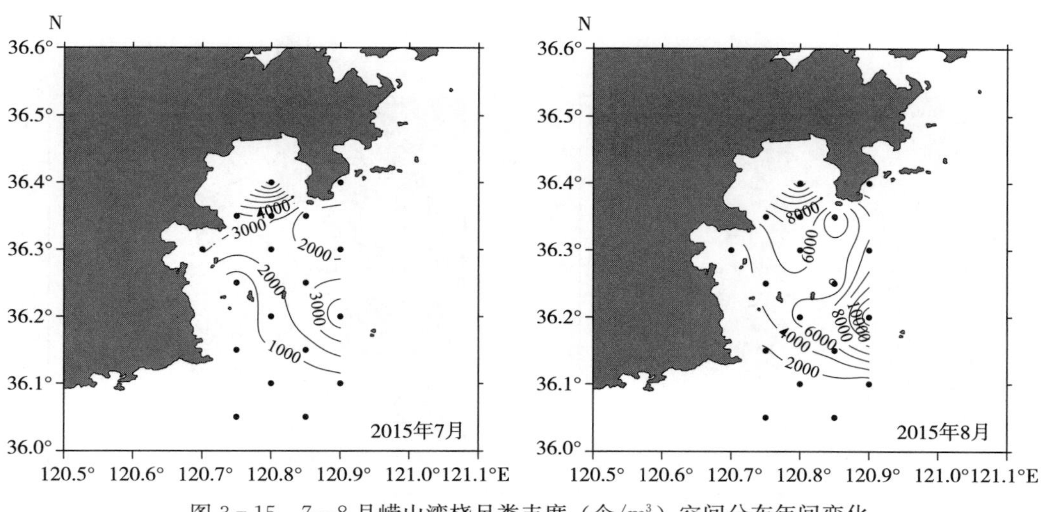

图 3-15　7—8 月崂山湾桡足类丰度（个/m³）空间分布年间变化

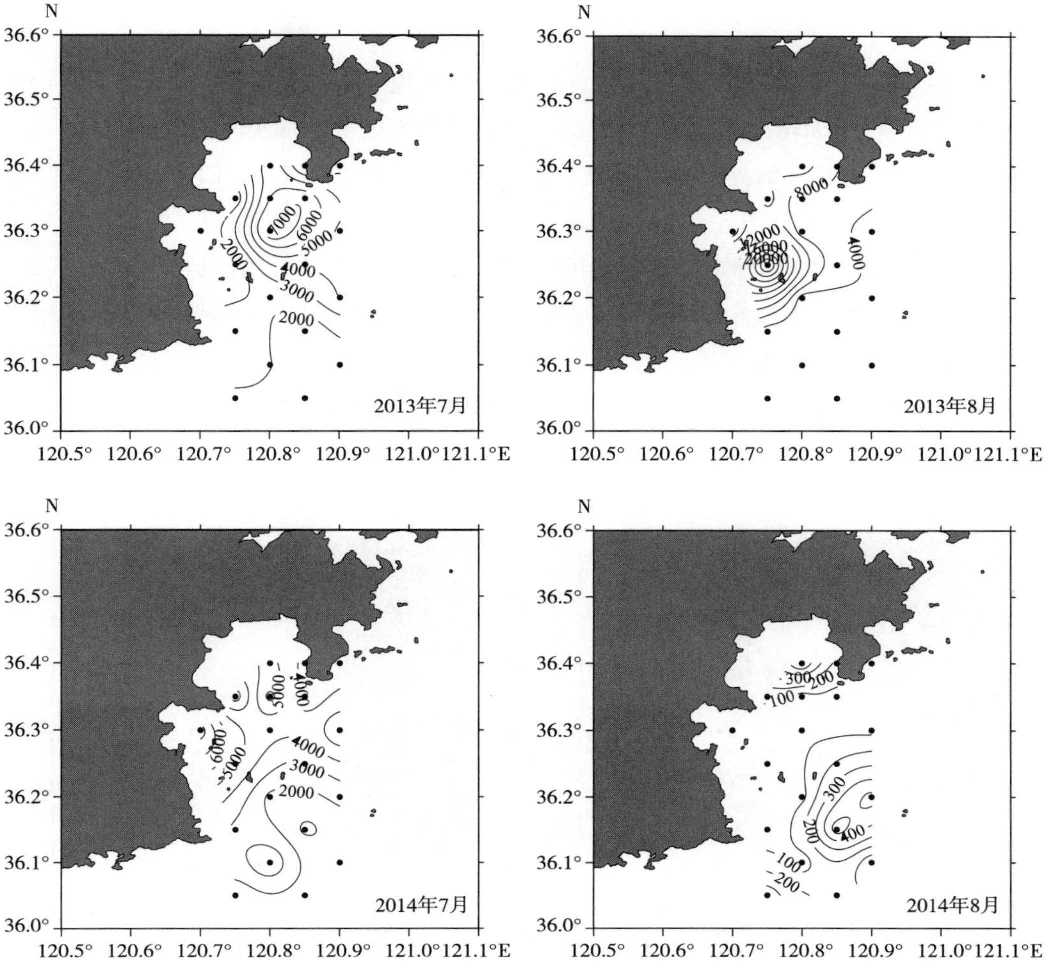

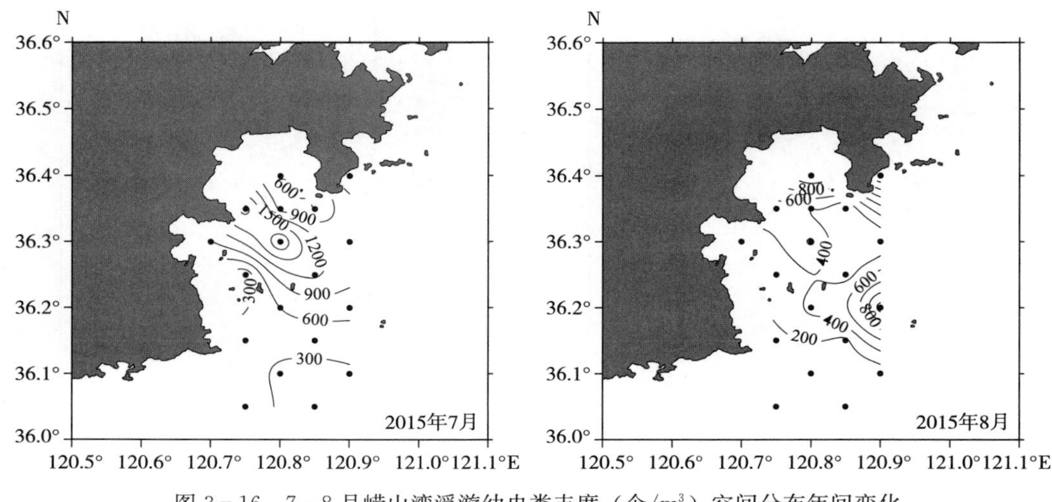

图 3-16 7—8 月崂山湾浮游幼虫类丰度（个/m³）空间分布年间变化

2013 年 7 月在崂山湾东南区域延伸向西北区域出现毛颚类丰度的低值区，2014 年 7 月毛颚类主要集中分布在中部水域，而 2015 年 7 月中部区域毛颚类丰度却非常低。2013 年 8 月和 2014 年 8 月毛颚类的高值区均主要分布在中部和北部区域，而 2015 年 8 月毛颚类主要分布在西部区域（图 3-17）。

7 月崂山湾水母类丰度的空间分布年间差异较大。2013 年 7 月水母类主要集中在北部近岸海域；2014 年 7 月除南北向中部区域水母类丰度较低外，其他区域均较高；2015 年 7 月仅在西部一个站位采集到水母（图 3-18）。2013 年 8 月水母类丰度高值区主要分布在西部区域，而 2014 年 8 月和 2015 年 8 月主要分布在北部区域（图 3-18）。

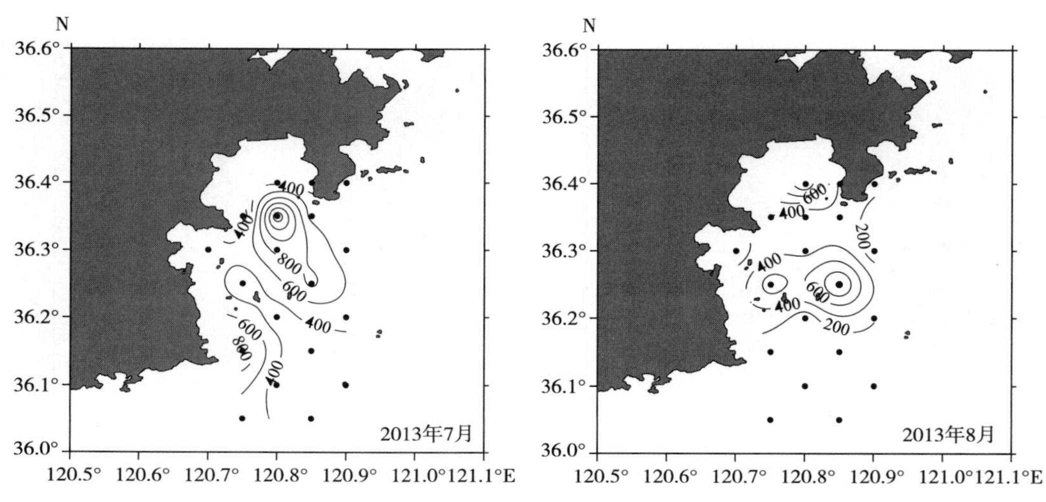

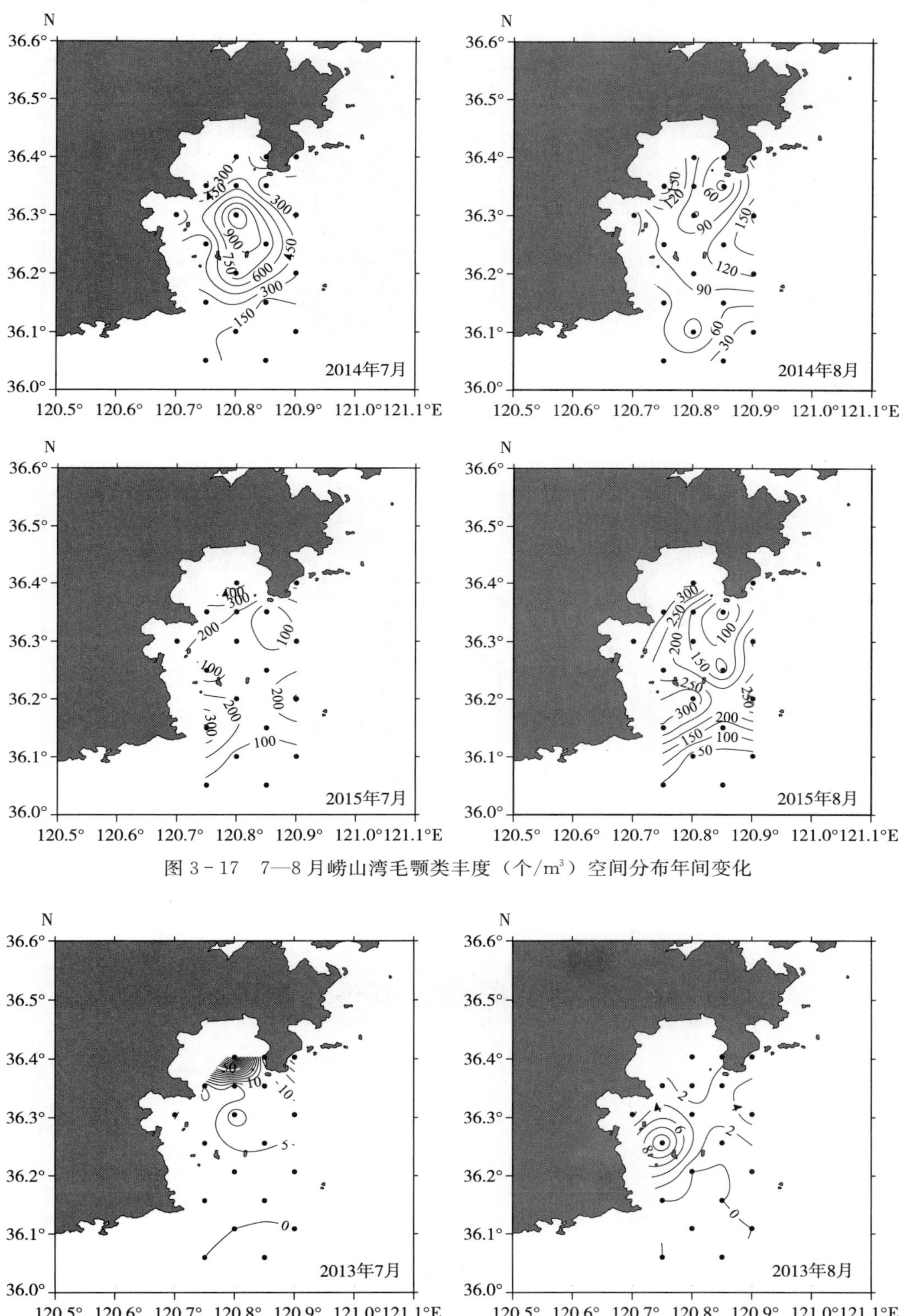

图 3－17　7—8 月崂山湾毛颚类丰度（个/m³）空间分布年间变化

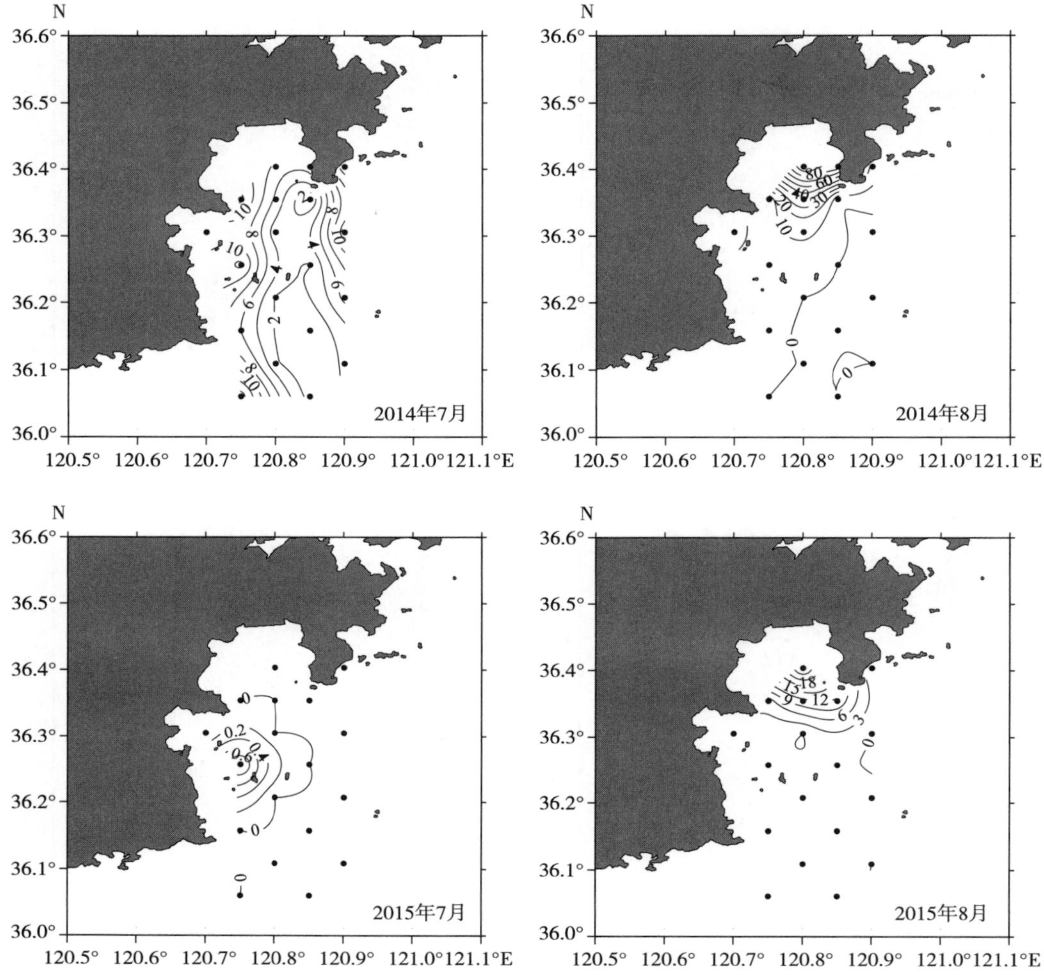

图 3－18　7—8 月崂山湾水母类丰度（个/m³）空间分布年间变化

第四节　群落多样性分布

一、季节变化

崂山湾浮游动物群落多样性指数与均匀度指数变化趋势较一致，均从 5 月（春季）至 7 月（夏季）逐渐升高，而在 8 月（夏季）迅速下降到全年最低值，随后在 9 月（秋季）升到全年最高水平，而后在 11 月（秋季）再次下降；丰富度指数在 5—7 月缓慢上升，在 8 月稍微下降后，在 9 月上升，并且在 11 月继续保持较高水平（图 3－19）。

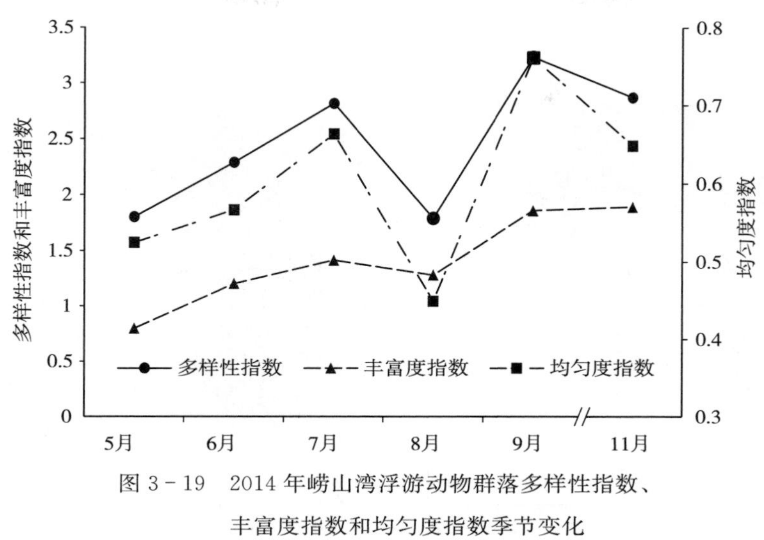

图 3-19 2014 年崂山湾浮游动物群落多样性指数、丰富度指数和均匀度指数季节变化

从空间分布来看（图 3-20），5 月崂山湾所有调查站位的浮游动物群落多样性指数均较低，平均为 1.80，多样性指数在南部水深站位及湾内最北端站位（36.4°N，120.8°E）相对较高。6 月多样性指数在西北部站位较高，并向东南方向逐渐降低。7 月各调查站位的多样性指数均较高，东北部浅水区域多样性指数相对较低。8 月多样性指数在中部区域相对较高，但该月多样性指数整体较低。9 月浮游动物群落多样性指数非常高，仅有 2 个站位多样性指数未超过 3，在东北部、西北部和西南部出现 3 个多样性指数相对较低区域。11 月多样性指数的高值站位主要出现在东部区域。

5 月，浮游动物丰富度指数在崂山湾全海域均非常低，仅有一个站位超过 1.00，位于崂山湾中部海域；全部站位的丰富度指数平均值为 0.80，与该航次采集的浮游动物物种数最少的调查结果相吻合。6 月丰富度指数与多样性指数趋势较一致，即从崂山湾西北方向到东南方向逐渐降低。7 月丰富度指数高值区出现在西部区域，而 8 月高值区出现在东北部近岸区域，这两个月在东南部区域均出现丰富度指数低值区。9 月和 11 月崂山湾丰富度指数整体较高，但低值区位置不同，9 月最低丰富度指数出现在南部深水区域，而 11 月则出现在北部浅水区域（图 3-21）。11 月崂山湾浮游动物丰富度指数从南北向的中部区域向东西两个方向逐渐降低。

均匀度指数的大小表征群落中各物种间个体数的差异程度。从图 3-22 可以看出，5 月浮游动物均匀度指数在崂山湾北部区域较低，6 月均匀度指数在东部区域最低，表明在这两个区域浮游动物各物种丰度差异较大。7 月和 9 月浮游动物群落均匀度指数均较高，相比较而言，这两个月各浮游动物物种丰度差异均在南部深水区域更小一些。8 月各站位的均匀度指数均较低，仅中部区域的均匀度指数相对较高，表明 8 月各浮游动物物种丰度差异较大。11 月浮游动物群落均匀度指数在中部和南部区域较低，表明在中部和南

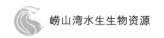

部区域各浮游动物物种丰度差异较大。

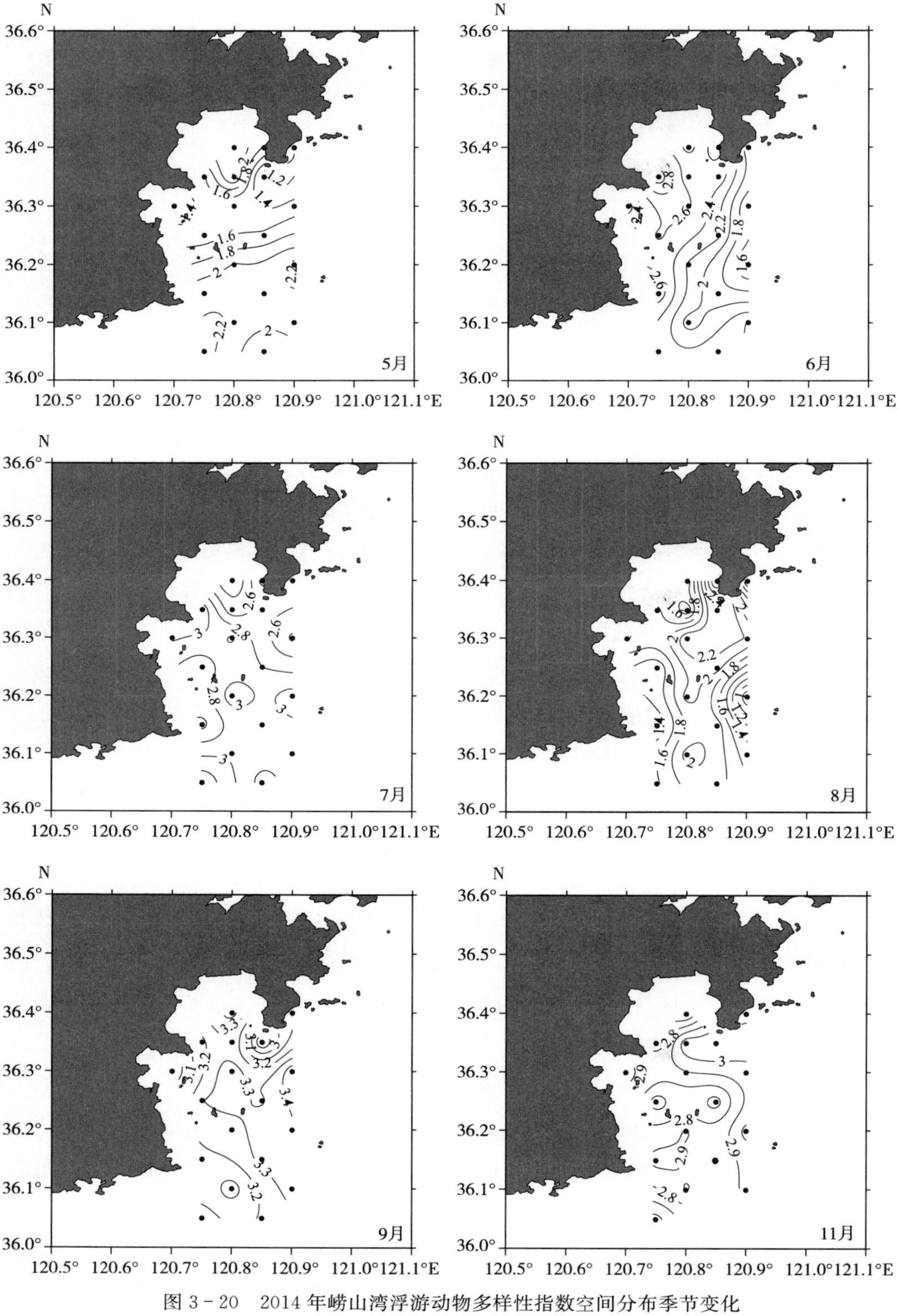

图 3-20　2014 年崂山湾浮游动物多样性指数空间分布季节变化

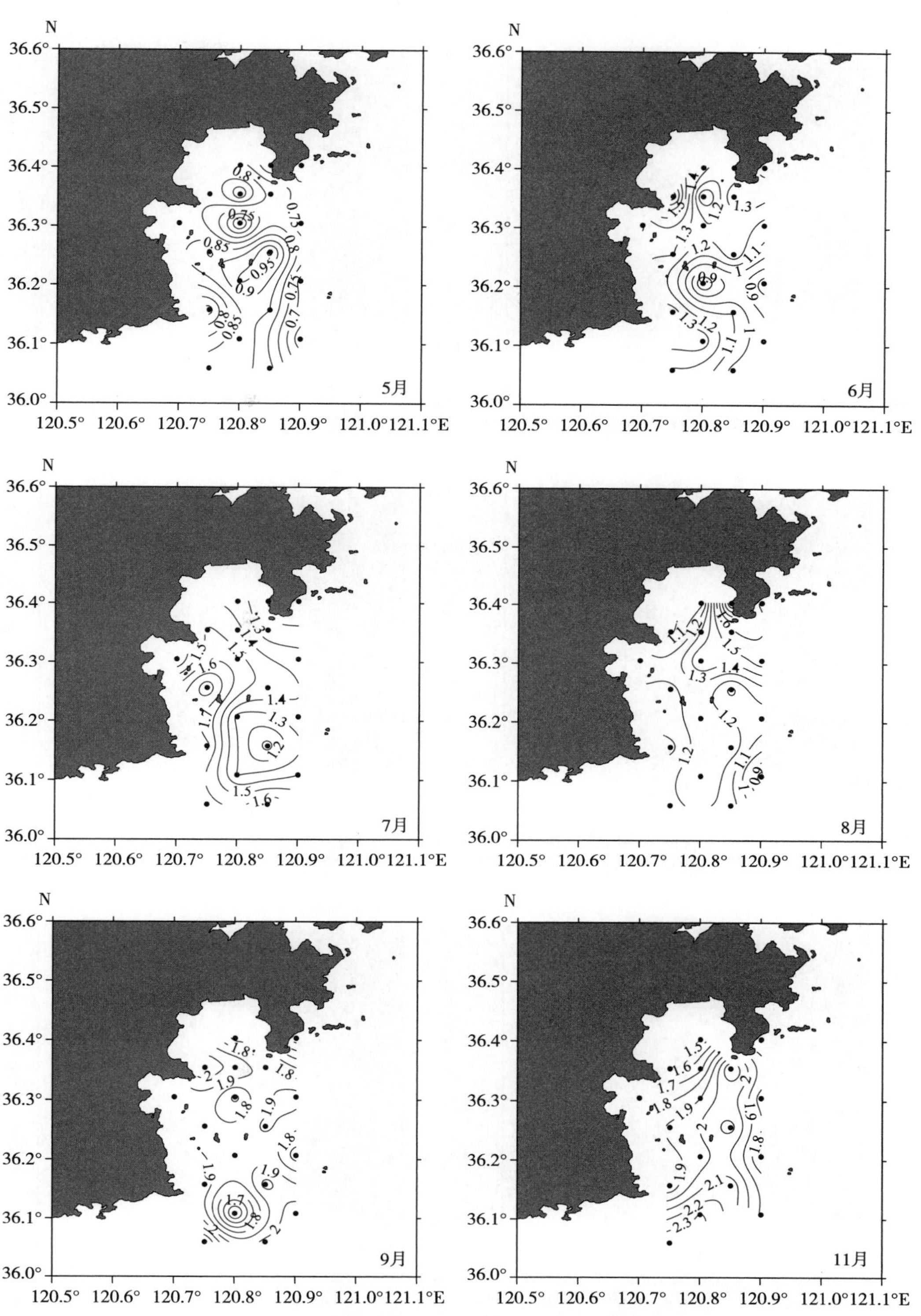

图 3-21　2014 年崂山湾浮游动物丰富度指数空间分布季节变化

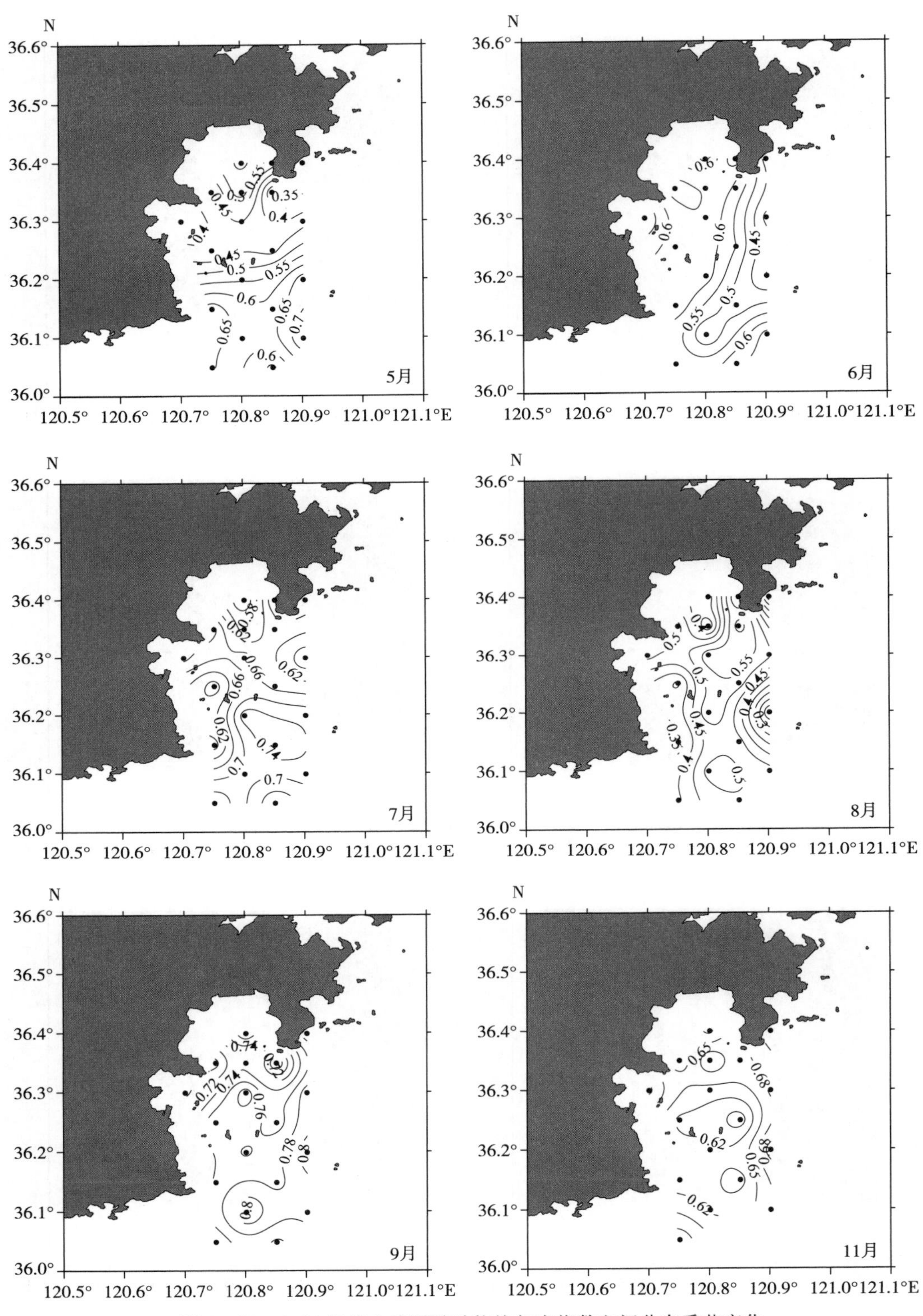

图 3 - 22　2014 年崂山湾浮游动物均匀度指数空间分布季节变化

二、年间变化

2013—2015 年，各年 7 月崂山湾浮游动物群落多样性指数差异不大，但丰富度指数呈现下降趋势，而均匀度指数呈现上升趋势；2013—2015 年，各年 8 月崂山湾浮游动物群落多样性指数、丰富度指数及均匀度指数的变化趋势一致，均在 2013 年 8 月最高，在 2014 年 8 月最低（图 3－23）。

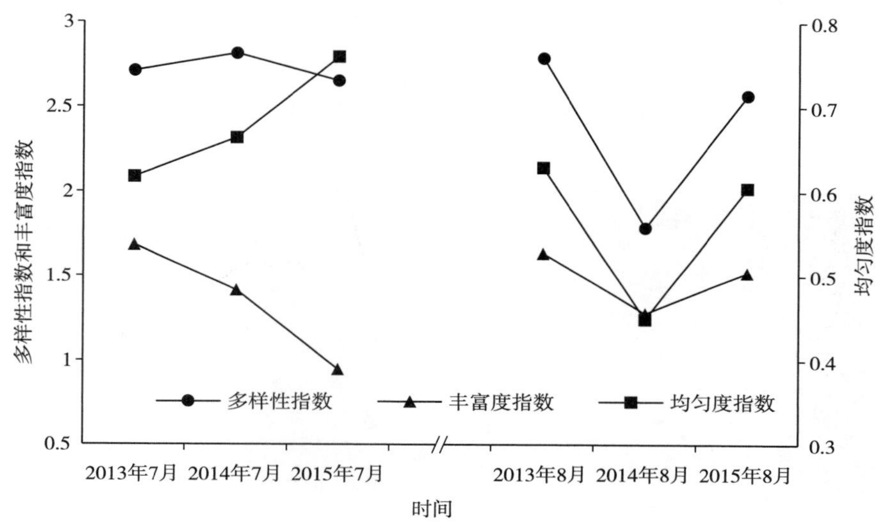

图 3－23　7—8 月崂山湾浮游动物多样性指数、丰富度指数和均匀度指数年间变化

从空间分布来看，2013—2015 年，每年 7 月崂山湾浮游动物群落多样性指数空间分布较均匀，基本均在近岸浅水区域较低，其中 2013 年 7 月和 2014 年 7 月多样性指数在东北区域较低，而 2015 年 7 月浮游动物群落多样性指数在西北部区域较低。2013 年 8 月崂山湾浮游动物群落多样性指数最低值出现在中部区域，且北部区域多样性指数也较低；2014 年 8 月浮游动物群落多样性指数在南北向的中部区域较高，并分别向东西方向逐渐降低；2015 年 8 月浮游动物群落多样性指数在东北部区域和东南部区域较低，高值区出现在西南部区域（图 3－24）。

2013—2015 年，7 月崂山湾浮游动物丰富度指数整体下降趋势明显，且其高值区的空间分布存在一定的差异，2013 年 7 月和 2015 年 7 月浮游动物群落丰富度指数高值区出现在中部区域，2014 年 7 月则出现在西部区域。2013 年 8 月浮游动物群落丰富度指数在南部区域较高，2014 年 8 月其丰富度指数在东北区域较高，2015 年 8 月浮游动物群落丰富度指数高值区出现在东南区域（图 3－25）。

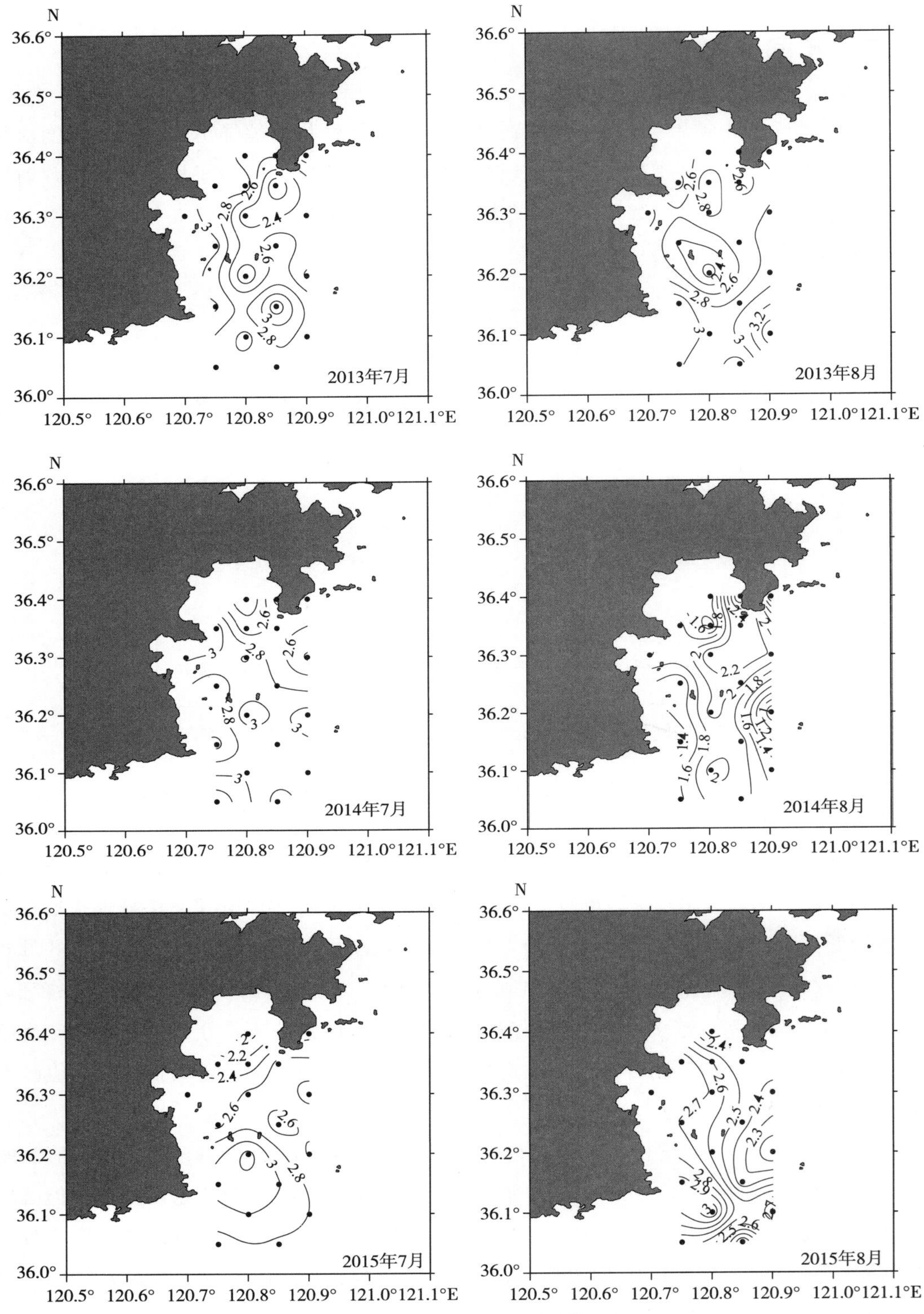

图 3-24　7—8 月崂山湾浮游动物多样性指数空间分布年间变化

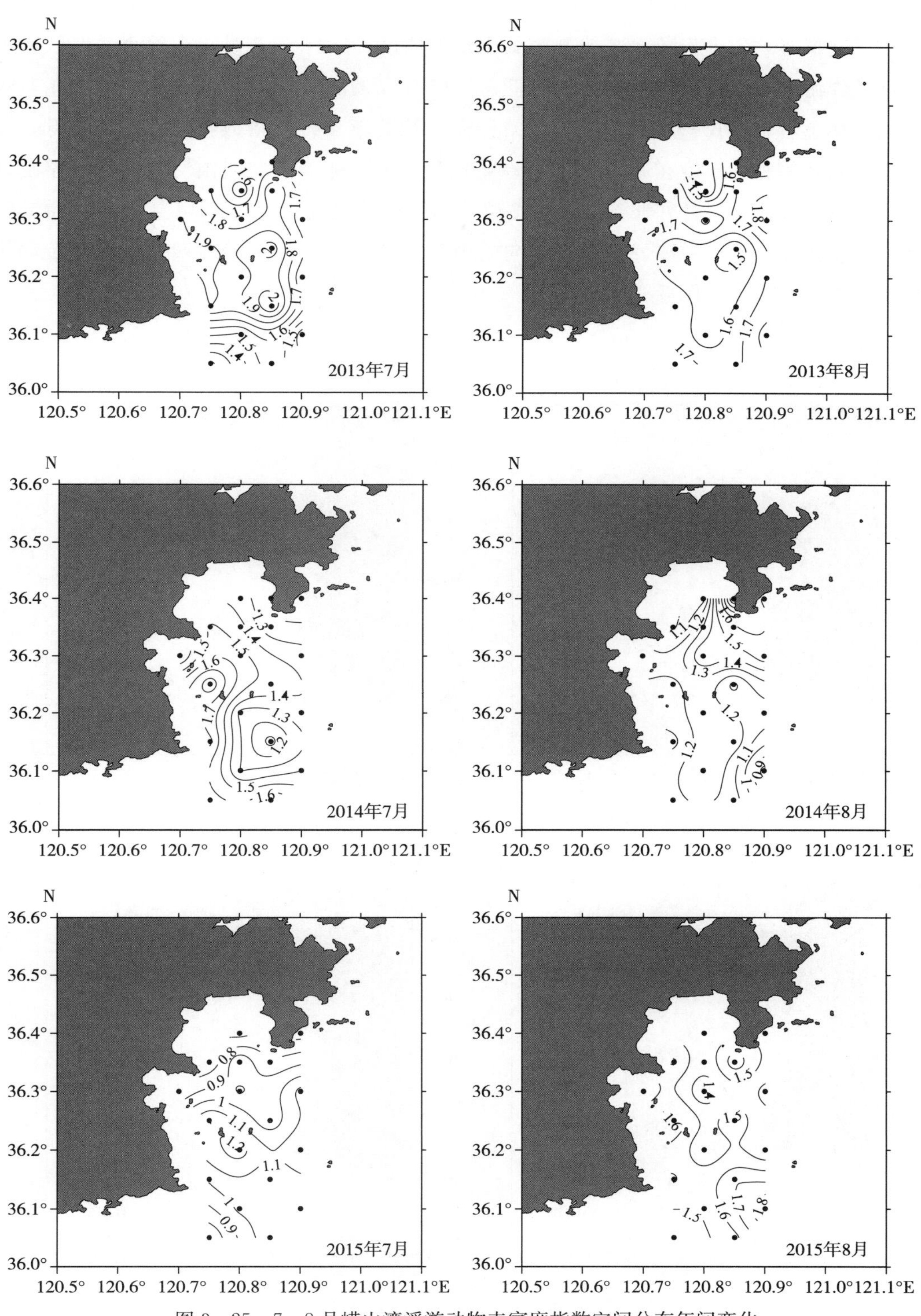

图 3-25　7—8 月崂山湾浮游动物丰富度指数空间分布年间变化

2013—2015 年，7 月崂山湾浮游动物群落均匀度指数整体上呈现上升趋势。2013 年 7 月浮游动物群落均匀度指数在东北部区域出现低值区；2014 年 7 月，在整个北部区域及西部区域浮游动物群落均匀度指数均较低；2015 年 7 月，均匀度指数在北部区域相对较低。从整体上看，2013—2015 年每年 7 月浮游动物群落多样性指数在北部区域较低，表明浮游动物各物种的丰度在崂山湾北部差异较大。2013 年 8 月在崂山湾南部区域浮游动物均匀度指数较高，另外在北部中间的站位均匀度指数也较高；而 2014 年 8 月浮游动物群落均匀度指数高值区主要发生在南北向的中部区域；2015 年 8 月在西南区域浮游动物群落均匀度指数最高（图 3 - 26）。

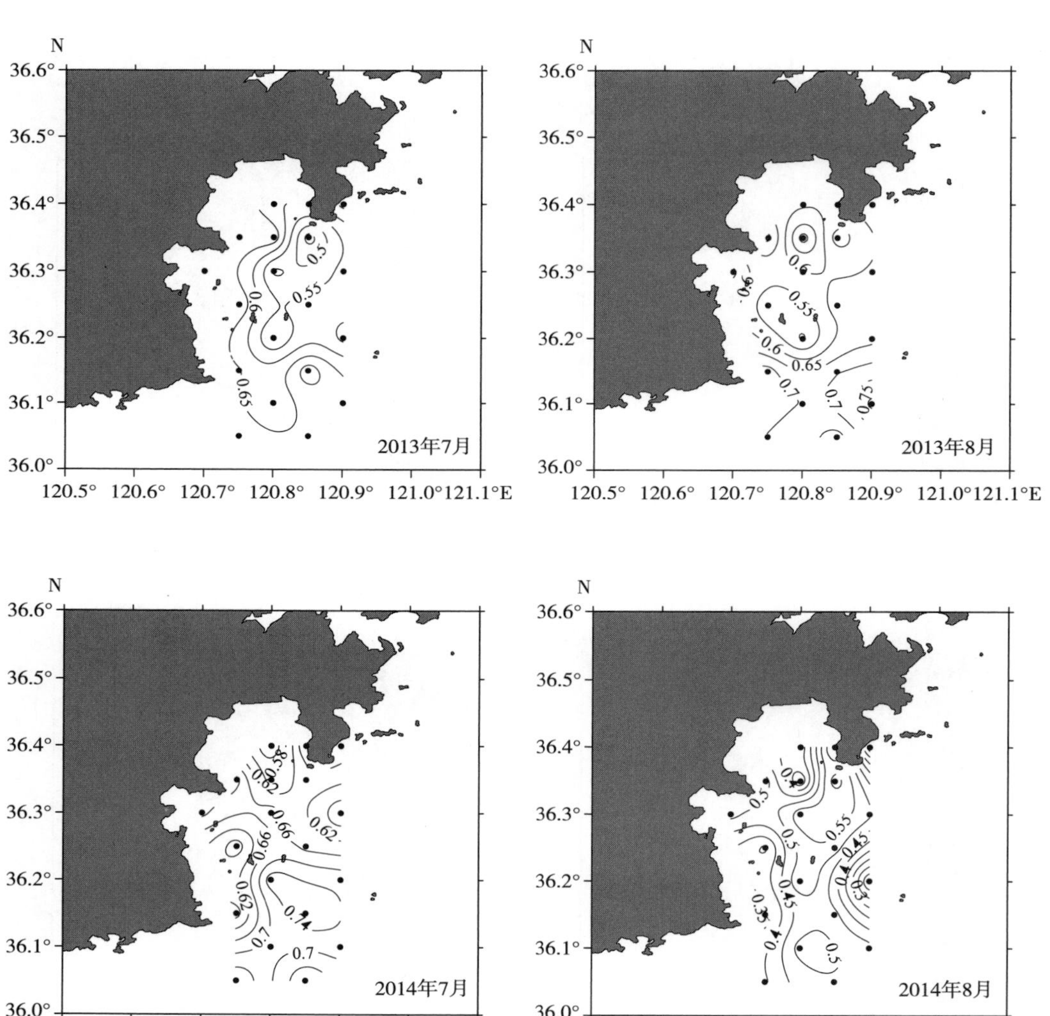

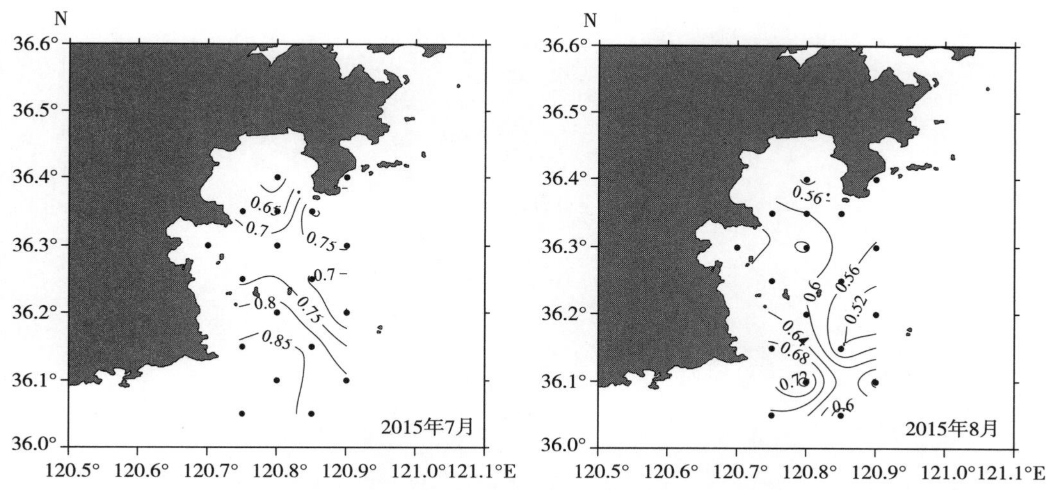

图 3-26　7—8 月崂山湾浮游动物均匀度指数空间分布年间变化

第四章 崂山湾大型底栖动物

第一节　大型底栖动物种类组成

一、2013 年种类组成季节变化

2013 年崂山湾调查海域内多毛类的种类数占大型底栖动物所有种类数的比例最高，甲壳类其次，再次是软体类和其他类，棘皮类所占比例最低。

2013 年 5 月（春季）共获得大型底栖动物 72 种，其中多毛类最多，为 37 种，占总种类数的 51.39%；其次是甲壳类，为 22 种，占总种类数的 30.56%；软体类 9 种，占总种类数的 12.50%；棘皮类 1 种，占总种类数的 1.39%；其他类 3 种（其中鰕虎鱼类 1 种，纽形动物 1 种，海笔 1 种），占总种类数的 4.16%（图 4－1）。

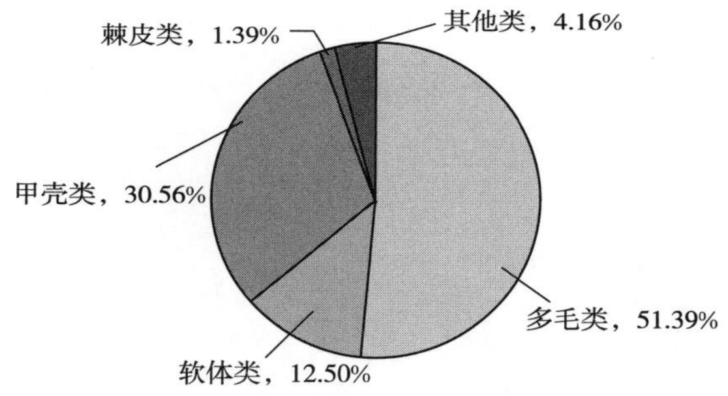

图 4－1　2013 年 5 月大型底栖动物不同类群的种类数占比

2013 年 6 月（夏季）共获得大型底栖动物 53 种，其中多毛类最多，为 30 种，占总种类数的 56.60%；其次是甲壳类，为 15 种，占总种类数的 28.30%；软体类 6 种，占总种类数的 11.32%；棘皮类 1 种，占总种类数的 1.89%；其他类 1 种（纽形动物 1 种），占总种类数的 1.89%（图 4－2）。

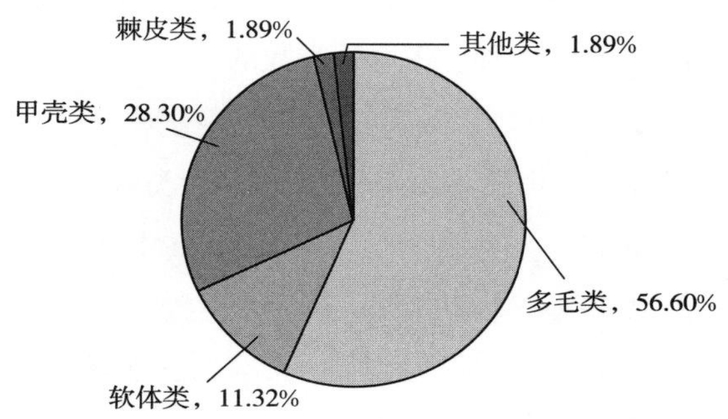

图 4－2　2013 年 6 月大型底栖动物不同类群的种类数占比

2013 年 7 月（夏季）共获得大型底栖动物 59 种，其中多毛类最多，为 39 种，占总种类数的 66.10%；其次是甲壳类，为 12 种，占总种类数的 20.34%；软体类 5 种，占总种类数的 8.47%；没有发现棘皮类；其他类 3 种（其中鰕虎鱼类 1 种，纽形动物 1 种，涡虫 1 种），占总种类数的 5.09%（图 4 - 3）。

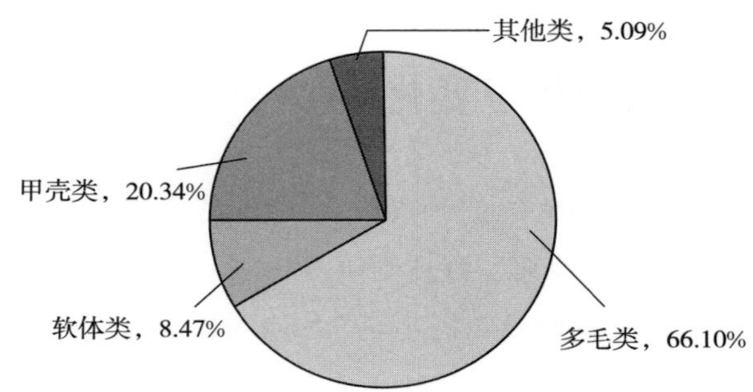

图 4 - 3　2013 年 7 月大型底栖动物不同类群的种类数占比

2013 年 8 月（夏季）共获得大型底栖动物 73 种，其中多毛类最多，为 39 种，占总种类数的 53.42%；其次是甲壳类，为 19 种，占总种类数的 26.03%；软体类 9 种，占总种类数的 12.33%；棘皮类 4 种，占总种类数的 5.48%；其他类 2 种（其中鰕虎鱼类 1 种，涡虫 1 种），占总种类数的 2.74%（图 4 - 4）。

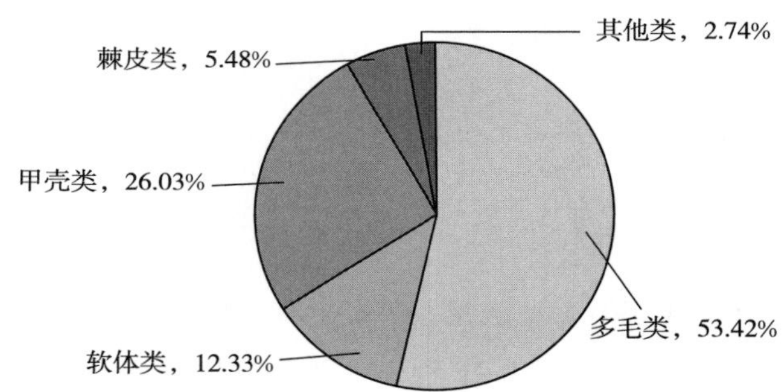

图 4 - 4　2013 年 8 月大型底栖动物不同类群的种类数占比

2013 年 9 月（秋季）共获得大型底栖动物 71 种，其中多毛类最多，为 34 种，占总种类数的 47.88%；其次是甲壳类，为 21 种，占总种类数的 29.58%；软体类 9 种，占总种类数的 12.68%；棘皮类 1 种，占总种类数的 1.41%；其他类 6 种（其中鰕虎鱼类 1 种，涡虫 1 种，纽形动物 2 种，海豆芽 1 种，海鞘动物 1 种），占总种类数的 8.45%（图 4 - 5）。

2013 年 11 月（秋季）共获得大型底栖动物 71 种，其中多毛类最多，为 40 种，占总种类数的 56.34%；其次是甲壳类，为 20 种，占总种类数的 28.17%；软体类 5 种，占总种类数的 7.04%；棘皮类 1 种，占总种类数的 1.41%；其他类 5 种（其中鰕虎鱼类 1 种，涡虫 1 种，纽形动物 2 种，海豆芽 1 种），占总种类数的 7.04%（图 4 - 6）。

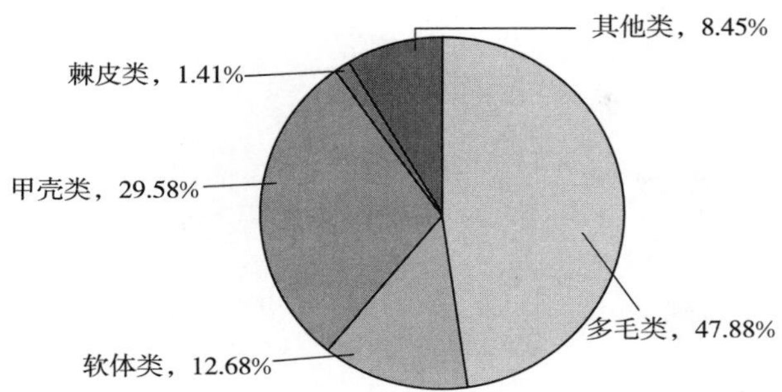

图 4－5　2013 年 9 月大型底栖动物不同类群的种类数占比

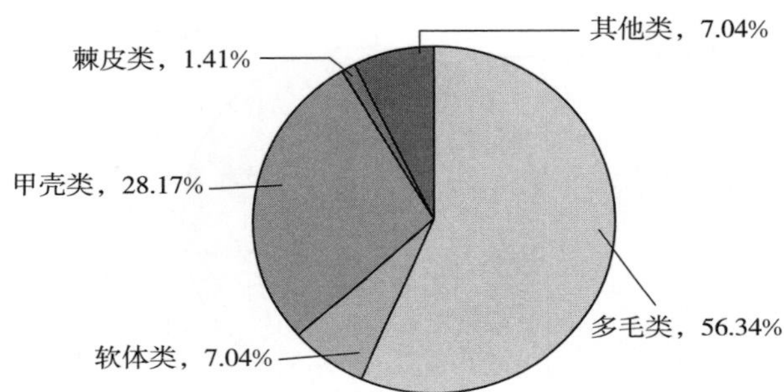

图 4－6　2013 年 11 月大型底栖动物不同类群的种类数占比

二、2014 年种类组成季节变化

与 2013 年的结果相似，2014 年崂山湾调查海域的多毛类的种类数占大型底栖动物所有种类数的比例最高，其次是甲壳类、软体类，棘皮类的比例最低。在种类组成上，多毛类占有绝对优势，其次是甲壳类和软体类，棘皮类最少。

2014 年 5 月（春季）共获得大型底栖动物 65 种，其中多毛类最多，为 39 种，占总种类数的 60.00%；其次是甲壳类，为 17 种，占总种类数的 26.15%；软体类 7 种，占总种类数的 10.77%；没有发现棘皮类；其他类 2 种（其中鰕虎鱼类 1 种，纽形动物 1 种），占总种类数的 3.08%（图 4－7）。

2014 年 6 月（夏季）共获得大型底栖动物 58 种，其中多毛类最多，为 31 种，占总种类数的 53.45%；其次是甲壳类，为 16 种，占总种类数的 27.59%；软体类 7 种，占总种类数的 12.07%；棘皮类 1 种，占总种类数的 1.72%；其他类 3 种（其中鰕虎鱼类 1 种，纽形动物 1 种，其他鱼类 1 种），占总种类数的 5.17%（图 4－8）。

2014 年 7 月（春季）共获得大型底栖动物 62 种，其中多毛类最多，为 31 种，占总种类数的 50.00%；其次是甲壳类，为 18 种，占总种类数的 29.03%；软体类 8 种，占总

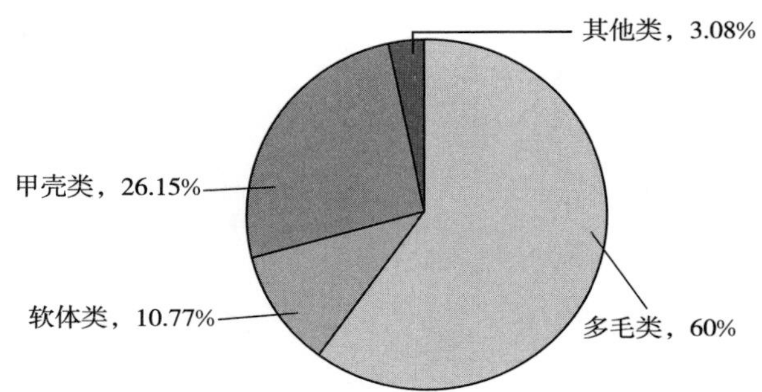

图 4－7　2014 年 5 月大型底栖动物不同类群的种类数占比

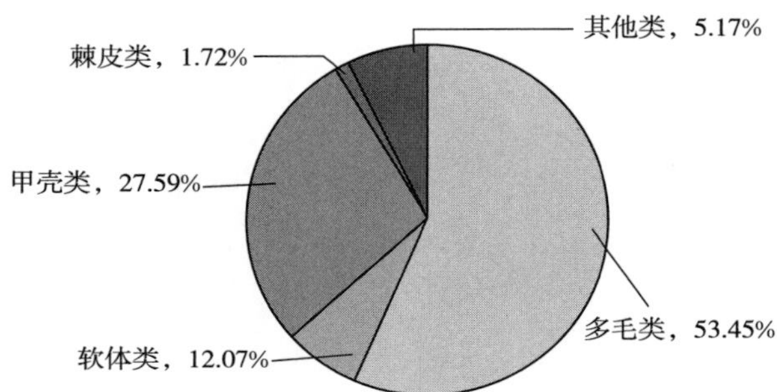

图 4－8　2014 年 6 月大型底栖动物不同类群的种类数占比

种类数的 12.90％；棘皮类 2 种，占总种类数的 3.23％；其他类 3 种（其中鰕虎鱼类 1 种，纽形动物 1 种，其他鱼类 1 种），占总种类数的 4.84％（图 4－9）。

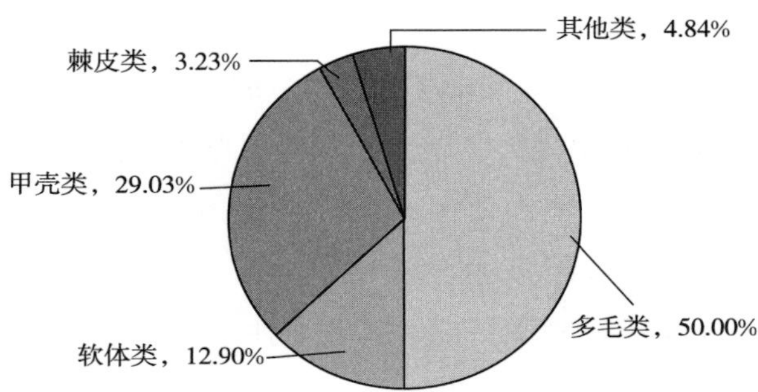

图 4－9　2014 年 7 月大型底栖动物不同类群的种类数占比

2014 年 8 月（夏季）共获得大型底栖动物 71 种，其中多毛类最多，为 35 种，占总种类数的 49.30％；其次是甲壳类，为 27 种，占总种类数的 38.02％；软体类 5 种，占总种类数的 7.04％；棘皮类 2 种，占总种类数的 2.82％；其他类 2 种（其中鰕虎鱼类 1 种，纽形动物 1 种），占总种类数的 2.82％（图 4－10）。

2014 年 9 月（秋季）共获得大型底栖动物 71 种，其中多毛类最多，为 34 种，占总种类数的 47.88％；其次是甲壳类，为 21 种，占总种类数的 29.58％；软体类 9 种，占总

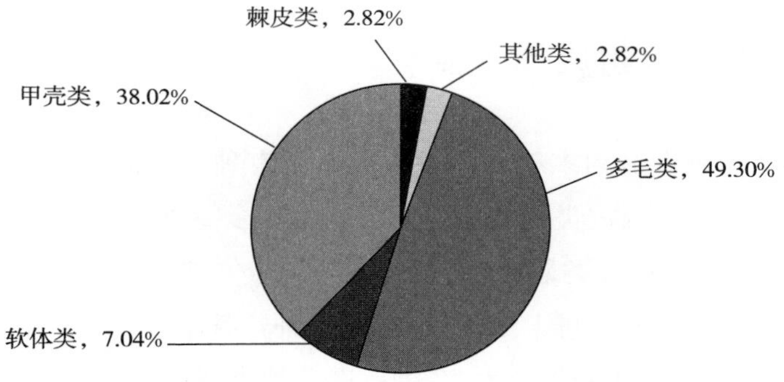

图 4-10 2014 年 8 月大型底栖动物不同类群的种类数占比

种类数的 12.68%；棘皮类 1 种，占总种类数的 1.41%；其他类 6 种（其中鰕虎鱼类 1 种，涡虫 1 种，纽形动物 2 种，海豆芽 1 种，海鞘动物 1 种），占总种类数的 8.45%（图 4-11）。

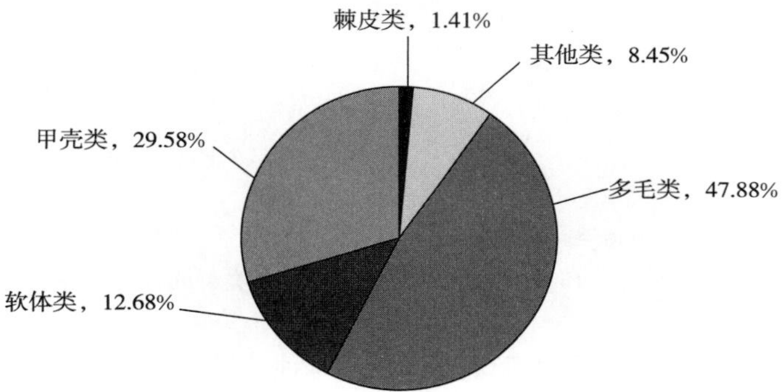

图 4-11 2014 年 9 月大型底栖动物不同类群的种类数占比

2014 年 11 月（秋季）共获得大型底栖动物 72 种，其中多毛类最多，为 45 种，占总种类数的 62.50%；其次是甲壳类，为 18 种，占总种类数的 25.00%；软体类 6 种，占总种类数的 8.33%；棘皮类 1 种，占总种类数的 1.39%；其他类 2 种（其中鰕虎鱼类 1 种，涡虫 1 种），占总种类数的 2.78%（图 4-12）。

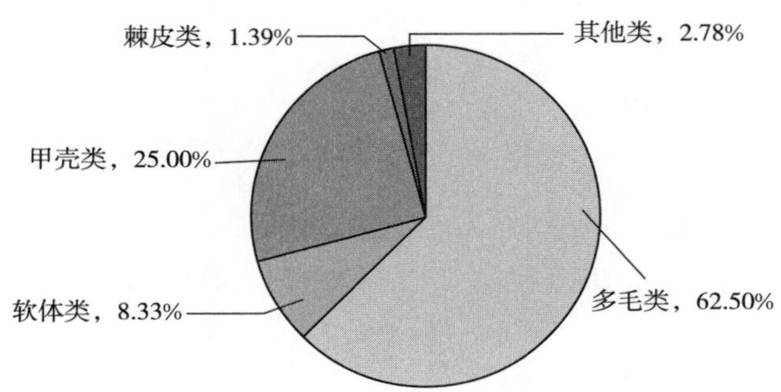

图 4-12 2014 年 11 月大型底栖动物不同类群的种类数占比

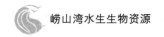

三、2015年种类组成季节变化

2015年崂山湾调查海域内多毛类的种类数占所有种类数的比例最高，甲壳类其次，然后是软体类和其他类，棘皮类所占比例最低。在种类组成上，多毛类占有绝对优势，其次是甲壳类和软体类，棘皮类最少。

2015年6月（夏季）共获得大型底栖动物90种，其中多毛类最多，为43种，占总种类数的47.78%；其次是甲壳类，为22种，占总种类数的24.44%；软体类13种，占总种类数的14.44%；棘皮类6种，占总种类数的6.67%；其他类6种（其中鰕虎鱼类1种，纽形动物2种，海笔1种，其他鱼类2种），占总种类数的6.67%（图4-13）。

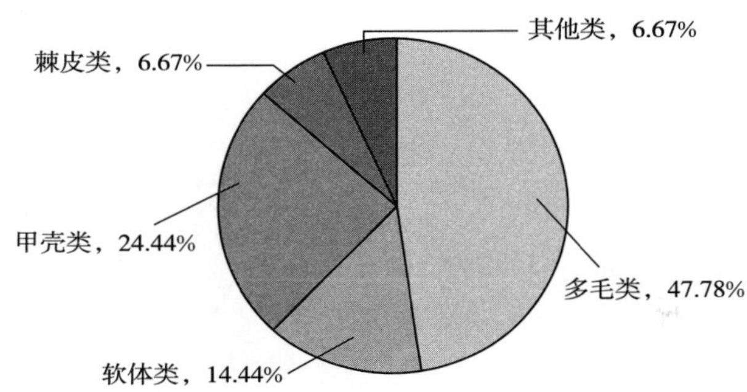

图4-13　2015年6月大型底栖动物不同类群的种类数占比

2015年7月（夏季）共获得大型底栖动物50种，其中多毛类最多，为28种，占总种类数的56.00%；其次是甲壳类，为10种，占总种类数的20.00%；软体类5种，占总种类数的10.00%；棘皮类3种，占总种类数的6.00%；其他类4种（其中鰕虎鱼类1种，纽形动物1种，涡虫1种，其他鱼类1种），占总种类数的8.00%（图4-14）。

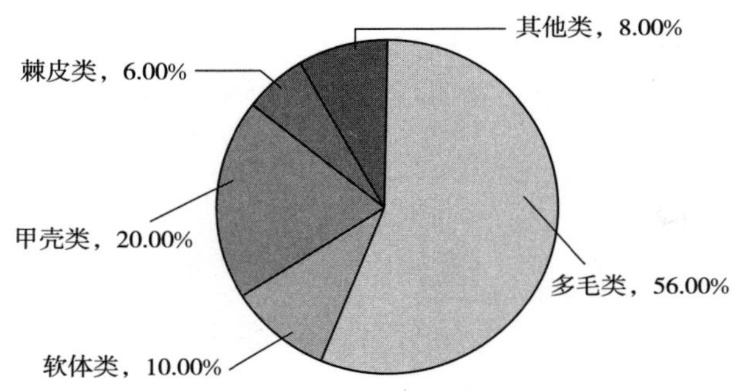

图4-14　2015年7月大型底栖动物不同类群的种类数占比

2015年9月（秋季）共获得大型底栖动物87种，其中多毛类最多，为54种，占总种类数的62.07%；其次是甲壳类，为20种，占总种类数的22.98%；软体类7种，占总种类数的8.05%；棘皮类5种，占总种类数的5.75%；其他类1种（纽形动物1种），占总种类数的1.15%（图4-15）。

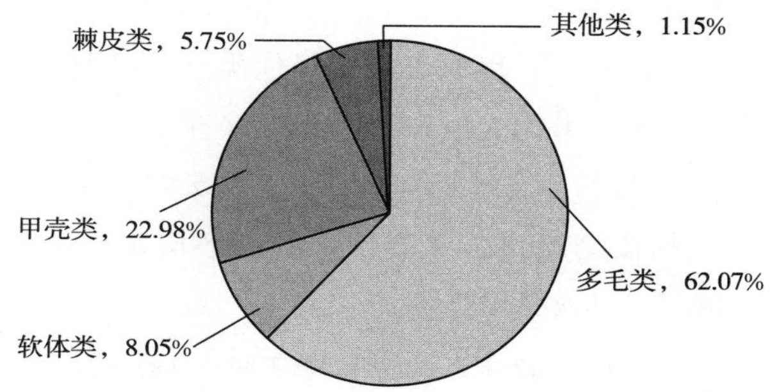

图4-15 2015年9月大型底栖动物不同类群的种类数占比

2015年10月（秋季）共获得大型底栖动物51种，其中多毛类最多，为30种，占总种类数的58.83%；其次是甲壳类，为13种，占总种类数的25.49%；软体类5种，占总种类数的9.80%；棘皮类1种，占总种类数的1.96%；其他类2种（其中腔肠动物1种，纽形动物1种），占总种类数的3.92%（图4-16）。

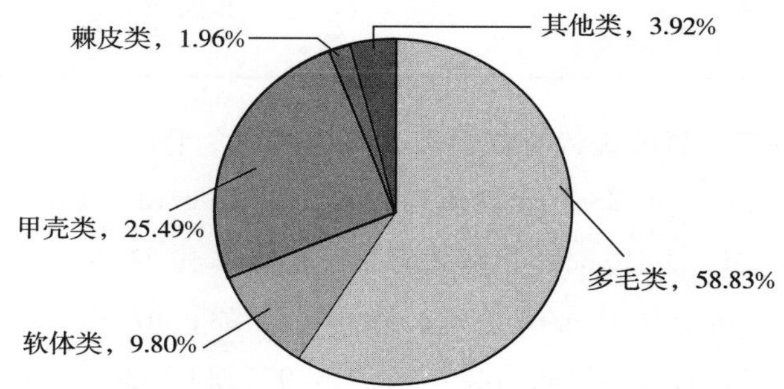

图4-16 2015年10月大型底栖动物不同类群的种类数占比

第二节 大型底栖动物主要类群丰度和生物量

一、2013年主要类群丰度和生物量

在丰度上，多毛类占优绝对优势（表4-1），2013年5—11月，多毛类的丰度分别为每平方米297.8个、313.5个、335.2个、338个、346个和430.6个，分别占总丰度的79.99%、83.18%、45.34%、71.08%、76.91%和77.35%。甲壳类的丰度其次，分别

为每平方米 48.9 个、45.9 个、70 个、76 个、75.3 个和 105 个，分别占总丰度的 13.13%、12.18%、9.47%、15.98%、16.74%和 18.86%。软体类的丰度分别为每平方米 16.7 个、11.7 个、325.8 个、55.5 个、14.6 个和 8.3 个，分别占总丰度的 4.48%、3.10%、44.06%、11.67%、3.24%和 1.49%。其他类（包括棘皮类、鱼类、纽形动物等）的丰度最低，分别为每平方米 8.9 个、5.8 个、8.4 个、6 个、14 个和 12.8 个，占总丰度的比例分别为 2.39%、1.54%、1.13%、1.26%、3.11%和 2.30%。可见，多毛类在丰度上的优势明显，为崂山湾绝对优势类群，所占平均比例基本都超过 70%（仅在 2013 年 7 月没有超过 50%）；其次是甲壳类。

表 4－1　2013 年大型底栖动物不同类群的丰度

单位：个/m²

各类群	5 月	6 月	7 月	8 月	9 月	11 月
多毛类	297.8	313.5	335.2	338	346	430.6
软体类	16.7	11.7	325.8	55.5	14.6	8.3
甲壳类	48.9	45.9	70	76	75.3	105
其他类	8.9	5.8	8.4	6	14	12.8
总丰度	372.3	376.9	739.4	475.5	449.9	556.7

在生物量上，没有明显的优势类群（表 4－2），2013 年 5—11 月，多毛类生物量分别为 1.40 g/m²、0.98 g/m²、1.28 g/m²、0.75 g/m²、0.59 g/m² 和 1.21 g/m²，分别占总生物量的 27.78%、42.06%、16.33%、20.05%、21.85%和 24.85%；软体类生物量分别为 1.56 g/m²、0.94 g/m²、0.15 g/m²、0.55 g/m²、0.43 g/m² 和 0.11 g/m²，分别占总生物量的 30.95%、40.34%、1.91%、14.70%、15.93%和 2.26%；甲壳类生物量分别为 0.55 g/m²、0.11 g/m²、0.61 g/m²、0.44 g/m²、0.26 g/m² 和 1.25 g/m²，分别占总生物量的 10.91%、4.72%、7.78%、11.76%、9.63%和 25.67%；其他类（包括棘皮类、鱼类、纽形动物等）生物量分别为 1.53 g/m²、0.3 g/m²、5.8 g/m²、2 g/m²、1.42 g/m²和 2.3 g/m²，分别占总生物量的 30.36%、12.88%、73.98%、53.48%、52.59% 和 47.23%。与丰度结果相比，各个类群在生物量上的优势情况发生了较大变化，多毛类只在 6 月占优势，软体类在 5 月和 6 月具有较明显的优势，其他类（包括棘皮类、鱼类、纽形动物等）由于个体较大，成为 7 月、8 月、9 月和 11 月总生物量最主要的贡献者。

2013 年崂山湾大型底栖动物主要由多毛类、甲壳类、软体类和棘皮类四大类组成。在种类组成上，多毛类占有绝对优势，其次是甲壳类和软体类，棘皮类最少；在丰度上，也有同样的规律，多毛类的丰度最高，棘皮类最低；在生物量上，各个类群在不同的调查月份表现出不同的情况，其中棘皮类在调查的 4 个月份优势明显。

表 4-2　2013 年大型底栖动物不同类群的生物量

单位：g/m²

各类群	5月	6月	7月	8月	9月	11月
多毛类	1.40	0.98	1.28	0.75	0.59	1.21
软体类	1.56	0.94	0.15	0.55	0.43	0.11
甲壳类	0.55	0.11	0.61	0.44	0.26	1.25
其他类	1.53	0.30	5.8	2.00	1.42	2.3
总生物量	5.04	2.33	7.84	3.74	2.7	4.87

二、2014 年主要类群丰度和生物量

在丰度上，多毛类占优绝对优势（表 4-3）。2014 年 5 月、6 月、7 月、8 月、9 月和 11 月多毛类的丰度分别为每平方米 525.9 个、352.8 个、336.8 个、268.3 个、178.3 个和 605 个，分别占总丰度的 75.19%、63.44%、75.04%、71.87%、74.23%和 90.60%。其次是甲壳类，丰度分别是每平方米 147.6 个、158.9 个、89.4 个、65.6 个、37.1 个和 41.7 个，分别占总丰度的 21.10%、28.57%、19.91%、17.57%、15.54%和 6.24%。软体类丰度分别是每平方米 21.2 个、36.1 个、18.2 个、29.4 个、15.9 个和 8.9 个，分别占总丰度的 3.03%、6.49%、4.06%、7.88%、6.62%和 1.33%。可见，多毛类的优势地位明显，5 月、7 月、8 月、9 月和 11 月其所占比例都超过 70%，即使最少的 6 月也达到 63.44%；其次是甲壳类，所占比例保持在 20%左右；其他类所占比例最低。

表 4-3　2014 年大型底栖动物不同类群的丰度

单位：个/m²

各类群	5月	6月	7月	8月	9月	11月
多毛类	525.9	352.8	336.8	268.3	178.3	605
软体类	21.2	36.1	18.2	29.4	15.9	8.9
甲壳类	147.6	158.9	89.4	65.6	37.1	41.7
其他类	4.7	8.3	4.4	10	8.9	12.2
总丰度	699.4	556.1	448.8	373.3	240.2	667.8

在生物量上，各个类群的优势不明显（表 4-4），2014 年 5 月、6 月、7 月、8 月、9 月和 11 月多毛类生物量分别为 2.18 g/m²、1.97 g/m²、1.06 g/m²、0.98 g/m²、0.2 g/m²和 1.44 g/m²，分别占总生物量的 28.31%、41.83%、30.20%、27.68%、11.26%和 42.23%；软体类生物量分别为 4.15 g/m²、0.16 g/m²、1.98 g/m²、1.05 g/m²、0.01 g/m² 和 0.65 g/m²，分别占总生物量的 53.89%、3.40%、56.41%、29.66%、0.56%和 19.06%；甲壳类生物量分别为 1.29 g/m²、0.37 g/m²、0.27 g/m²、

0.21 g/m²、1.04 g/m² 和 0.99 g/m²，分别占总生物量的 16.75%、7.86%、7.69%、5.93%、58.43%和 29.03%；其他类（包括棘皮类、鱼类、纽形动物等）生物量分别为 0.08 g/m²、2.21 g/m²、0.20 g/m²、1.30 g/m²、0.53 g/m² 和 0.33 g/m²，分别占总生物量的 1.04%、46.92%、5.70%、36.72%、29.78%和 9.67%。由于大型底栖动物呈现不均匀的斑块状分布，体质量较大的种类（比如鰕虎鱼类、纽形动物、蛇尾类及虾蟹类）在某个调查航次偶尔出现，会成为重要的生物量贡献者，所以生物量的组成变动较大。多毛类在 6 月和 11 月是最重要的优势类群，所占比例都超过 40%；甲壳类在 9 月所占比例达到 58.43%，因而成为该调查航次的首要优势类群；软体类在 5 月和 7 月所占比例最高，均超过 50%。

表 4-4　2014 年大型底栖动物不同类群的生物量

单位：g/m²

各类群	5 月	6 月	7 月	8 月	9 月	11 月
多毛类	2.18	1.97	1.06	0.98	0.2	1.44
软体类	4.15	0.16	1.98	1.05	0.01	0.65
甲壳类	1.29	0.37	0.27	0.21	1.04	0.99
其他类	0.08	2.21	0.20	1.30	0.53	0.33
总生物量	7.7	4.71	3.51	3.54	1.78	3.41

三、2015 年主要类群丰度和生物量

在丰度上，多毛类占优绝对优势（表 4-5），2015 年 6 月、7 月、9 月和 10 月多毛类的丰度值分别为每平方米 558.12 个、357.14 个、760 个和 241.18 个，分别占总丰度的 72.60%、82.92%、85.98%和 82.35%。其次是甲壳类，丰度值分别是每平方米 93.12 个、43.57 个、73.89 个和 37.65 个，分别占总丰度的 12.11%、10.12%、8.36%和 12.86%。软体类的丰度分别是每平方米 26.88 个、14.29 个、10 个和 5.88 个，分别占总丰度的 3.50%、3.32%、1.13%和 2.01%。可见，多毛类的优势地位明显，在 4 个月份所占比例都超过 70%，即使最少的 6 月也达 72.60%；其次是甲壳类，所占比例保持在 10%左右；其他类所占比例最低。

在生物量上，其他类（包括棘皮类、鱼类、纽形动物等）占有一定的优势（表 4-6），生物量分别为 3.56 g/m²、1.15 g/m²、1.54 g/m² 和 1.45 g/m²，分别占总生物量的 52.52%、21.95%、42.66%和 53.51%，只有在 7 月所占比例较低，在其他调查月份所占比例较高；多毛类的生物量分别为 1.39 g/m²、0.78 g/m²、1.60 g/m² 和 0.70 g/m²，分别占总生物量的 20.62%、14.88%、44.32%和 25.83%；软体类生物量分别为 1.43 g/m²、2.83 g/m²、0.2 g/m² 和 0.18 g/m²，分别占总生物量的 21.22%、54.01%、5.54%和

6.64%；甲壳类生物量分别为0.36 g/m²、0.48 g/m²、0.27 g/m²和0.38 g/m²，分别占总生物量的5.34%、9.16%、7.48%和1.40%。多毛类在9月是最重要的优势类群，所占比例超过44%；软体类在7月所占比例超过50%；其他类在6月和11月所占比例都超过50%，成为这两个月份的首要优势类群。

表4-5　2015年大型底栖动物不同类群的丰度

单位：个/m²

各类群	6月	7月	9月	10月
多毛类	558.12	357.14	760	241.18
软体类	26.88	14.29	10	5.88
甲壳类	93.12	43.57	73.89	37.65
其他类	90.63	15.71	40	8.25
总丰度	768.75	430.71	883.89	292.96

表4-6　2015年大型底栖动物不同类群的生物量

单位：g/m²

各类群	6月	7月	9月	10月
多毛类	1.39	0.78	1.60	0.70
软体类	1.43	2.83	0.20	0.18
甲壳类	0.36	0.48	0.27	0.38
其他类	3.56	1.15	1.54	1.45
总生物量	6.74	5.24	3.61	2.71

第三节　大型底栖动物群落的优势种

一、2013年优势种季节变化

2013年崂山湾大型底栖动物最重要的优势种类是寡鳃齿吻沙蚕（*Nephthys oligobranchia*），相对重要性指数超过1 000。双壳类幼体的相对重要性指数在夏季排首位，纽形动物在秋季是第一位的优势种类。

5月（春季）崂山湾大型底栖动物的相对重要性指数变化较大，处于前10位的种类包括寡鳃齿吻沙蚕、稚齿虫（*Prionospio* sp.）、江户明樱蛤（*Moerella jedoensis*）、独指虫（*Aricidea fragilis*）、指节扇毛虫（*Ampharete anobothrusiformis*）、长叶索沙蚕（*Lumbrineris longigolia*）、深钩毛虫（*Sigambra bassi*）、缨鳃虫科一种（Tellinidae）、背

尾水虱科一种（Anthuridea）、不倒翁虫（*Sternaspis scutata*）。其中，寡鳃齿吻沙蚕、江户明樱蛤和稚齿虫的相对重要性指数大于1 000，独指虫和指节扇毛虫的相对重要性指数大于500，它们为5月大型底栖动物的优势种类（表4-7）。

表4-7 2013年5月主要大型底栖动物的相对重要性指数（*IRI*）

序号	种　类	优势度	序号	种　类	优势度
1	寡鳃齿吻沙蚕（*Nephthys oligobranchia*）	2 340	7	深钩毛虫（*Sigambra bassi*）	312
2	江户明樱蛤（*Moerella jedoensis*）	1 266	8	缨鳃虫科一种（Tellinidae）	289
3	稚齿虫（*Prionospio* sp.）	1 077	9	背尾水虱科一种（Anthuridea）	182
4	独指虫（*Aricidea fragilis*）	674	10	不倒翁虫（*Sternaspis scutata*）	161
5	指节扇毛虫（*Ampharete anobothrusiformis*）	507	11	鰕虎鱼科一种（Gobiidae）	160
6	长叶索沙蚕（*Lumbrineris longigolia*）	494	12	纽形动物门种类（Nemertinea）	124

6月（夏季）相对重要性指数前10位的种类包括寡鳃齿吻沙蚕、稚齿虫、独指虫、江户明樱蛤、不倒翁虫、深钩毛虫、指节扇毛虫、长叶索沙蚕、多丝独毛虫（*Tharyx multifilis*）、狭细蛇潜虫（*Ophiodromus angustifrons*）。其中，寡鳃齿吻沙蚕和稚齿虫的相对重要性指数都超过1 000，独指虫的相对重要性指数为802，这3种是6月大型底栖动物的优势种类（表4-8）。

表4-8 2013年6月主要大型底栖动物的相对重要性指数（*IRI*）

序号	种　类	优势度	序号	种　类	优势度
1	寡鳃齿吻沙蚕（*Nephthys oligobranchia*）	2 376	8	长叶索沙蚕（*Lumbrineris longigolia*）	289
2	稚齿虫（*Prionospio* sp.）	1 944	9	多丝独毛虫（*Tharyx multifilis*）	247
3	独指虫（*Aricidea fragilis*）	802	10	狭细蛇潜虫（*Ophiodromus angustifrons*）	203
4	江户明樱蛤（*Moerella jedoensis*）	490	11	蛇尾类一种（幼体）	156
5	不倒翁虫（*Sternaspis scutata*）	425	12	日本镜蛤（*Phacosoma japonica*）	141
6	深钩毛虫（*Sigambra bassi*）	424	13	三崎双眼钩虾（*Ampelisca misakiensis*）	136
7	指节扇毛虫（*Ampharete anobothrusiformis*）	390	14	纽形动物门种类（Nemertinea）	101

7月（夏季）相对重要性指数前10位的种类包括双壳类幼体（Bivalvia）、寡鳃齿吻

沙蚕、稚齿虫、鰕虎鱼科一种（Gobiidae）、不倒翁虫、多丝独毛虫、背蚓虫（*Notomastus latericeus*）、独指虫、博氏双眼钩虾（*Ampelisca bocki*）、深钩毛虫。其中，双壳类幼体占绝对优势，相对重要性指数为 3 255，寡鳃齿吻沙蚕和稚齿虫的相对重要性指数都超过 500，它们为 7 月大型底栖动物的优势种类（表 4-9）。

表 4-9　2013 年 7 月主要大型底栖动物的相对重要性指数（*IRI*）

序号	种　类	优势度	序号	种　类	优势度
1	双壳类幼体（Bivalvia）	3 255	8	独指虫（*Aricidea fragilis*）	185
2	寡鳃齿吻沙蚕（*Nephthys oligobranchia*）	942	9	博氏双眼钩虾（*Ampelisca bocki*）	156
3	稚齿虫（*Prionospio* sp.）	563	10	深钩毛虫（*Sigambra bassi*）	153
4	鰕虎鱼科一种（Gobiidae）	406	11	后指虫（*Laonice cirrata*）	122
5	不倒翁虫（*Sternaspis scutata*）	344	12	双栉虫（*Ampharete acutifrons*）	115
6	多丝独毛虫（*Tharyx multifilis*）	240	13	长指马尔他钩虾（*Melita longidactyla*）	100
7	背蚓虫（*Notomastus latericeus*）	202			

8 月（夏季）相对重要性指数前 10 位的种类包括寡鳃齿吻沙蚕、双壳类幼体、鰕虎鱼科一种、多丝独毛虫、独指虫、不倒翁虫、深钩毛虫、长叶索沙蚕、背蚓虫、稚齿虫。仅有寡鳃齿吻沙蚕的相对重要性指数大于 1 000，双壳类幼体和鰕虎鱼科一种的相对重要性指数大于 500 小于 1 000，这 3 种为 8 月大型底栖动物的优势种类（表 4-10）。

表 4-10　2013 年 8 月主要大型底栖动物的相对重要性指数（*IRI*）

序号	种　类	优势度	序号	种　类	优势度
1	寡鳃齿吻沙蚕（*Nephthys oligobranchia*）	1 627	8	长叶索沙蚕（*Lumbrineris longigolia*）	278
2	双壳类幼体（Bivalvia）	906	9	背蚓虫（*Notomastus latericeus*）	206
3	鰕虎鱼科一种（Gobiidae）	509	10	稚齿虫（*Prionospio* sp.）	206
4	多丝独毛虫（*Tharyx multifilis*）	467	11	博氏双眼钩虾（*Ampelisca bocki*）	181
5	独指虫（*Aricidea fragilis*）	420	12	细长涟虫（*Iphinoe tenera*）	119
6	不倒翁虫（*Sternaspis scutata*）	333	13	梯额虫（*Scalibregma inflatum*）	101
7	深钩毛虫（*Sigambra bassi*）	318			

9 月（秋季）相对重要性指数前 10 位的种类包括寡鳃齿吻沙蚕、奇异稚齿虫

（*Paraprionospio pinnata*）、中蚓虫（*Mediomastus* sp.）、三崎双眼钩虾、玻璃海鞘科一种（Cionidae）、不倒翁虫、寡节甘吻沙蚕（*Glycinde gurjanovae*）、深钩毛虫、西方似蛰虫、纽形动物门种类。其中，寡鳃齿吻沙蚕和奇异稚齿虫的相对重要性指数超过 1 000，中蚓虫和三崎双眼钩虾的相对重要性指数大于 500 小于 1 000，这 4 种为 9 月大型底栖动物的优势种类（表 4－11）。

表 4－11　2013 年 9 月主要大型底栖动物的相对重要性指数（*IRI*）

序号	种　类	优势度	序号	种　类	优势度
1	寡鳃齿吻沙蚕（*Nephthys oligobranchia*）	1 916	8	深钩毛虫（*Sigambra bassi*）	212
2	奇异稚齿虫（*Paraprionospio pinnata*）	1 201	9	西方似蛰虫（*Amaeana occidentalis*）	160
3	中蚓虫（*Mediomastus* sp.）	954	10	纽形动物门种类（Nemertinea）	147
4	三崎双眼钩虾（*Ampelisca misakiensis*）	541	11	海稚虫科一种（Spionidae）	130
5	玻璃海鞘科一种（Cionidae）	313	12	独指虫（*Aricidea fragilis*）	124
6	不倒翁虫（*Sternaspis scutata*）	254	13	细长涟虫（*Iphinoe tenera*）	107
7	寡节甘吻沙蚕（*Glycinde gurjanovae*）	225	14	塞切尔泥钩虾（*Eriopisella sechellensis*）	102

11 月（秋季）相对重要性指数前 10 位的种类包括纽形动物门种类、寡鳃齿吻沙蚕、不倒翁虫、中蚓虫、三崎双眼钩虾、深钩毛虫、独指虫、奇异稚齿虫、细长涟虫、足刺拟单指虫（*Cossurella aciculata*）。其中，纽形动物门种类、寡鳃齿吻沙蚕、不倒翁虫和中蚓虫的相对重要性指数均大于 1 000，三崎双眼钩虾、深钩毛虫和独指虫的相对重要性指数大于 500 小于 1 000，以上 7 种为 11 月大型底栖动物的优势种类（表 4－12）。

表 4－12　2013 年 11 月主要大型底栖动物的相对重要性指数（*IRI*）

序号	种　类	优势度	序号	种　类	优势度
1	纽形动物门种类（Nemertinea）	2 448	9	细长涟虫（*Iphinoe tenera*）	251
2	寡鳃齿吻沙蚕（*Nephthys oligobranchia*）	1 859	10	足刺拟单指虫（*Cossurella aciculata*）	239
3	不倒翁虫（*Sternaspis scutata*）	1 718	11	寡节甘吻沙蚕（*Glycinde gurjanovae*）	225
4	中蚓虫（*Mediomastus* sp.）	1 112	12	独指虫（*Aricidea fragilis*）	124
5	三崎双眼钩虾（*Ampelisca misakiensis*）	933	13	滩拟猛钩虾（*Harpiniopsis vadiculus*）	122
6	深钩毛虫（*Sigambra bassi*）	547	14	背尾水虱（Anthuridea）	109
7	独指虫（*Aricidea fragilis*）	519	15	指节扇毛虫（*Ampharete anobothrusiformis*）	107
8	奇异稚齿虫（*Paraprionospio pinnata*）	489	16	狭细蛇潜虫（*Ophiodromus angustifrons*）	101

二、2014 年优势种季节变化

2014 年崂山湾调查海域大型底栖动物的重要的优势种类是寡鳃齿吻沙蚕和不倒翁虫，多毛类的优势种最多。其中，寡鳃齿吻沙蚕的优势度最高，其相对重要性指数都超过 2 000，其次是多毛类的不倒翁虫，除夏末秋初较低外，在其他时间都超过 1 000。

5 月（春季）大型底栖动物中相对重要性指数占前 10 位的种类分别是寡鳃齿吻沙蚕、不倒翁虫、深钩毛虫、细长涟虫（*Iphinoe tenera*）、独指虫、足刺拟单指虫、长叶索沙蚕、稚齿虫、中华蜾蠃蜚（*Corophium sinense*）、小刀蛏（*Cultellus attenuatus*）。其中，多毛类的寡鳃齿吻沙蚕的优势度最高，其相对重要性指数高达 3 252，多毛类的不倒翁虫的相对重要性指数其次（1 049），深钩毛虫、细长涟虫和独指虫的相对重要性指数均大于 500 小于 1 000，它们为该航次的优势种类（表 4－13）。前 10 种重要种类包括 9 种多毛类和 1 种甲壳类。

表 4－13　2014 年 5 月主要大型底栖动物的相对重要性指数（*IRI*）

序号	种　类	优势度	序号	种　类	优势度
1	寡鳃齿吻沙蚕（*Nephthys oligobranchia*）	3 252	8	稚齿虫（*Prionospio* sp.）	294
2	不倒翁虫（*Sternaspis scutata*）	1 049	9	中华蜾蠃蜚（*Corophium sinense*）	232
3	深钩毛虫（*Sigambra bassi*）	699	10	小刀蛏（*Cultellus attenuatus*）	197
4	细长涟虫（*Iphinoe tenera*）	591	11	江户明樱蛤（*Moerella jedoensis*）	181
5	独指虫（*Aricidea fragilis*）	510	12	狭细蛇潜虫（*Ophiodromus anguotifrons*）	167
6	足刺拟单指虫（*Cossurella aciculata*）	393	13	日本角吻沙蚕（*Goniada japonica*）	153
7	长叶索沙蚕（*Lumbrineris longigolia*）	318	14	拟特须虫（*Paralacydonia paradoxa*）	123

6 月（夏季）大型底栖动物中相对重要性指数占前 10 位的种类分别是寡鳃齿吻沙蚕、不倒翁虫、鰕虎鱼科一种、深钩毛虫、纽形动物门种类、中华蜾蠃蜚、双壳类幼体、博氏双眼钩虾、寡节甘吻沙蚕和细长涟虫。与 2014 年 5 月调查结果相似，多毛类的寡鳃齿吻沙蚕的优势度最高，其相对重要性指数高达 2 659，多毛类的不倒翁虫的相对重要性指数其次，为 1 939，鰕虎鱼科一种和深钩毛虫的相对重要性指数大于 500 小于 1 000，它们都为 6 月的优势种类（表 4－14）。前 10 种重要种类包括 4 种多毛类、3 种甲壳类、1 种软体类、1 种纽形动物和 1 种鱼类。

表 4-14　2014 年 6 月主要大型底栖动物的相对重要性指数（*IRI*）

序号	种　类	优势度	序号	种　类	优势度
1	寡鳃齿吻沙蚕 （*Nephthys oligobranchia*）	2 659	8	博氏双眼钩虾 （*Ampelisca bocki*）	294
2	不倒翁虫 （*Sternaspis scutata*）	1 939	9	寡节甘吻沙蚕 （*Glycinde gurjanovae*）	211
3	鰕虎鱼科一种 （Gobiidae）	667	10	细长涟虫 （*Iphinoe tenera*）	209
4	深钩毛虫 （*Sigambra bassi*）	532	11	滩拟猛钩虾 （*Harpiniopsis vadiculus*）	204
5	纽形动物门种类 （Nemertinea）	423	12	足刺拟单指虫 （*Cossurella aciculata*）	194
6	中华蜾蠃蜚 （*Corophium sinense*）	402	13	多丝独毛虫 （*Tharyx multifilis*）	169
7	双壳类幼体 （Bivalvia）	375	14	长叶索沙蚕 （*Lumbrineris longigolia*）	160

7 月（夏季）大型底栖动物中相对重要性指数占前 10 位的种类分别是寡鳃齿吻沙蚕、不倒翁虫、深钩毛虫、背蚓虫、稚齿虫、独指虫、多丝独毛虫、长叶索沙蚕、广大扁玉螺（*Neverita ampla*）和细长涟虫。其中，多毛类的寡鳃齿吻沙蚕的优势度最高，其相对重要性指数高达 2 368，多毛类的不倒翁虫的相对重要性指数其次，为 2 242，深钩毛虫和背蚓虫的相对重要性指数均大于 500 小于 1 000，它们为 7 月大型底栖动物的优势种类（表 4-15）。前 10 种重要种类包括 8 种多毛类、1 种甲壳类和 1 种软体类。

表 4-15　2014 年 7 月主要大型底栖动物的相对重要性指数（*IRI*）

序号	种　类	优势度	序号	种　类	优势度
1	寡鳃齿吻沙蚕 （*Nephthys oligobranchia*）	2 368	8	长叶索沙蚕 （*Lumbrineris longigolia*）	226
2	不倒翁虫 （*Sternaspis scutata*）	2 242	9	广大扁玉螺 （*Neverita ampla*）	221
3	深钩毛虫 （*Sigambra bassi*）	724	10	细长涟虫 （*Iphinoe tenera*）	211
4	背蚓虫 （*Notomastus latericeus*）	670	11	中华蜾蠃蜚 （*Corophium sinense*）	205
5	稚齿虫 （*Prionospio* sp.）	472	12	滩拟猛钩虾 （*Harpiniopsis vadiculus*）	131
6	独指虫 （*Aricidea fragilis*）	730	13	后指虫 （*Laonice cirrata*）	121
7	多丝独毛虫 （*Tharyx multifilis*）	366	14	足刺拟单指虫 （*Cossurella aciculata*）	114

8 月（夏季）大型底栖动物中相对重要性指数占前 10 位的种类分别是寡鳃齿吻沙蚕、不倒翁虫、鰕虎鱼科一种、稚齿虫、博氏双眼钩虾、背蚓虫、深钩毛虫、独指虫、多丝独毛虫、长指马尔他钩虾。其中，多毛类的寡鳃齿吻沙蚕的优势度最高，其相对重要性指数高达 2 235，多毛类的不倒翁虫的相对重要性指数其次（851），鰕虎鱼科一种的相对重要性指数超过 500，它们为 8 月大型底栖动物的优势种类（表 4－16）。前 10 种重要种类包括 7 种多毛类、2 种甲壳类和 1 种鱼类。

表 4－16　2014 年 8 月主要大型底栖动物的相对重要性指数（*IRI*）

序号	种　类	优势度	序号	种　类	优势度
1	寡鳃齿吻沙蚕（*Nephthys oligobranchia*）	2 235	7	深钩毛虫（*Sigambra bassi*）	375
2	不倒翁虫（*Sternaspis scutata*）	851	8	独指虫（*Aricidea fragilis*）	276
3	鰕虎鱼科一种（Gobiidae）	544	9	多丝独毛虫（*Tharyx multifilis*）	222
4	稚齿虫（*Prionospio* sp.）	468	10	长指马尔他钩虾（*Melita longidactyla* ）	181
5	博氏双眼钩虾（*Ampelisca bocki*）	424	11	长叶索沙蚕（*Lumbrineris longigolia*）	140
6	背蚓虫（*Notomastus latericeus*）	412	12	密纹小囊蛤（*Saccella gordonis*）	115

9 月（秋季）大型底栖动物中相对重要性指数占前 10 位的种类分别是寡鳃齿吻沙蚕、中蚓虫、拟特须虫（*Paralacydonia paradoxa*）、三崎双眼钩虾、鲜明鼓虾（*Alpheus heterocarpus*）、深钩毛虫、白色吻沙蚕（*Glycera alba*）、鰕虎鱼科一种、短叶索沙蚕（*Lumbrinereis latreilli*）、强刺鳞虫（*Sthenolepis japonica*）。与前几个航次相比，优势种的变化较大，一些种类（如中蚓虫、白色吻沙蚕等）首次出现在前 10 位种类中。其中，多毛类的寡鳃齿吻沙蚕的优势度最高，其相对重要性指数高达 2 263；第二位的多毛类的中蚓虫的相对重要性指数为 405。寡鳃齿吻沙蚕为 9 月大型底栖动物的唯一优势种类（表 4－17）。前 10 种重要种类包括 7 种多毛类、2 种甲壳类和 1 种鱼类。

11 月（秋季）大型底栖动物中相对重要性指数占前 10 位的种类分别是寡鳃齿吻沙蚕、不倒翁虫、深钩毛虫、西方似蛰虫、中蚓虫、独指虫、多丝独毛虫、寡节甘吻沙蚕、足刺拟单指虫和纽形动物门种类。其中，多毛类的寡鳃齿吻沙蚕的优势度最高，其相对重要性指数高达 3 032，多毛类的不倒翁虫和深钩毛虫的相对重要性指数其次，分别为 1 523和1 231，西方似蛰虫的相对重要性指数大于 500 小于 1 000，它们为 11 月大型底栖动物的优势种类（表 4－18）。前 10 种重要种类包括 9 种多毛类和 1 种纽形动物。

表 4-17　2014 年 9 月主要大型底栖动物的相对重要性指数（*IRI*）

序号	种　类	优势度	序号	种　类	优势度
1	寡鳃齿吻沙蚕（*Nephthys oligobranchia*）	2 263	8	鰕虎鱼科一种（Gobiidae）	167
2	中蚓虫（*Mediomastus* sp.）	405	9	短叶索沙蚕（*Lumbrinereis latreilli*）	125
3	拟特须虫（*Paralacydonia paradoxa*）	354	10	强刺鳞虫（*Sthenolepis japonica*）	114
4	三崎双眼钩虾（*Ampelisca misakiensis*）	203	11	日本鼓虾（*Alpheus japonicus*）	108
5	鲜明鼓虾（*Alpheus heterocarpus*）	196	12	足刺拟单指虫（*Cossurella aciculata*）	107
6	深钩毛虫（*Sigambra bassi*）	187	13	独指虫（*Aricidea fragilis*）	100
7	白色吻沙蚕（*Glycera alba*）	169			

表 4-18　2014 年 11 月主要大型底栖动物的相对重要性指数（*IRI*）

序号	种　类	优势度	序号	种　类	优势度
1	寡鳃齿吻沙蚕（*Nephthys oligobranchia*）	3 032	9	足刺拟单指虫（*Cossurella aciculata*）	286
2	不倒翁虫（*Sternaspis scutata*）	1 523	10	纽形动物门种类（Nemertinea）	204
3	深钩毛虫（*Sigambra bassi*）	1 231	11	指节扇毛虫（*Ampharete anobothrusiformis*）	198
4	西方似蛰虫（*Amaeana occidentalis*）	704	12	拟特须虫（*Paralacydonia paradoxa*）	173
5	中蚓虫（*Mediomastus* sp.）	491	13	日本鼓虾（*Alpheus japonicus*）	117
6	独指虫（*Aricidea fragilis*）	300	14	三崎双眼钩虾（*Ampelisca misakiensis*）	115
7	多丝独毛虫（*Tharyx multifilis*）	366	15	小刀蛏（*Cultellus attenuatus*）	107
8	寡节甘吻沙蚕（*Glycinde gurjanovae*）	289	16	海稚虫科一种（Spionidae）	106

三、2015 年优势种季节变化

2015 年崂山湾调查海域大型底栖动物中最重要的优势种类是寡鳃齿吻沙蚕、不倒翁虫和深钩毛虫，多毛类的优势种最多。其中，寡鳃齿吻沙蚕的优势最明显，其相对重要性指数除 7 月外，都超过 1 000。双壳类幼体的相对重要性指数在 7 月排在首位，纽形动物在 11 月成为第一位的优势种类。

6 月（夏季）大型底栖动物中的优势种类较少，相对重要性指数大于 100 的种类只有 9 种，包括 8 种多毛类和 1 种棘皮类，分别是不倒翁虫、齿吻沙蚕（*Nephthys* sp.）、深钩毛虫、寡鳃齿吻沙蚕、寡节甘吻沙蚕、中蚓虫、足刺拟单指虫、拟特须虫、朝鲜阳遂足（*Amphiura koreae*）。其中，多毛类的不倒翁虫的优势度最高，其相对重要性指数高达 1 925，多毛类的齿吻沙蚕的相对重要性指数其次（929），它们为 6 月大型底栖动物的优势种类（表 4－19）。

表 4－19　2015 年 6 月主要大型底栖动物的相对重要性指数（*IRI*）

序号	种　类	优势度	序号	种　类	优势度
1	不倒翁虫（*Sternaspis scutata*）	1 925	6	中蚓虫（*Mediomastus* sp.）	176
2	齿吻沙蚕（*Nephthys* sp.）	929	7	足刺拟单指虫（*Cossurella aciculata*）	122
3	深钩毛虫（*Sigambra bassi*）	452	8	拟特须虫（*Paralacydonia paradoxa*）	114
4	寡鳃齿吻沙蚕（*Nephthys oligobranchia*）	288	9	朝鲜阳遂足（*Amphiura koreae*）	106
5	寡节甘吻沙蚕（*Glycinde gurjanovae*）	236			

7 月（夏季）大型底栖动物中优势种类相对较多，相对重要性指数大于 100 的种类有 14 种，包括 9 种多毛类、2 种软体类、2 种甲壳类和 1 种纽形动物。相对重要性指数前 10 位的种类分别是不倒翁虫、寡鳃齿吻沙蚕、中蚓虫、经氏壳蛞蝓、彩虹明樱蛤、深钩毛虫、奇异稚齿虫、足刺拟单指虫、拟特须虫、纽形动物门种类。其中多毛类的不倒翁虫优势度最高，寡鳃齿吻沙蚕其次，它们的相对重要性指数分别为 2 183 和 1 316，中蚓虫、经氏壳蛞蝓、彩虹明樱蛤的相对重要性指数也均超过 500，它们为 7 月大型底栖动物的优势种类(表 4－20)。

9 月（秋季）大型底栖动物中优势种类相对较多，相对重要性指数大于 100 的种类有 12 种，包括 11 种多毛类、1 种棘皮类。占前 10 位的种类分别是寡鳃齿吻沙蚕、深钩毛虫、不倒翁虫、中蚓虫、西方似蛰虫、独指虫、奇异稚齿虫、足刺拟单指虫、棘刺锚参（*Protankyra bidentata*）、多丝独毛虫。其中，多毛类寡鳃齿吻沙蚕优势度最高，不倒翁虫其次，它们的相对重要性指数分别为 1 800 和 1 156，不倒翁虫、中蚓虫和西方似蛰虫的相对重要性指数均也超过 500，它们为 9 月大型底栖动物的优势种类（表 4－21）。

表 4－20　2015 年 7 月主要大型底栖动物的相对重要性指数（*IRI*）

序号	种　类	优势度	序号	种　类	优势度
1	不倒翁虫 （*Sternaspis scutata*）	2 183	8	足刺拟单指虫 （*Cossurella aciculata*）	250
2	寡鳃齿吻沙蚕 （*Nephthys oligobranchia*）	1 316	9	拟特须虫 （*Paralacydonia paradoxa*）	194
3	中蚓虫 （*Mediomastus* sp.）	614	10	纽形动物门种类 （Nemertinea）	170
4	经氏壳蛞蝓 （*Philine kinglippini*）	592	11	细螯虾 （*Leptochela gracilis*）	165
5	彩虹明樱蛤 （*Moerella iridescens*）	509	12	轮双眼钩虾 （*Ampelisca cyclops*）	145
6	深钩毛虫 （*Sigambra bassi*）	360	13	西方似蛰虫 （*Amaeana occidentalis*）	125
7	奇异稚齿虫 （*Paraprionospio pinnata*）	280	14	蜾蠃蜚属一种 （*Corophium* sp.）	117

表 4－21　2015 年 9 月主要大型底栖动物的相对重要性指数（*IRI*）

序号	种　类	优势度	序号	种　类	优势度
1	寡鳃齿吻沙蚕 （*Nephthys oligobranchia*）	1 800	7	奇异稚齿虫 （*Paraprionospio pinnata*）	408
2	深钩毛虫 （*Sigambra bassi*）	1 156	8	足刺拟单指虫 （*Cossurella aciculata*）	321
3	不倒翁虫 （*Sternaspis scutata*）	842	9	棘刺锚参 （*Protankyra bidentata*）	199
4	中蚓虫 （*Mediomastus* sp.）	731	10	多丝独毛虫 （*Tharyx multifilis*）	192
5	西方似蛰虫 （*Amaeana occidentalis*）	604	11	小头虫 （*Capitella capitata*）	149
6	独指虫 （*Aricidea fragilis*）	443	12	拟特须虫 （*Paralacydonia paradoxa*）	103

10 月（秋季）大型底栖动物中优势种类相对较多，相对重要性指数大于 100 的种类有 15 种，包括 11 种多毛类、1 种甲壳类、1 种软体类、1 种纽形动物。占前 10 位的种类分别是寡鳃齿吻沙蚕、深钩毛虫、不倒翁虫、寡节甘吻沙蚕、拟特须虫、索沙蚕属一种、

多丝独毛虫、细螯虾、纽形动物门种类、中蚓虫。其中，多毛类的寡鳃齿吻沙蚕优势度最高，相对重要性指数高达3 669，深钩毛虫其次（590），它们为10月大型底栖动物的优势种类（表4-22）。

表4-22　2015年10月主要大型底栖动物的相对重要性指数（*IRI*）

序号	种　类	优势度	序号	种　类	优势度
1	寡鳃齿吻沙蚕（*Nephthys oligobranchia*）	3 669	8	细螯虾（*Leptochela gracilis*）	218
2	深钩毛虫（*Sigambra bassi*）	590	9	纽形动物门种类（Nemertinea）	201
3	不倒翁虫（*Sternaspis scutata*）	361	10	中蚓虫（*Mediomastus* sp.）	182
4	寡节甘吻沙蚕（*Glycinde gurjanovae*）	334	11	奇异稚齿虫（*Paraprionospio pinnata*）	152
5	拟特须虫（*Paralacydonia paradoxa*）	298	12	异足索沙蚕（*Lumbrineris heteropoda*）	148
6	索沙蚕属一种（*Lumbrinereis* sp.）	278	13	足刺拟单指虫（*Cossurella aciculata*）	131
7	多丝独毛虫（*Tharyx multifilis*）	228	14	彩虹明樱蛤（*Moerella iridescens*）	124

第四节　丰度和生物量分布

一、丰度分布

（一）2013年丰度分布

2013年崂山湾大型底栖动物的丰度季节变化明显（图4-17）。5月和6月丰度值较低（低于400个/m²），7月增加到（739.4±23.68）个/m²，8月开始减少，9月降低到（449.90±258.95）个/m²，之后11月又增加到（556.70±283.32）个/m²，呈现波谷—波峰—波谷—波峰的“2波谷2波峰”的变动趋势。在空间分布上，丰度的高值区基本位于崂山湾外侧海域，崂山附近海域和沿岸海域丰度值相对较低。

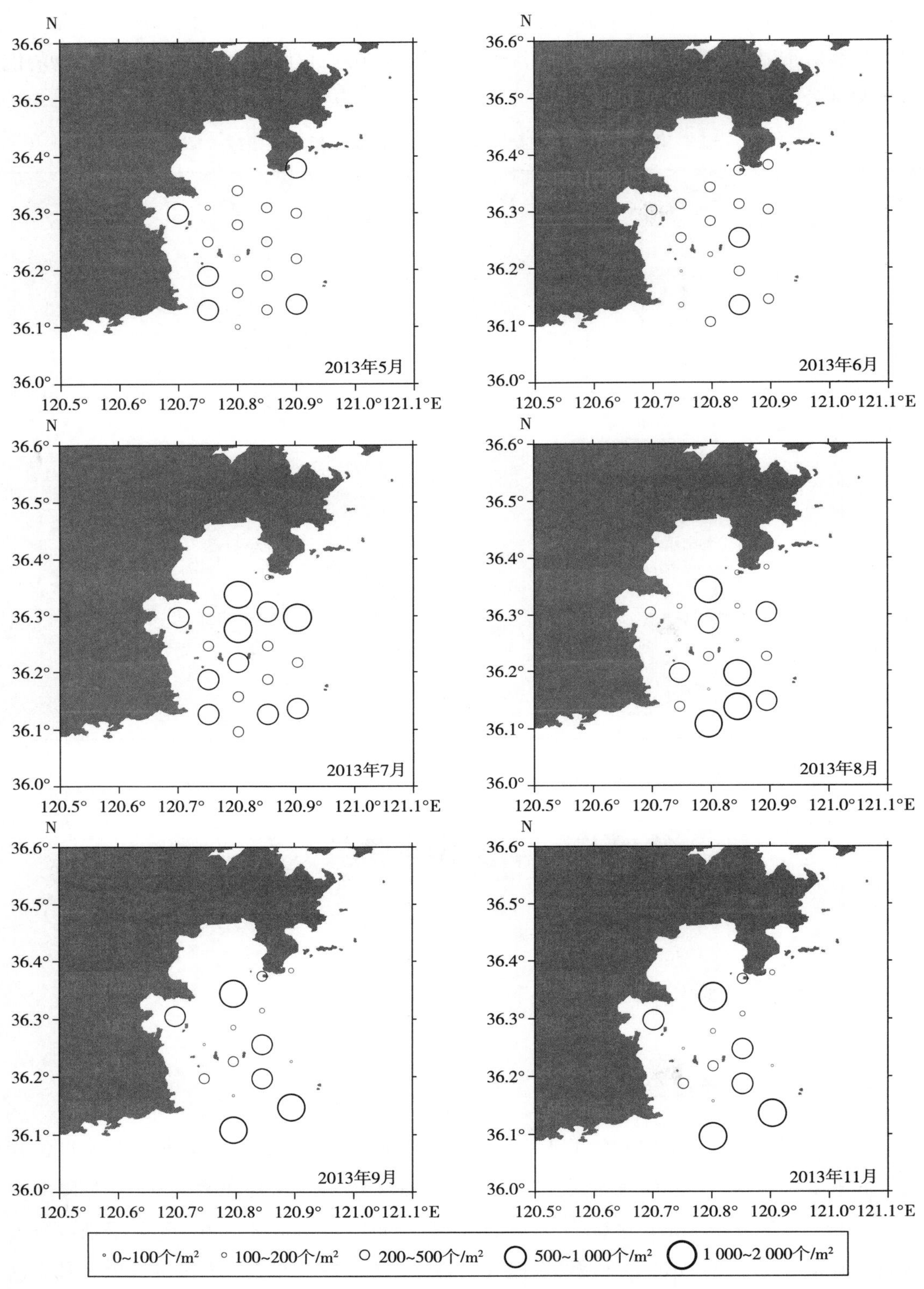

图 4－17　2013 年崂山湾大型底栖动物丰度的空间分布

5 月崂山湾大型底栖动物丰度的平均值为（372.3±164.43）个/m²，波动范围为 120～600 个/m²。丰度高值区位于靠近崂山一侧的海域，丰度最高值出现在 D4 站，为 600 个/m²，该站位出现了数量较多的多毛类，如指节扇毛虫、寡鳃齿吻沙蚕和稚齿虫；丰度最低值出现在 C6 站，为 120 个/m²。

6 月崂山湾大型底栖动物丰度的平均值为（376.90±186.53）个/m²，波动范围在 20～860 个/m²。丰度高值区位于湾口外侧海域，丰度最高值出现在 B5 站，为 860 个/m²，该站位出现了数量较多的多毛类，如独指虫、深钩毛虫和稚齿虫，其中独指虫的丰度值达280 个/m²；丰度最低值出现在 D4 站，为 20 个/m²，仅出现滩拟猛钩虾（*Harpiniopsis vadiculus*）一种底栖动物。

7 月崂山湾大型底栖动物丰度的平均值为（739.4±323.68）个/m²，波动范围为 110～3 130 个/m²。丰度高值区位于崂山湾东侧海域，丰度最高值出现在 A1 站，为 3 130 个/m²，这是因为该站位出现了数量较多的双壳类幼体，其丰度值高达 2 930 个/m²；丰度最低值出现在 B1 站，为 110 个/m²，该站位只出现了 5 种大型底栖动物。

8 月崂山湾大型底栖动物丰度的平均值为（475.5±188.52）个/m²，波动范围为 100～780 个/m²。丰度高值区位于湾口外侧海域，丰度最高值出现在 B5 站，为 780 个/m²，该站位出现了数量较多的多毛类，如独指虫和不倒翁虫，其中不倒翁虫的丰度值达 160 个/m²；丰度最低值出现在 C5 站，为 100 个/m²。

9 月崂山湾大型底栖动物丰度的平均值为（449.90±258.95）个/m²，波动范围为 140～1 030 个/m²。丰度高值区位于湾口内侧海域，丰度最高值出现在 C2 站，为 1 030 个/m²，该站位出现了数量较多的多毛类，如奇异稚齿虫和中蚓虫，其中奇异稚齿虫的丰度值达 230 个/m²；丰度最低值出现在 A3 站和 D3 站，均为 140 个/m²。

11 月崂山湾大型底栖动物丰度的平均值为（556.70±283.32）个/m²，波动范围为 300～1 010 个/m²。丰度高值区位于湾口东侧海域，丰度最高值出现在 B4 站，为 1 010 个/m²，该站位出现了 28 种大型底栖动物，包括 20 种多毛类和 8 种甲壳类；丰度最低值出现在 D3 站，为 300 个/m²。

（二）2014 年丰度分布

2014 年崂山湾大型底栖动物的丰度季节变化明显，5 月丰度值最高（699.4 个/m²），6 月开始减少，9 月降低到最低（240 个/m²），之后 11 月又增加到 667.8 个/m²，呈现波峰—波谷—波峰的“1 波谷 2 波峰”变动趋势。在空间分布上，丰度高值区基本位于外侧海域，崂山附近海域和沿岸海域丰度值相对较低。

5 月崂山湾大型底栖动物丰度的平均值为（355.56±164.43）个/m²，波动范围为 120～600 个/m²。丰度高值区位于靠近崂山一侧的海域，丰度最高值出现在 D4 站，为

600 个/m²，该站位出现了数量较多的多毛类，如指节扇毛虫、寡鳃齿吻沙蚕和稚齿虫；丰度最低值出现在 C6 站，为 120 个/m²。

6 月崂山湾大型底栖动物丰度的平均值为（377.06±186.53）个/m²，波动范围为 20～860 个/m²。丰度高值区位于崂山湾湾口外侧海域，丰度最高值出现在 B5 站，为 860 个/m²，该站位出现了数量较多的多毛类，如独指虫、深钩毛虫、和稚齿虫，其中独指虫的丰度值达 280 个/m²；丰度最低值出现在 D4 站，为 20 个/m²，仅出现金星蝶铰蛤一种大型底栖动物。

7 月崂山湾大型底栖动物丰度的平均值为（355.56±164.43）个/m²，波动范围为 120～600 个/m²。丰度高值区位于靠近崂山一侧的海域，丰度最高值出现在 D4 站，为 600 个/m²，该站位出现了数量较多的多毛类，如指节扇毛虫、寡鳃齿吻沙蚕和稚齿虫；丰度最低值出现在 C6 站，为 120 个/m²。

8 月崂山湾大型底栖动物丰度的平均值为（373.3±217.20）个/m²，波动范围为 120～970 个/m²。丰度高值区位于靠近崂山一侧的外侧海域，丰度最高值出现在 D4 站，为 970 个/m²，该站位出现了数量较多的甲壳类的长指马尔他钩虾，其丰度值为 200 个/m²；丰度最低值出现在 A1 站。

9 月崂山湾大型底栖动物丰度的平均值为（240.2±129.08）个/m²，波动范围为 0～450 个/m²。丰度高值区位于靠近崂山一侧的外侧海域，丰度最高值出现在 D3 站和 D5 站，为 450 个/m²；丰度最低值出现在 B5 站，该站无大型底栖动物。

11 月崂山湾大型底栖动物丰度的平均值为（667.8±197.56）个/m²，波动范围为 320～970 个/m²。丰度高值区位于崂山湾东部外侧海域（图 4－18），丰度最高值出现在 A1 站，为 970 个/m²，该站位出现了数量较多的多毛类的寡鳃齿吻沙蚕，其丰度值为 300 个/m²；丰度最低值出现在 B5 站。

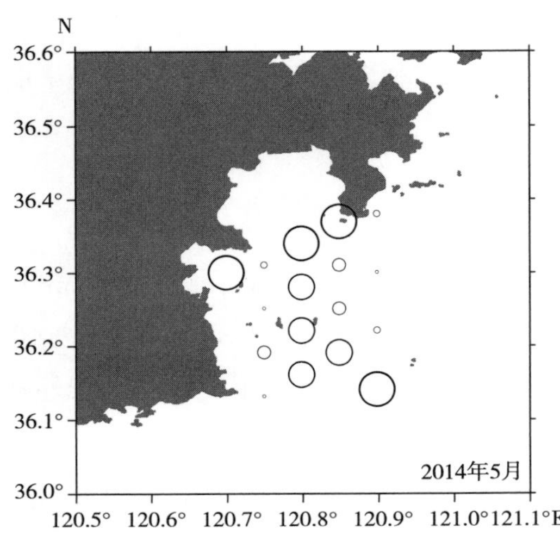

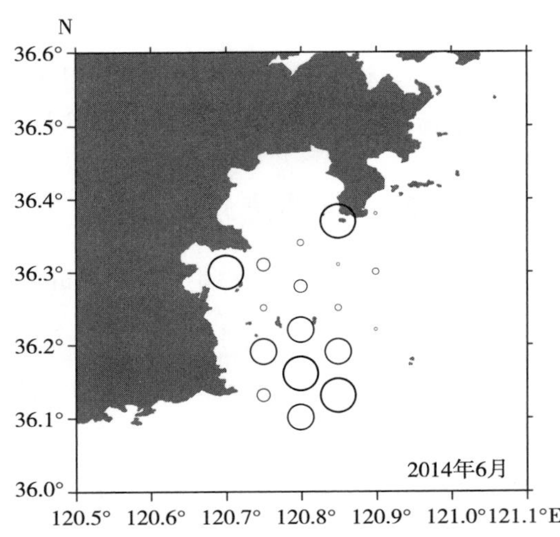

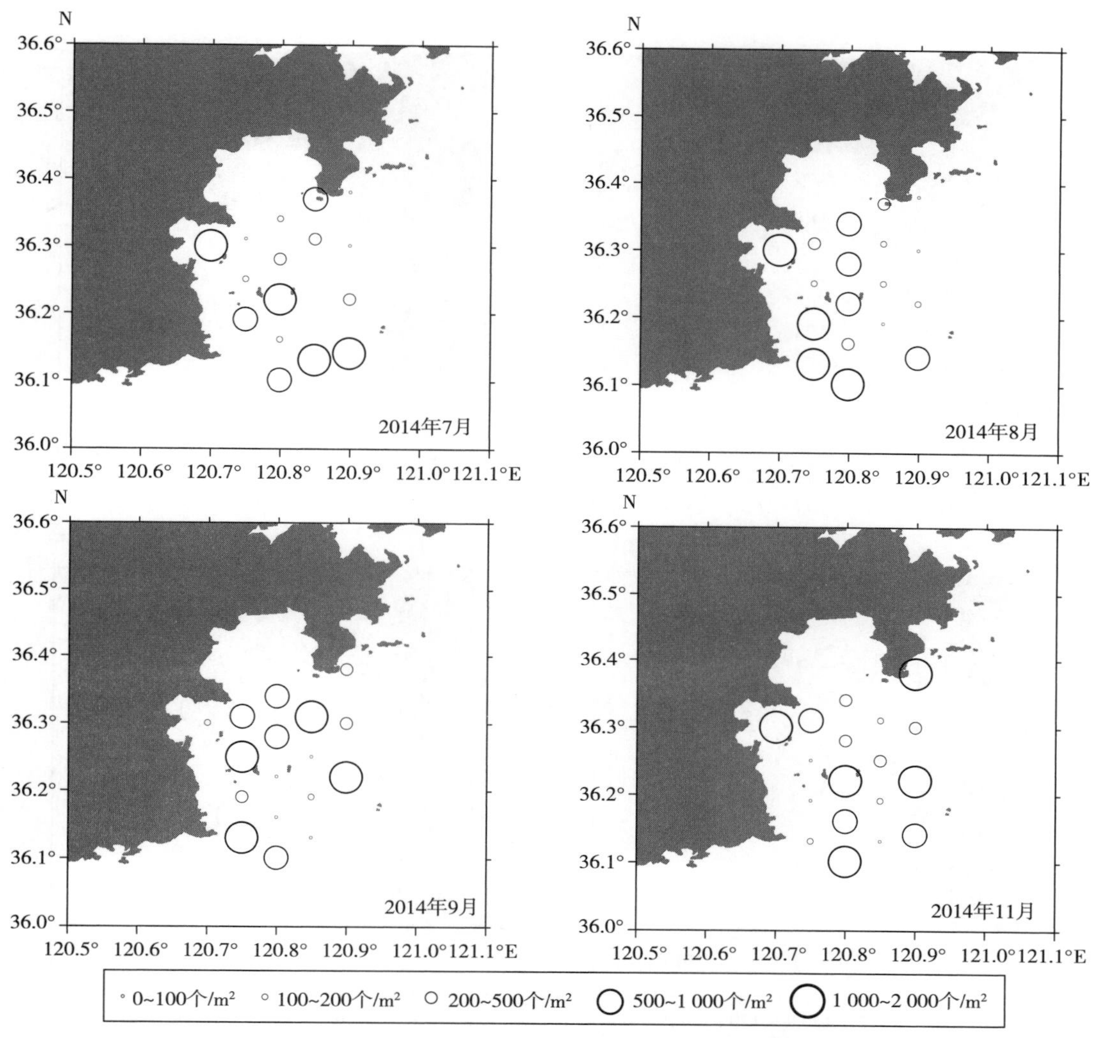

图 4-18　2014 年崂山湾大型底栖动物丰度的空间分布

（三）2015 年丰度分布

2015 年崂山湾大型底栖动物的丰度随季节变化明显，7 月和 10 月丰度值较低（10 月 229.96 个/m^2），6 月和 9 月相对较高，其中 9 月丰度值最高（883.89 个/m^2），是 10 月的 3.84 倍，丰度呈现波峰—波谷—波峰—波谷的“2 波谷 2 波峰”变动趋势。在空间分布上，丰度的高值区基本位于崂山湾外侧海域，崂山附近海域和沿岸海域丰度值相对较低（图 4-19）。

6 月崂山湾大型底栖动物丰度的平均值为（768.75±468.27）个/m^2，波动范围为 250～1 970 个/m^2。丰度高值区位于湾口外侧海域，丰度最高值出现在 D4 站，为 1 970 个/m^2，该站位出现了数量较多的棘皮类，如柯氏双鳞蛇尾（*Amphipholis kochii*）和日本倍棘蛇尾（*Amphioplus japonicus*），它们的丰度值分别达 360 个/m^2 和 130 个/m^2；丰度最低值出现在湾中央 C3 站，为 250 个/m^2。

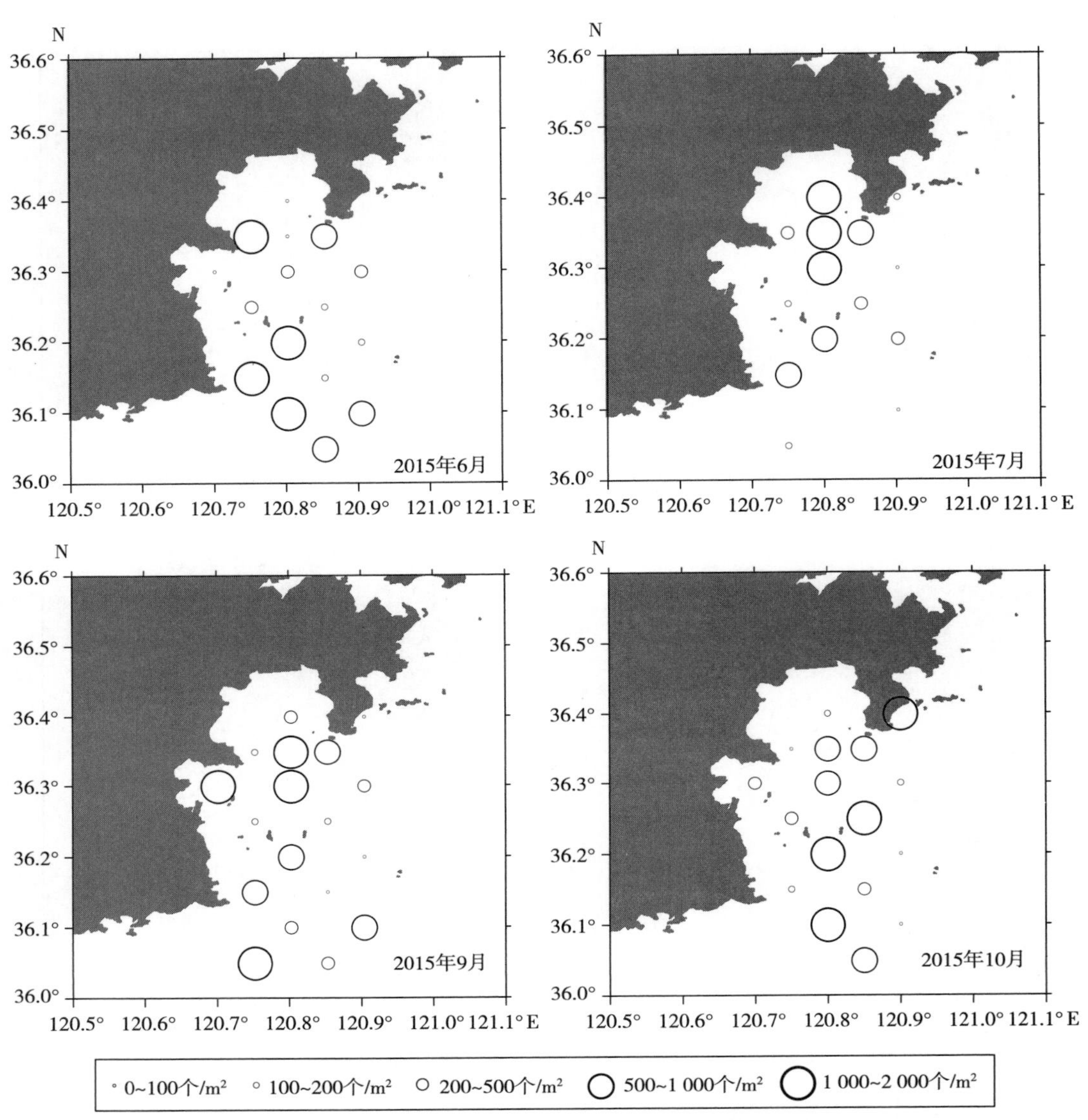

图 4-19　2015 年崂山湾大型底栖动物丰度的空间分布

2015 年 7 月崂山湾大型底栖动物丰度的平均值为（430.71±279.38）个/m²，波动范围为 0～940 个/m²。丰度高值区位于靠近崂山一侧的海域，丰度最高值出现在 D4 站，为 600 个/m²，该站位出现了数量较多的多毛类，如指节扇毛虫、寡鳃齿吻沙蚕和稚齿虫；丰度最低值出现在 A4 站，该站位无大型底栖动物。

9 月崂山湾大型底栖动物丰度的平均值为（883.89±420.81）个/m²，波动范围为 240～1 750 个/m²。丰度高值区位于靠近崂山一侧的海域，丰度最高值出现在 D5 站，为 1 750 个/m²，该站位出现了数量较多的多毛类，如刚鳃虫（*Chaetozone setosa*）、独指虫和深沟毛虫，其丰度值分别为 780 个/m²、230 个/m² 和 210 个/m²；丰度最低值出现在

A1 站，为 240 个/m^2。该调查航次中丰度值超过 1 000 个/m^2 的站位为 A4、C3、C4、C5、D5、E1，占总调查站位的 66.67%。

10 月崂山湾大型底栖动物丰度的平均值为（229.96±191.63）个/m^2，波动范围为 0～750 个/m^2。相比其他调查航次，10 月大型底栖动物丰度最低，丰度高值区位于崂山湾中外侧海域，丰度最高值出现在 C6 站，为 750 个/m^2；丰度最低值出现在 A3 站和 B4 站，均无大型底栖动物。

二、生物量分布

（一）2013 年生物量季节变化

2013 年崂山湾大型底栖动物生物量的变化规律与丰度相似，5 月（春季）生物量值较高，为（5.04±6.17）g/m^2，6 月（夏季）减少到（2.33±2.88）g/m^2，7 月（夏季）增加到（7.84±2.91）g/m^2，然后 8 月（夏季）和 9 月（秋季）分别逐渐减少至（3.74±5.94）g/m^2 和（2.70±5.65）g/m^2，11 月（秋季）又增加到（4.87±10.99）g/m^2，呈现波峰—波谷—波峰—波谷—波峰的“3 波峰 2 波谷”变化趋势。在空间分布上，每个月份的生物量表现不一，比如6 月和 8 月高值区位于北侧沿岸海域，5 月和 7 月高值区位于中部和东侧海域（图 4 - 20）。

5 月崂山湾大型底栖动物生物量的平均值为（5.04±6.17）g/m^2，波动范围为 0.76～27.22 g/m^2。各个站位生物量的分布不均匀，生物量最高值出现在 A3 站，为 27.22 g/m^2，是因为该站出现了体质量较大的鰕虎鱼，占该站总生物量的 95.84%；生物量最低值出现在 B5 站，为 0.76 g/m^2。

6 月崂山湾大型底栖动物生物量的平均值为（2.33±2.88）g/m^2，波动范围为 0.11～10.91 g/m^2，生物量最高值出现在 D2 站，为 10.91 g/m^2，是因为该站出现了体质量较大的日本镜蛤（*Phacosoma japonica*），占该站总生物量的 85.61%；生物量最低值出现在 D4 站，为 0.11 g/m^2，仅出现滩拟猛钩虾一种大型底栖动物。

7 月崂山湾大型底栖动物生物量的平均值为（7.84±2.91）g/m^2，波动范围为 0.57～10.15 g/m^2。各个站位生物量的分布不均匀，生物量最高值出现在 B2 站，为 10.51 g/m^2，是因为该站出现了体质量较大的锯齿长臂虾（*Palaemon serrifer*），占该站总生物量的 92.30%；生物量最低值出现在 C6 站和 D3 站，均为 0.57 g/m^2。

8 月崂山湾大型底栖动物生物量的平均值为（3.74±5.94）g/m^2，波动范围是 0.33～19.85 g/m^2。各个站位生物量的分布不均匀，生物量最高值出现在 D2 站，其次是 A2 站，其值分别为 19.85 g/m^2 和 19.78 g/m^2，是因为这 2 个站都出现了体质量较大的鰕虎鱼，分别占各自站总生物量的 96.47%和 93.73%；生物量最低值出现在 C5 站，为

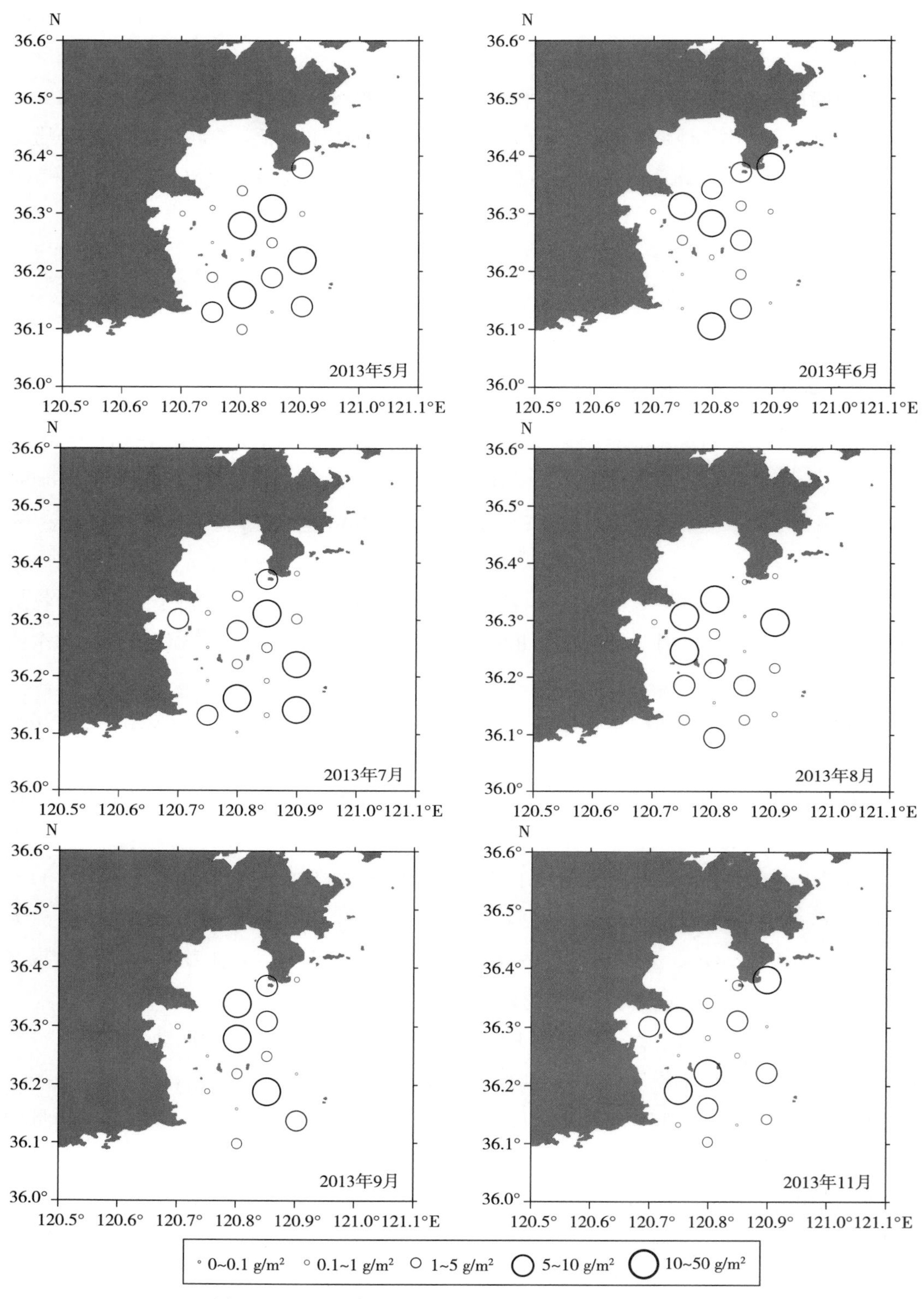

图 4-20 2013 年崂山湾大型底栖动物生物量的空间分布

0.33 g/m^2。

9月崂山湾大型底栖动物生物量的平均值为(2.70±5.65)g/m^2,波动范围为0.1～22.75 g/m^2。各个站位生物量的分布不均匀,生物量最高值出现在C3站,为22.75 g/m^2,是因为该站出现了体质量较大的一种棘皮类动物(蛇尾),占该站总生物量的83.38%;生物量最低值出现在A3站,仅为0.1 g/m^2。

11月崂山湾大型底栖动物生物量的平均值为(4.87±10.99)g/m^2,波动范围为0.76～42.37 g/m^2。各个站位生物量的分布不均匀,生物量最高值出现在A1站,为42.37 g/m^2,是因为该站出现了体质量较大的一种蠕虫类动物,占该站总生物量的97.76%;生物量最低值出现在B5站,为0.76 g/m^2。

(二)2014年生物量季节变化

2014年崂山湾大型底栖动物5月(春季)生物量最高,为(7.70±11.24)g/m^2,6月(夏季)开始减少,9月(秋季)生物量最低,为(1.78±3.20)g/m^2,11月(秋季)又增加到(3.41±3.65)g/m^2,呈现波峰—波谷—波峰的"2波峰1波谷"变化趋势。在空间分布上,每个月份的生物量表现不一,比如6月和8月(夏季)高值区位于北侧沿岸海域,5月和7月高值区位于中部和东侧海域(图4-21)。

5月崂山湾大型底栖动物生物量的平均值为(7.70±11.24)g/m^2,波动范围为0～47.27 g/m^2。各个站位生物量的分布不均匀,生物量最高值出现在B3站,为47.27 g/m^2,是因为该站出现了体质量较大的小刀蛏,占该站总生物量的92.66%;生物量最低值出现在D5站,没有发现大型底栖动物。

6月崂山湾大型底栖动物生物量的平均值为(4.71±5.92)g/m^2,波动范围是0.90～22.44 g/m^2。生物量最高值出现在C6站,为22.44 g/m^2,是因为该站出现了一种体质量较大的鰕虎鱼,占该站总生物量的92.74%;生物量最低值出现在C2站,为0.90 g/m^2。

7月崂山湾大型底栖动物生物量的平均值为(3.51±5.94)g/m^2,波动范围为0.24～23.84 g/m^2。各个站位生物量的分布不均匀,生物量最高值出现C3站,为23.84 g/m^2,是因为该站出现了体质量较大的广大扁玉螺(*Neverita ampla*),占该站总生物量的84.04%;生物量最低值出现在D2站,为0.24 g/m^2。

8月崂山湾大型底栖动物生物量的平均值为(3.54±3.64)g/m^2,波动范围为0.23～14.75 g/m^2。各个站位生物量的分布不均匀,生物量最高值出现在B2站,其次是B4站,其值分别为14.75 g/m^{2}和6.91 g/m^2,是因为这2个站都出现了体质量较大的鰕虎鱼,分别占该站总生物量的93.42%和98.70%;生物量最低值出现在A2站,为0.23 g/m^2。

9月崂山湾大型底栖动物生物量的平均值为(1.78±3.20)g/m^2,波动范围为0～10.24 g/m^2,各个站位生物量的分布不均匀,生物量最高值出现在E1站,为10.24 g/m^2,是因为该站出现了体质量较大的鲜明鼓虾(*Alpheus heterocarpus*),占该站总生物量的

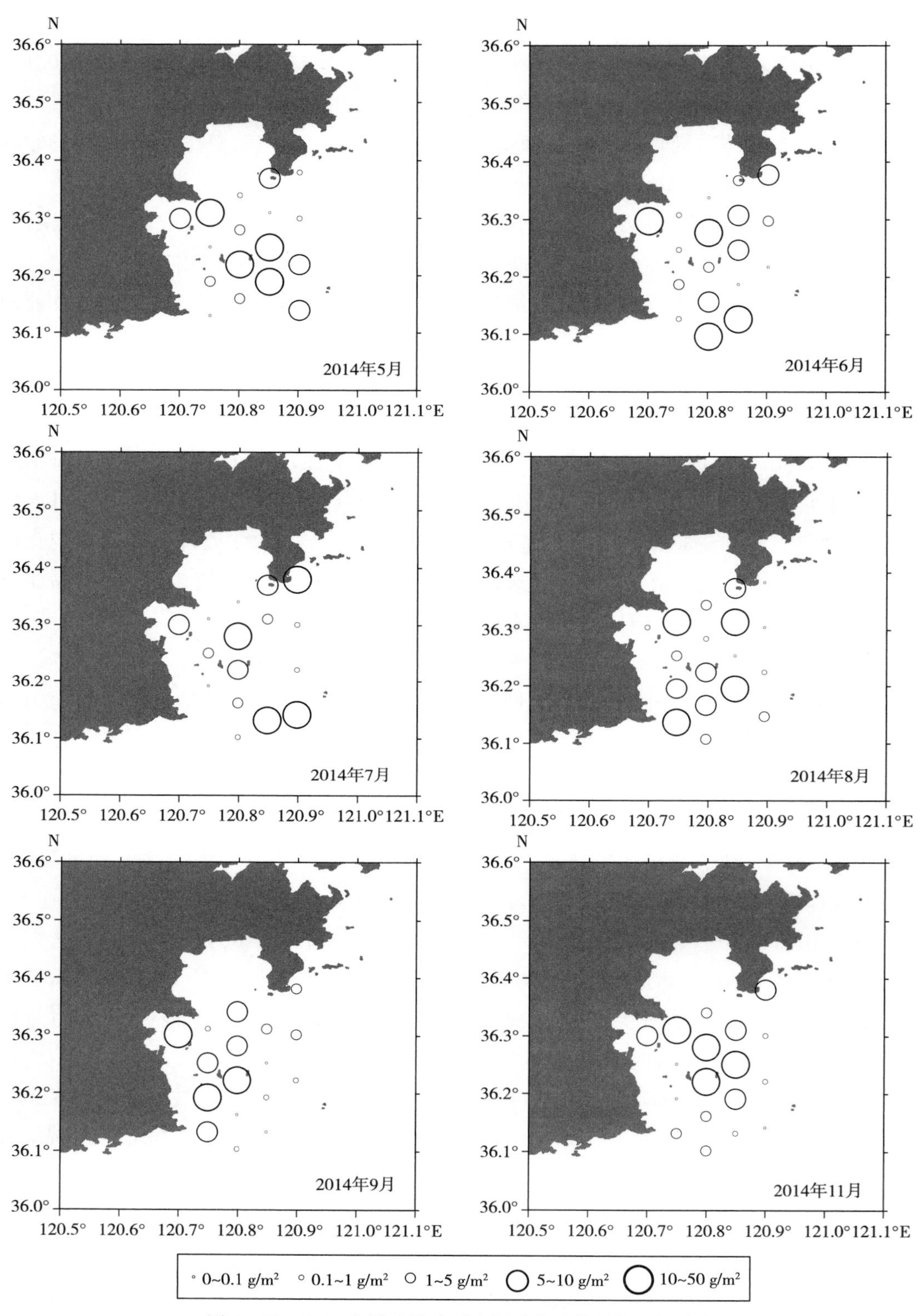

图 4-21　2014 年崂山湾大型底栖动物生物量的空间分布

98.05%；生物量最低值出现在B5站，没有大型底栖动物。

11月崂山湾大型底栖动物生物量的平均值为（3.41±3.65）g/m²，波动范围为0.32～14.82 g/m²，各个站位生物量的分布不均匀，生物量最高值出现在C3站，为14.82 g/m²，是因为该站出现了体质量较大的日本鼓虾（*Alpheus japonicus*），占该站总生物量的87.65%；生物量最低值出现在D4站，为0.32 g/m²。

（三）2015年生物量季节变化

2015年大型底栖动物生物量的变化趋势与丰度不同，6月（夏季）生物量最高，为（6.74±7.64）g/m²，之后逐渐减少，到10月（秋季）生物量最低，为(2.71±1.26) g/m²，呈现逐步下降的变化趋势。在空间分布上，9月和10月生物量高分布区位于崂山湾沿岸附近，6月生物量分布零散，没有明显的高分布区，7月生物量高分布区主要位于崂山湾东侧女岛沿岸附近（图4-22）。

6月崂山湾大型底栖动物生物量的平均值为（6.74±7.64）g/m²，波动范围为0.66～19.36 g/m²，最高值出现在D4站，为19.36/m²，是因为该站出现了数量较多的棘皮类动物，占该站总生物量的72.28%；最低值出现在B4站，为0.66 g/m²。

7月崂山湾大型底栖动物生物量的平均值为（5.24±8.38）g/m²，波动范围为0～32.09 g/m²，各个站位生物量的分布不均匀，最高值出现D3站，是因为该站出现了体质量较大的胶州湾顶管角贝（*Episiphon kiaochowwanense*），占该站总生物量的82.00%；最低值出现在A3站，无大型底栖动物。

9月崂山湾大型底栖动物生物量的平均值为（3.61±5.36）g/m²，波动范围为0.26～23.98 g/m²，最高值出现在A1站，为23.98 g/m²，是因为该站出现了体质量较大的棘刺锚参，占该站总生物量的97.04%；最低值出现在A3站，为0.26 g/m²，该站大型底栖动物生物数量较少，仅有10种多毛类和1种甲壳类动物。

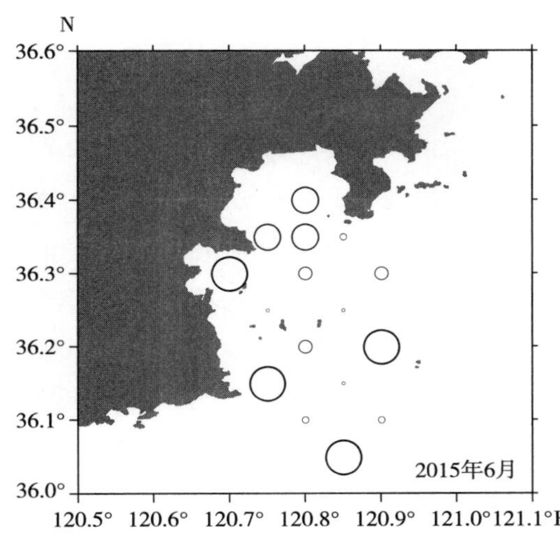

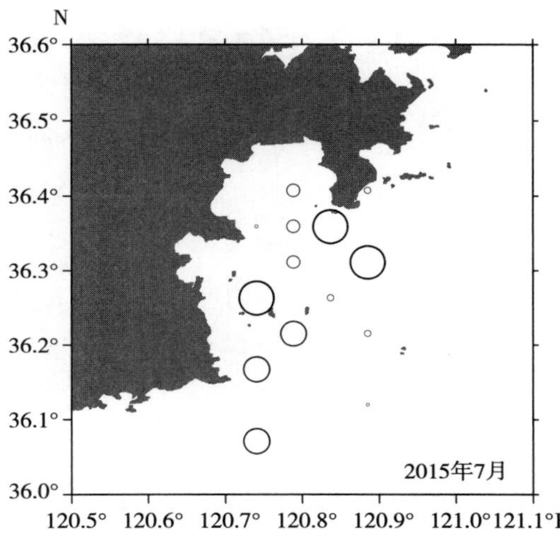

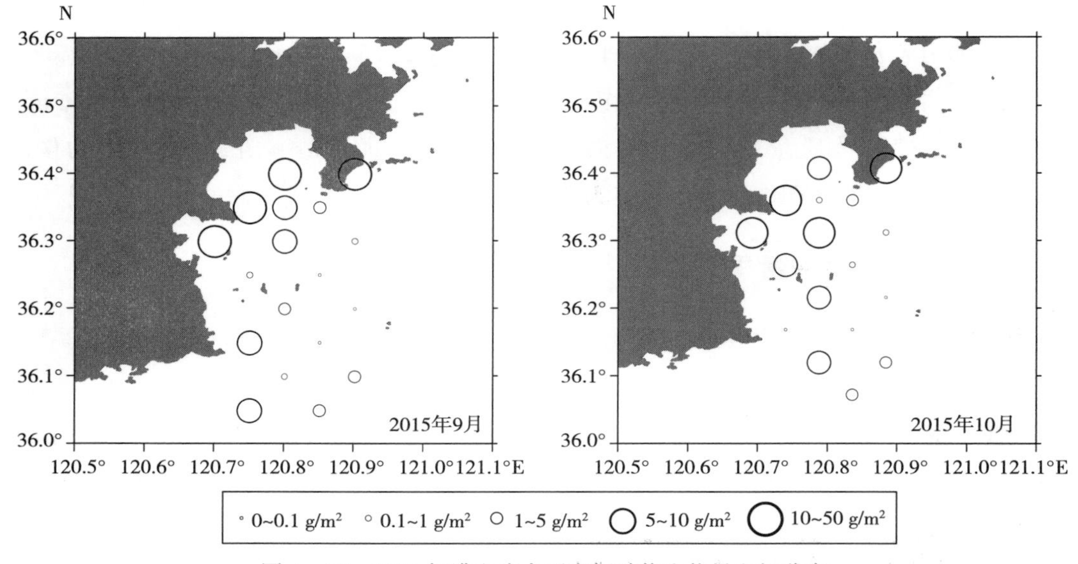

图 4－22　2015 年崂山湾大型底栖动物生物量空间分布

10 月崂山湾大型底栖动物生物量的平均值为（2.71±1.26）g/m^2，波动范围为 0～3.9 g/m^2。相比其他月份，10 月大型底栖动物生物量最低。各个站位生物量的分布不均匀，最高值出现 A1 站，为 3.9 g/m^2，是因为该站出现了体质量较大的彩虹明樱蛤（*Moerella iridescens*），占该站总生物量的 53.33%；其次是长吻沙蚕（*Glycera chirori*），为 1.08 g/m^2；最低值出现在 A3 站和 B4 站，均无大型底栖动物。

第五节　生物多样性

一、2013 年生物多样性季节变化

崂山湾 5 月（春季）大型底栖动物的平均物种多样性指数为 2.22±0.19（图 4－23），波动范围为 1.901～2.556，最高值出现在 A1 站，最低值出现在 D3 站；平均物种均匀度指数为 0.85±0.07，波动范围为 0.767 3～1.000 0，最低值和最高值分别出现在 D3 和 C6 站。物种多样性指数和均匀度指数的分布基本相似。有研究指出，物种多样性指数（H'）能够较好地指示沉积环境有机质污染状况，且将污染评价范围分为 5 类，即 $H'=0$（无大型底栖动物），为严重污染；$0<H'\leqslant 1$，为重度有机质污染；$1<H'\leqslant 2$，为中度有机质污染；$2<H'\leqslant 3$，为轻度有机质污染；$H'>3$，为清洁。5 月调查的 15 个站位 $2<H'\leqslant 3$，表明该海域为轻度有机质污染，占总调查站位的 83.33%，3 个站位 $1<H'\leqslant 2$，表明该海域

为中度有机质污染，占总调查站位的16.67%。

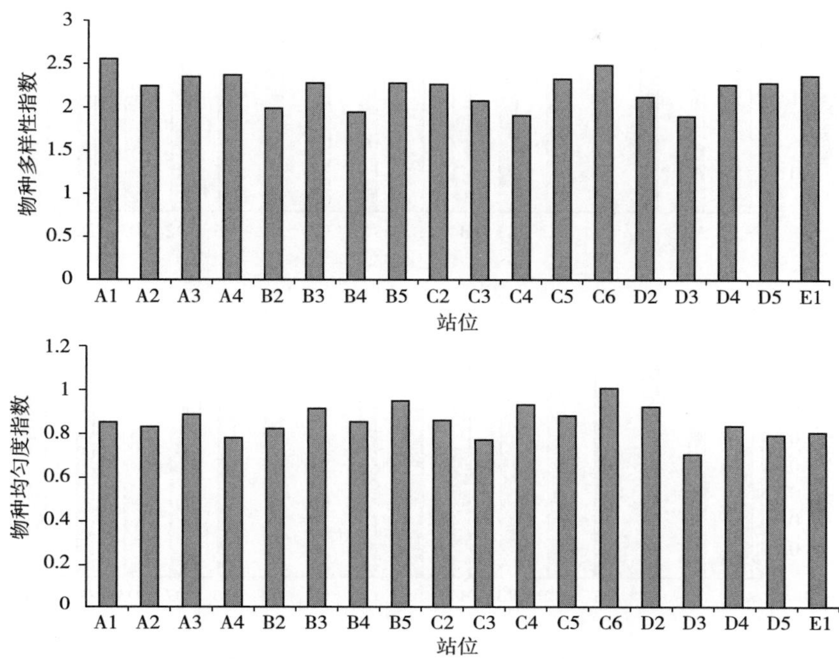

图4-23　2013年5月大型底栖动物的物种多样性指数和均匀度指数

6月（夏季）大型底栖动物的平均物种多样性指数（H'）为2.07±0.33（图4-24），波动范围为1.491～2.651，7个站位$1<H'\leqslant 2$，为中度有机质污染，占总调查站位的43.75%；9个站位$2<H'\leqslant 3$，为轻度有机质污染。平均物种均匀度指数为0.83±0.08，波动范围为0.633 6～0.912 1，多样性和均匀度指数的最高值都出现在B1站，最低值都出现在D3站。

7月（夏季）不同站位物种多样性指数（H'）和物种均匀度指数差别较大（图4-25），平均物种多样性指数为2.09±0.66，波动范围为0.369 1～2.890 0，其中A1站$0<H'\leqslant 1$，为重度有机质污染，6个站位$1<H'\leqslant 2$，为中度有机质污染，占总调查站位的31.58%；12个站位$2<H'\leqslant 3$，为轻度有机质污染，占63.16%。平均物种均匀度指数为0.79±0.21，波动范围为0.123 5～0.945 0，A4站的物种多样性和均匀度指数都最高，A1站的物种多样性和均匀度指数最低。

8月（夏季）不同站位物种多样性指数（H'）和物种均匀度指数差别较大（图4-26），平均物种多样性指数为2.35±0.46，波动范围为1.081～3.027，其中C2站$H'>3$，表明该站位为清洁，4个站位$1<H'\leqslant 2$，为中度有机质污染，占总调查站位的20.00%；15个站位$2<H'\leqslant 3$，为轻度有机质污染，占75.00%。平均物种均匀度指数为0.88±0.10，波动范围为0.561 9～0.950 0，物种多样性的最高值和最低值分别出现在C2站和D3站，均匀度指数的最高值和最低值分别出现在A3站和D3站。

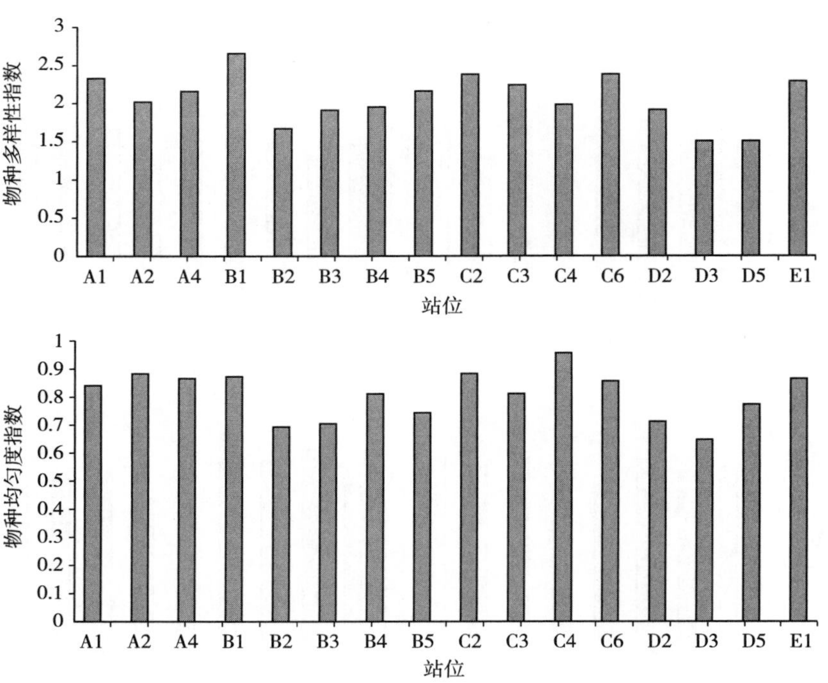

图 4-24　2013 年 6 月大型底栖动物的物种多样性指数和均匀度指数

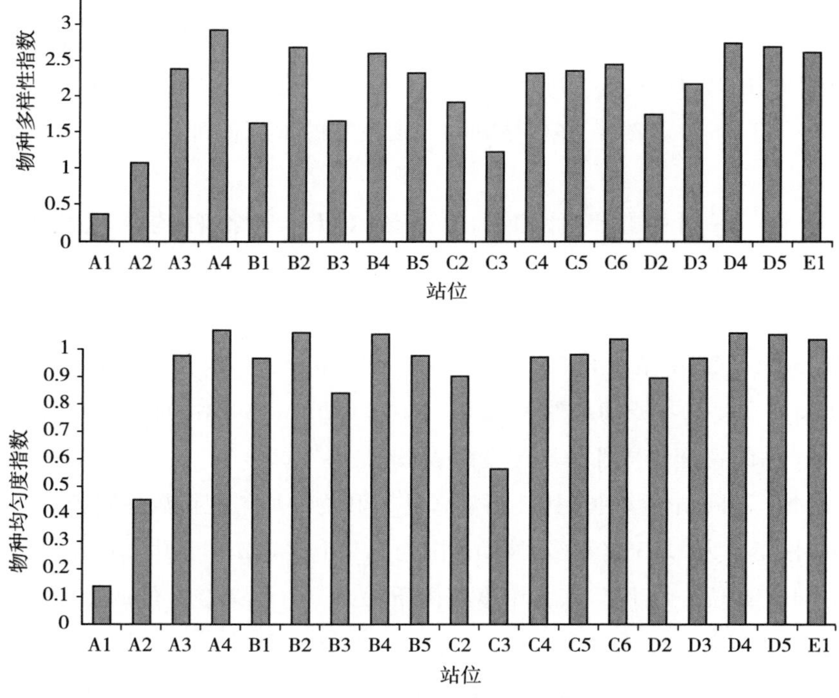

图 4-25　2013 年 7 月大型底栖动物的物种多样性指数和均匀度指数

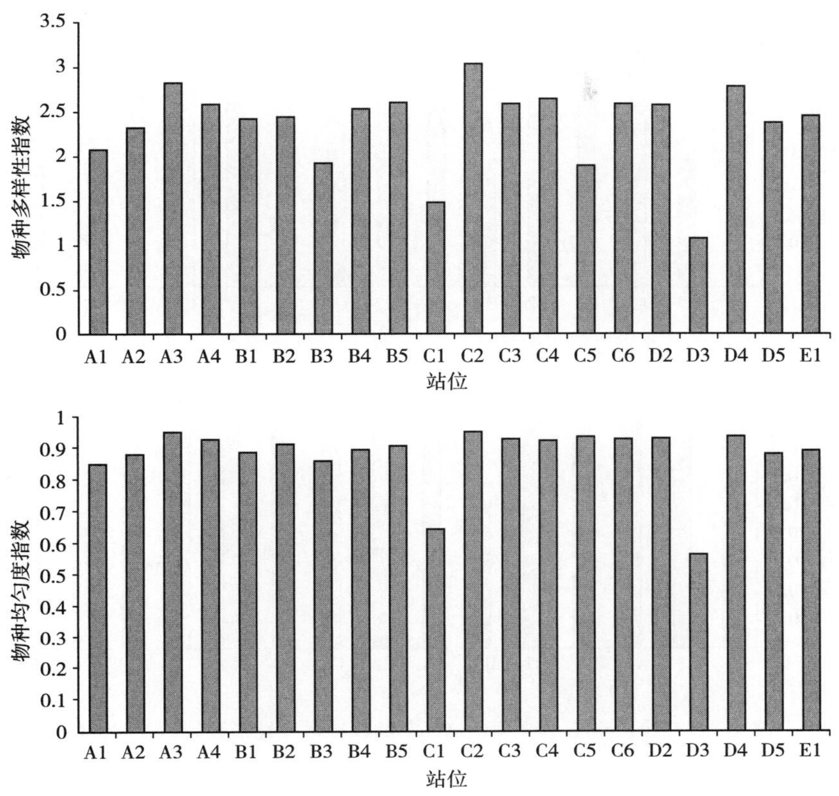

图 4－26　2013 年 8 月大型底栖动物的物种多样性指数和均匀度指数

9 月（秋季）大型底栖动物的平均物种多样性指数为 2.25±0.41（图 4－27），波动范围为 1.325～2.689，其中 2 个站位 $1<H'\leqslant 2$，为中度有机质污染，占总调查站位的 13.33%；13 个站位 $2<H'\leqslant 3$，为轻度有机质污染，占 86.67%。平均物种均匀度指数为 0.87±0.10，波动范围为 0.522 1～0.951 6，物种多样性的最高值和最低值分别出现在 C3 站和 B3 站，均匀度指数的最高值和最低值也分别出现在 C3 站和 B3 站。

11 月（秋季）不同站位物种多样性指数（H'）和物种均匀度指数差别较小（图 4－28），平均物种多样性指数为 2.45±0.25，波动范围为 1.845～2.943。只有 1 个站位 $1<H'\leqslant 2$，为中度有机质污染，占总调查站位的 5.56%；17 个站位 $2<H'\leqslant 3$，为轻度有机质污染，占 94.44%。平均物种均匀度指数为 0.89±0.04，波动范围为 0.747 1～0.951 9。物种多样性指数的最高值和最低值分别出现在 A4 站和 D3 站，均匀度指数的最高值和最低值分别出现在 D5 站和 D3 站。

综上所述，2013 年崂山湾大型底栖动物物种多样性指数和均匀度指数没有显著地随季节变化，物种多样性指数在 6 月（2.07±0.33）和 7 月（2.09±0.66）较低，11 月（2.45±0.25）最高，表明 6 月和 7 月崂山湾海域环境受到的有机质污染较重，11 月崂山湾海域环境相对较好。

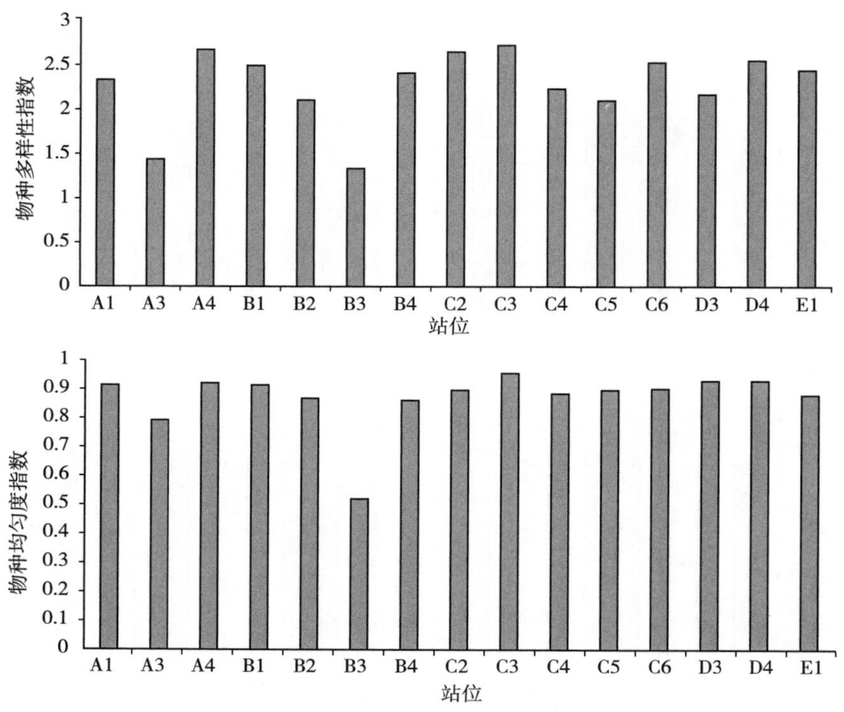

图 4-27　2013 年 9 月大型底栖动物的物种多样性指数和均匀度指数

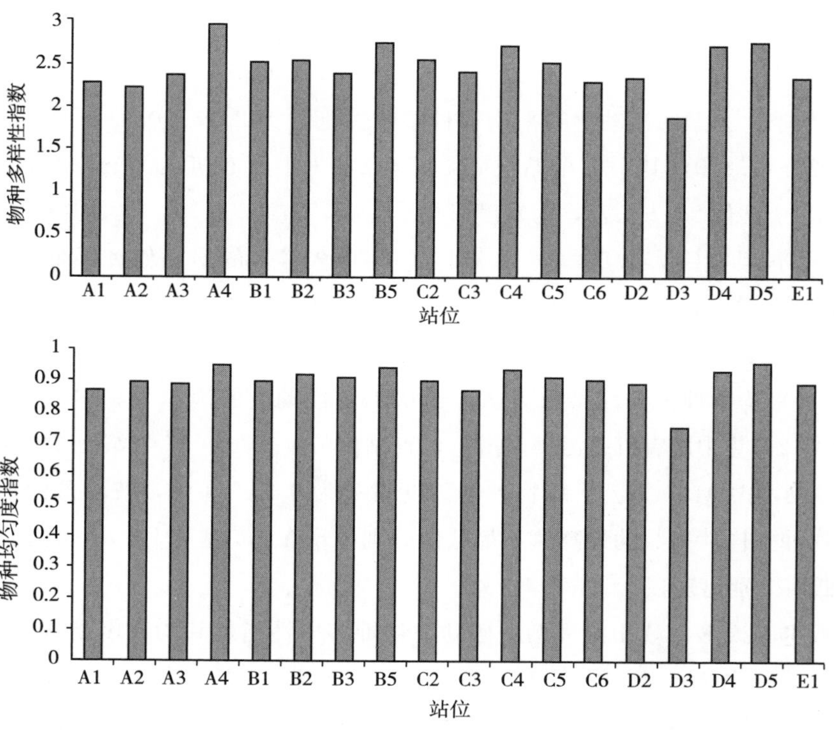

图 4-28　2013 年 11 月大型底栖动物的物种多样性指数和均匀度指数

二、2014 年生物多样性季节变化

5 月（春季）大型底栖动物的平均物种多样性指数为 2.35±0.18（图 4－29），波动范围为 2.105～2.763，最高值出现在 D4 站，最低值出现在 C3 站；平均物种均匀度指数为 0.86±0.04，波动范围为 0.772 7～0.932 7，最高值和最低值分别出现在 D4 站和 C3 站。物种多样性指数和均匀度指数的分布相似。5 月调查结果显示所有站位均 $2<H'\leqslant 3$，表明该海域为轻度有机质污染。

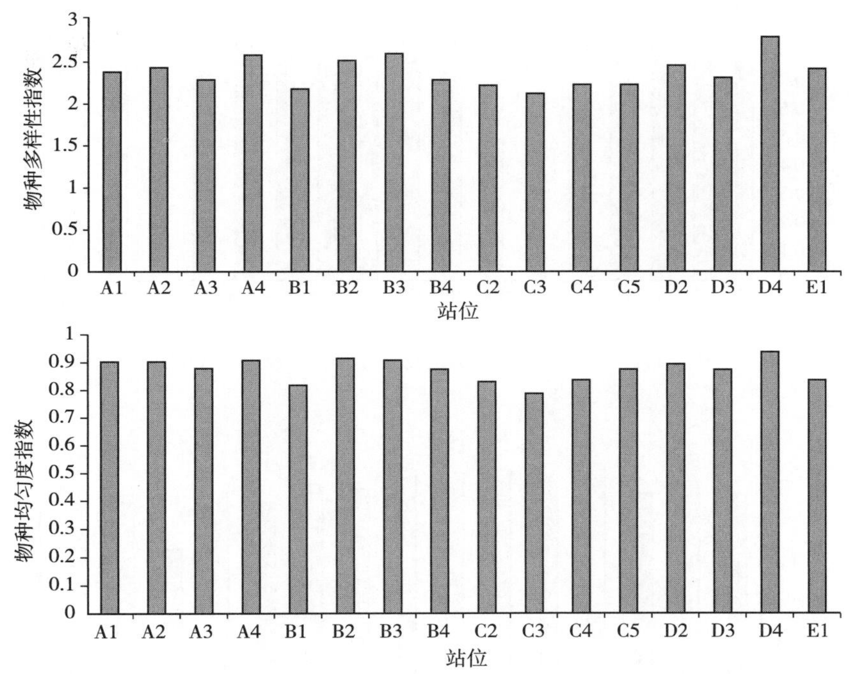

图 4－29　2014 年 5 月大型底栖动物的物种多样性指数和均匀度指数

6 月（夏季）大型底栖动物的平均物种多样性指数（H'）为 2.39±0.30（图 4－30），波动范围为 1.920～2.838，D3 站多样性指数最低，C4 站指数最高，1 个站位 $1<H'\leqslant 2$，为中度有机质污染，占总调查站位的 5.56%；17 个站位 $2<H'\leqslant 3$，为轻度有机质污染，占 94.44%。平均物种均匀度指数为 0.84±0.07，波动范围为 0.719 5～0.959 7，均匀度指数的最高值出现在 A1 站，最低值出现在 C5 站。

7 月（夏季）大型底栖动物的平均物种多样性指数（H'）为 2.38±0.31（图 4－31），波动范围为 1.643～2.895。D2 站最低，B5 站最高，1 个站位 $1<H'\leqslant 2$，为中度有机质污染，占总调查站位的 6.25%；15 个站位 $2<H'\leqslant 3$，为轻度有机质污染，占总调查站位的 93.75%。平均物种均匀度指数为 0.88±0.05，波动范围为 0.746 1～0.948 1，均匀度指数的最高值出现在 C2 站，最低值出现在 E1 站。

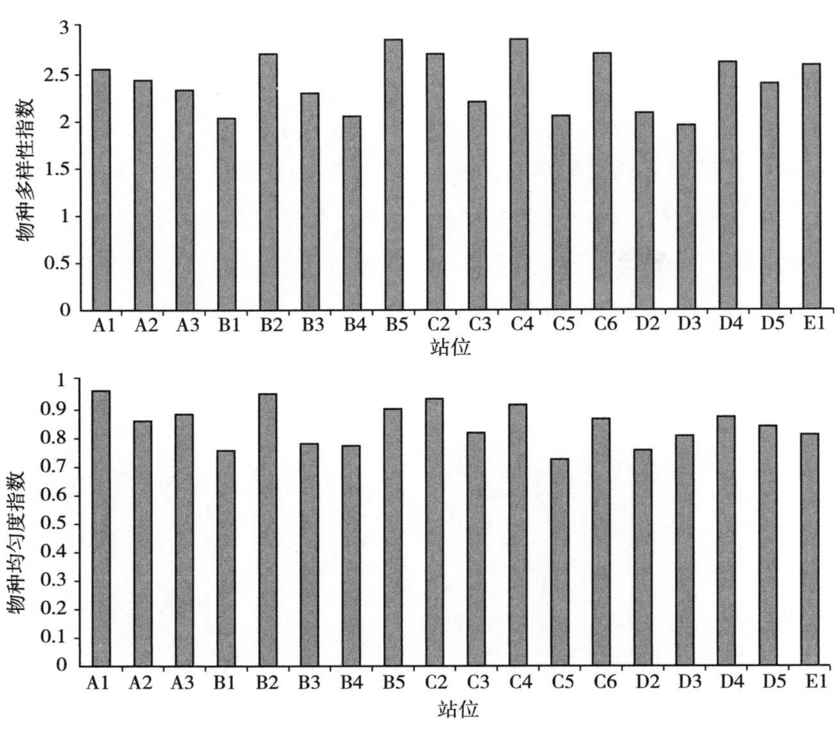

图 4-30　2014 年 6 月大型底栖动物的物种多样性指数和均匀度指数

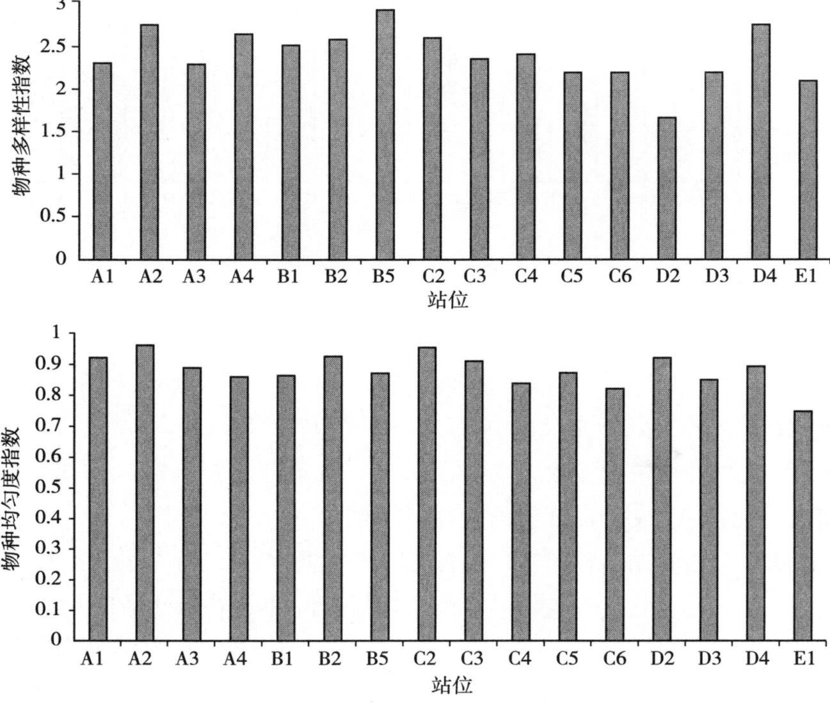

图 4-31　2014 年 7 月大型底栖动物的物种多样性指数和均匀度指数

8 月（夏季）大型底栖动物的平均物种多样性指数（H'）为 2.31±0.48（图 4-32），波动范围为 1.512～2.965，A2 站多样性指数最低，D5 站最高，6 个站位 $1<H'<2$，为中度有机质污染，占总调查站位的 33.33%；12 个站位 $2<H'<3$，为轻度有机质污染，占 66.67%。平均物种均匀度指数为 0.88±0.04，波动范围为 0.791 0～0.926 2，均匀度指数的最高值出现在 C5 站，最低值出现 D3 站。

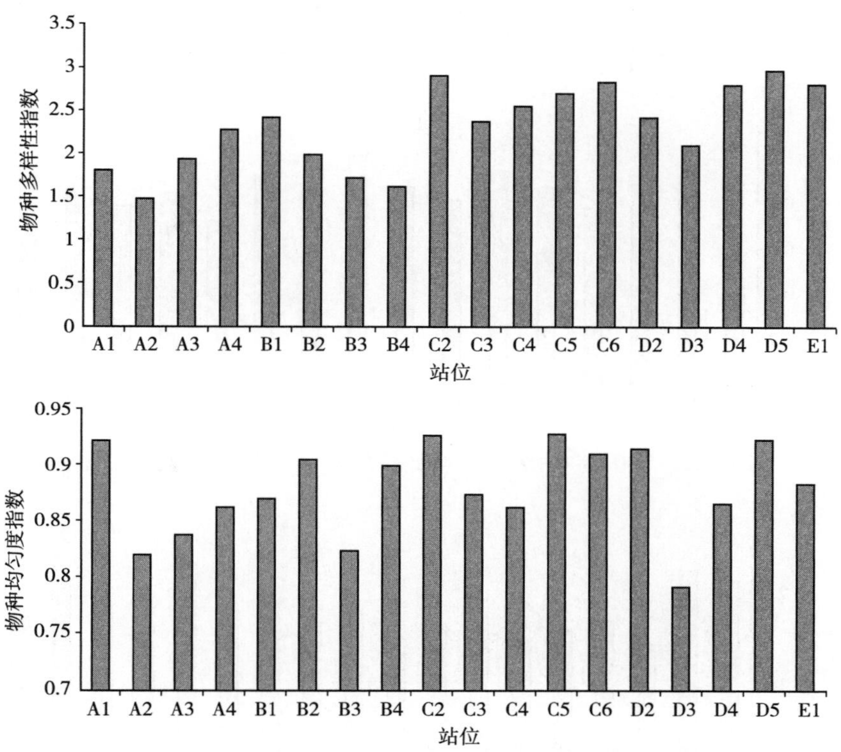

图 4-32 2014 年 8 月大型底栖动物的物种多样性指数和均匀度指数

9 月（秋季）大型底栖动物的平均物种多样性指数（H'）为 2.05±0.37（图 4-33），波动范围为 1.445～2.654，C5 站多样性指数最低，D5 站指数最高，5 个站位 $1<H'\leqslant 2$，为中度有机质污染，占总调查站位的 31.25%；11 个站位 $2<H'\leqslant 3$，为轻度有机质污染，占 68.75%。平均物种均匀度指数为 0.87±0.07，波动范围为 0.716 1～1.000 0，均匀度指数的最高值出现在 C4 站，最低值出现 D2 站。

11 月（秋季）大型底栖动物的平均物种多样性指数（H'）为 2.33±0.23（图 4-34），波动范围为 1.902～2.781，A3 站多样性指数最低，D2 站指数最高，1 个站位 $1<H'\leqslant 2$，为中度有机质污染，占总调查站位的 5.56%；17 个站位 $2<H'\leqslant 3$，为轻度有机质污染，占总调查站位的 94.44%。平均物种均匀度指数为 0.82±0.05，波动范围为 0.720 8～0.923 0，均匀度指数的最高值出现在 D4 站，最低值出现 A3 站。

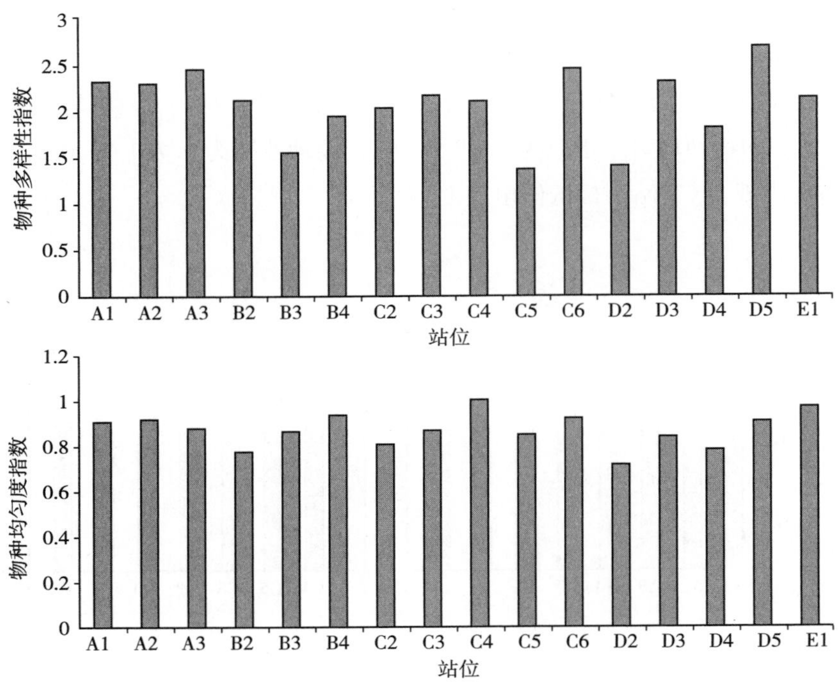

图 4-33　2014 年 9 月大型底栖动物的物种多样性指数和均匀度指数

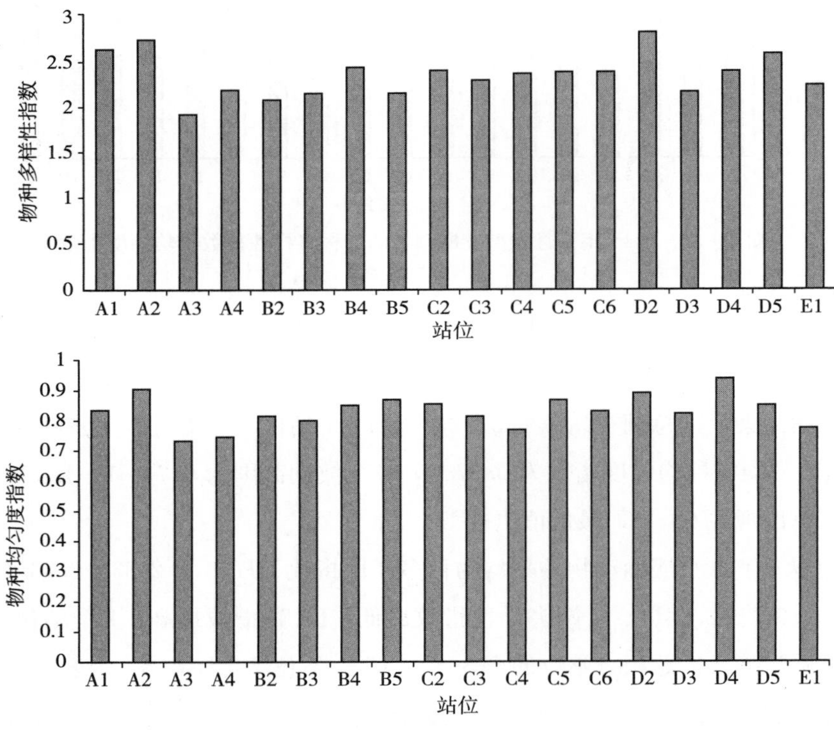

图 4-34　2014 年 11 月大型底栖动物的物种多样性指数和均匀度指数

2014年度崂山湾大型底栖动物物种多样性指数季节变动不显著，5月、6月、7月、8月和11月物种多样性指数都大于2.30，其中7月最高，为2.38±0.31；9月多样性指数最低，仅为2.05±0.37。物种均匀度指数为（0.82±0.05）～（0.88±0.05），7月最高（0.88±0.05），11月最低（0.82±0.05）。

根据物种多样性指数（H'）对环境污染状况进行评价，9月崂山湾海域质量状况最差，6月最好。

三、2015年生物多样性季节变化

6月（夏季）大型底栖动物的平均物种多样性指数（H'）为2.02±0.45（图4-35），波动范围为1.132～2.876，最低值出现在E1站，最高值出现在B5站，9个站位$1<H'\leqslant 2$，为中度有机质污染，占总调查站位的56.25%；7个站位$2<H'\leqslant 3$，为轻度有机质污染。平均物种均匀度指数为0.74±0.07，波动范围是0.581 6～0.863 1，均匀度指数的最高值出现在B5站，最低值出现在E1站。

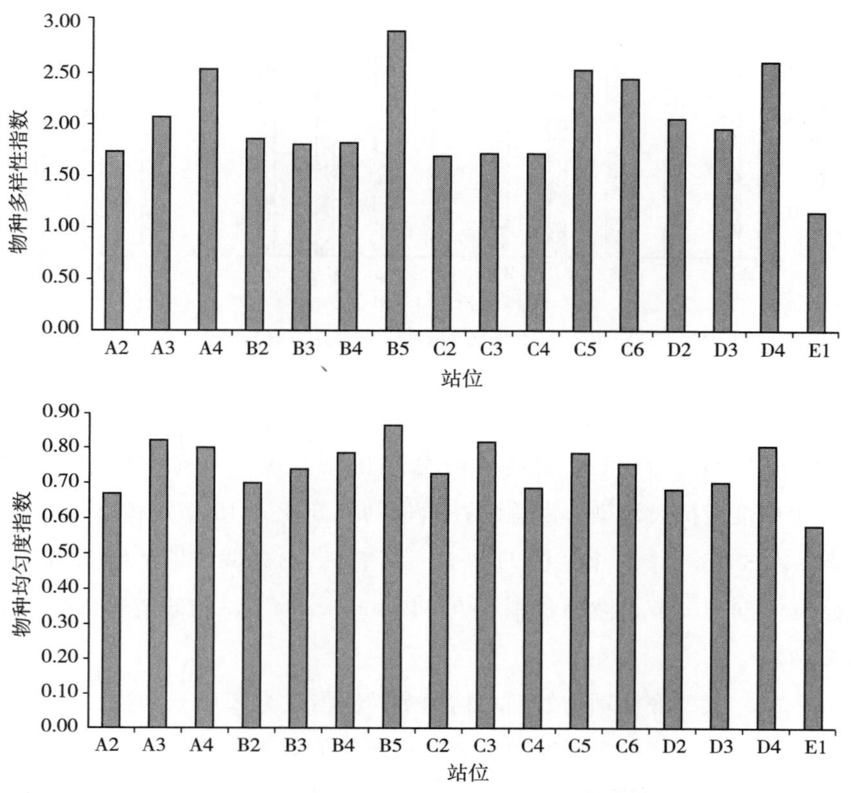

图4-35　2015年6月大型底栖动物的物种多样性指数和均匀度指数

7月（夏季）不同站位物种多样性指数（H'）和物种均匀度指数差别较大（图4-36），

平均物种多样性指数为 2.19±0.46，波动范围为 1.098～2.551，最低值和最高值分别出现在 A2 站和 B2 站，其中 2 个站位 1＜H'≤2，为中度有机质污染，占总调查站位的 15.38％；11 个站位 2＜H'≤3，为轻度有机质污染，占 84.62％。平均物种均匀度指数为 0.87±0.08，波动范围为 0.657 8～0.929 8，D4 站的物种均匀度指数最低，A2 站的物种均匀度指数最高。

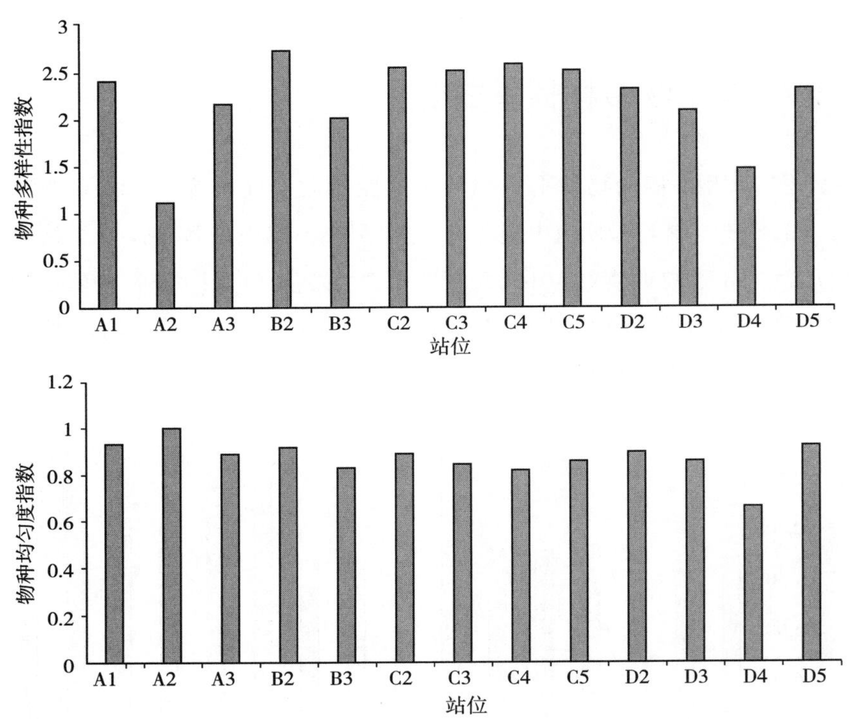

图 4－36　2015 年 7 月大型底栖动物的物种多样性指数和均匀度指数

9 月（秋季）大型底栖动物的平均物种多样性指数为 2.25±0.36（图 4－37），波动范围为 1.869～3.044，最低值和最高值分别出现在 C6 和 C3 站位，其中 1 个站位 1＜H'≤2，为中度有机质污染，占总调查站位的 5.56％；16 个站位 2＜H'≤3，为轻度有机质污染，占 88.89％；1 个站位 H'＞3，为清洁，占总调查站位的 5.56％。平均物种均匀度指数为 0.84±0.07，波动范围为 0.645 4～0.994 1，最低值和最高值分别出现在 D5 站和 D2 站。

10 月（秋季）大型底栖动物的平均物种多样性指数为 2.07±0.33（图 4－38），波动范围为 1.191～2.519，物种多样性的最高值和最低值分别出现在 A1 站和 D2 站，其中 5 个站位 1＜H'≤2，为中度有机质污染，占总调查站位的 31.25％；11 个站位 2＜H'≤3，为轻度有机质污染，占 68.75％。平均物种均匀度指数为 0.87±0.07，波动范围为 0.720 9～0.998 3，均匀度指数的最低值和最高值分别出现在 D2 站和 A4 站。

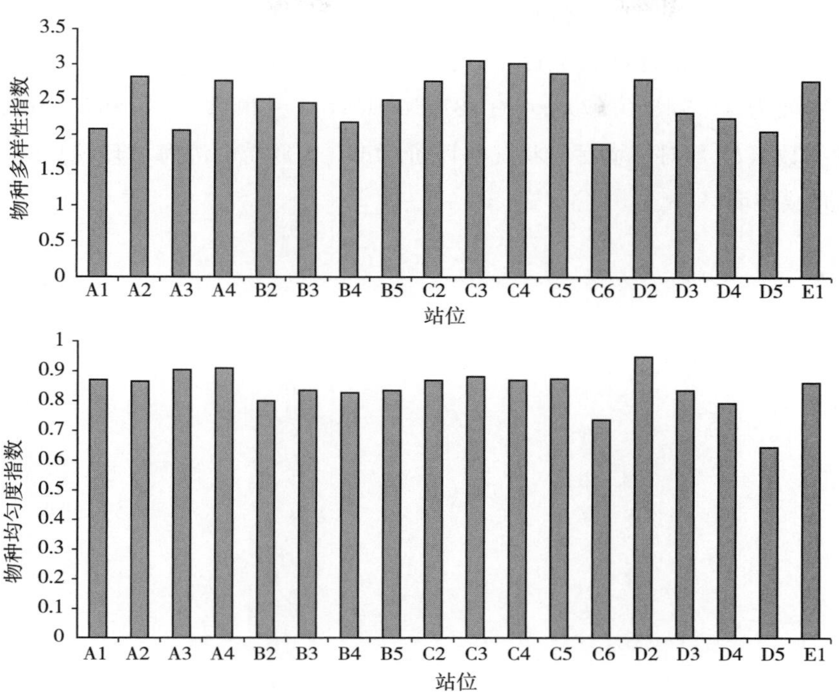

图 4－37　2015 年 9 月大型底栖动物的物种多样性指数和均匀度指数

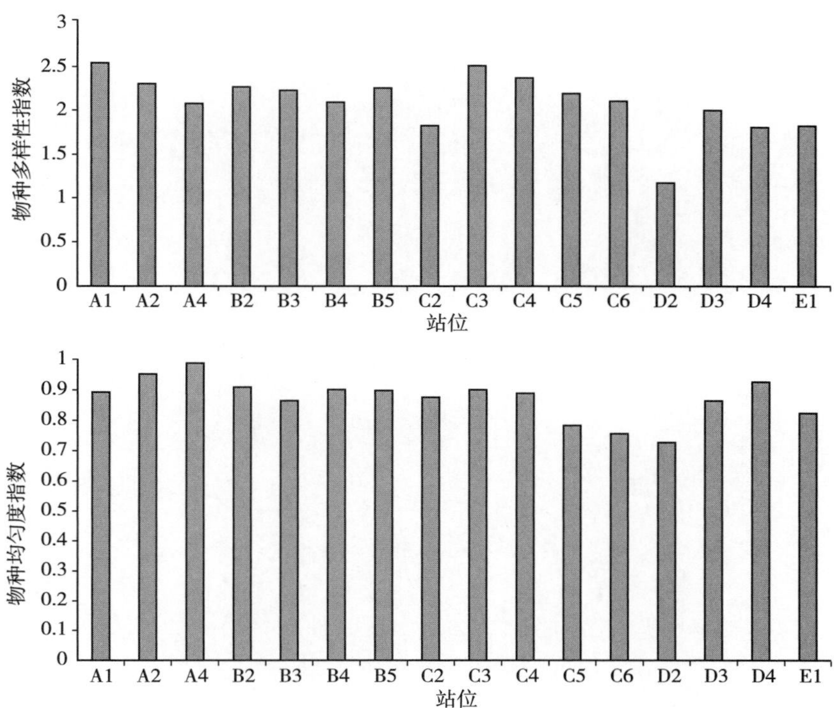

图 4－38　2015 年 10 月大型底栖动物的物种多样性指数和均匀度指数

2015 年崂山湾大型底栖动物物种多样性指数随季节变动显著，6 月（2.02±0.45）至 9 月（2.25±0.36）多样性指数逐步升高，11 月降低，其多样性指数为 2.07±0.33。物种均匀度指数为（0.74±0.07）～（0.87±0.07），6 月最低，7 月和 10 月最高。根据物种多样性指数（H'）对环境污染状况的评价标准，6 月崂山湾海域环境质量状况最差，9 月崂山湾海域环境最好。

第五章 崂山湾游泳动物

第一节　种类组成

一、物种组成

2013—2015 年调查发现崂山湾现有游泳动物 91 种，包括鱼类 57 种，虾蟹类 27 种，头足类 7 种（表 5 - 1）。其中，2013 年春季（5 月）鱼类 32 种、虾蟹类 18 种、头足类 4 种、其他类 16 种；2013 夏季（8 月）鱼类 33 种、虾蟹类 20 种、头足类 5 种、其他类 15 种；2014 年春季（5 月）鱼类 32 种、虾蟹类 16 种、头足类 5 种、其他类 6 种；2014 夏季（8 月）鱼类 34 种、虾蟹类 16 种、头足类 4 种、其他类 3 种；2015 年春季（5 月）鱼类 28 种、虾蟹类 12 种、头足类 4 种、其他类 14 种；2015 夏季（8 月）鱼类 33 种、虾蟹类 15 种、头足类 5 种、其他类 1 种。

表 5 - 1　崂山湾海域游泳动物种类组成

序号	种　类	经济价值			水　层		适温性		
		较高	一般	较低	中上层	底层	暖水性	暖温性	冷温性
	鱼类								
1	白姑鱼（*Argyrosomus argentatus*）	+				+	+		
2	斑鰶（*Konosirus punctatus*）		+		+		+		
3	长绵鳚（*Enchelyopus elongatus*）		+			+			+
4	长蛇鲻（*Saurida elongata*）	+				+		+	
5	赤鼻棱鳀（*Thrissa kammalensis*）			+	+		+		
6	大菱鲆（*Scophthalmus maximus*）	+				+			+
7	大泷六线鱼（*Hexagrammos otakii*）	+				+		+	
8	大头鳕（*Gadus macrocephalus*）		+			+			+
9	带鱼（*Trichiurus lepturus*）	+				+		+	
10	短吻红舌鳎（*Cynoglossus joyneri*）		+			+		+	
11	多鳞鱚（*Sillago sihama*）	+				+		+	
12	方氏云鳚（*Enedrias nebulosus*）			+		+			+
13	绯鲔（*Callionymus beniteguri*）			+		+		+	
14	海鳗（*Muraenesox cinereus*）	+				+	+		
15	褐菖鲉（*Sebastiscus marmoratus*）	+				+		+	
16	褐牙鲆（*Paralichthys olivaceus*）	+				+		+	

（续）

序号	种　　类	经济价值			水　层		适温性		
		较高	一般	较低	中上层	底层	暖水性	暖温性	冷温性
17	黑鳃梅童鱼（*Collichthys niveatus*）		+			+		+	
18	红狼牙鰕虎鱼（*Odontamblyopus rubicundus*）			+		+		+	
19	虎鲉（*Minous monodactylus*）	+				+	+		
20	黄鮟鱇（*Lophius litulon*）		+			+		+	
21	黄姑鱼（*Nibea albiflora*）	+				+		+	
22	黄鲫（*Setipinna taty*）		+		+		+		
23	棘头梅童鱼（*Collichthys lucidus*）		+			+		+	
24	尖海龙（*Syngnathus acus*）			+		+	+		
25	角木叶鲽（*Pleuronichthys cornutus*）		+			+		+	
26	叫姑鱼（*Johnius grypotus*）		+			+	+		
27	康氏小公鱼（*Stolephorus commersonii*）		+		+		+		
28	孔鳐（*Raja porosa*）	+				+			+
29	蓝点马鲛（*Scomberomorus niphonius*）	+			+			+	
30	蓝圆鲹（*Decapterus maruadsi*）	+			+			+	
31	六丝钝尾鰕虎鱼（*Amblychaeturichthys hexanema*）			+		+		+	
32	绿鳍马面鲀（*Navodon septentrionalis*）		+			+	+		
33	绿鳍鱼（*Chelidonichthys spinosus*）		+			+	+		
34	矛尾复鰕虎鱼（*Synechogobius hasta*）		+			+		+	
35	矛尾鰕虎鱼（*Chaeturichthys stigmatias*）		+			+		+	
36	虻鲉（*Erisphex potti*）			+		+	+		
37	青鳞沙丁鱼（*Sardinella zunasi*）			+	+		+		
38	日本鲭（*Pneumatophorus japonicus*）	+			+		+		
39	石鲽（*Kareius bicoloratus*）	+				+			+
40	鼠鳝（*Gonorynchus abbreviatus*）		+			+		+	
41	丝鰕虎鱼（*Cryptocentrus filifer*）		+			+	+		
42	遂鳚（*Azuma emmnion*）		+			+			+
43	日本鳀（*Engraulis japonicus*）		+		+			+	
44	细条天竺鲷（*Apogonichthys lineatus*）			+		+	+		
45	细纹狮子鱼（*Liparis tanakae*）			+		+			+
46	小带鱼（*Eupleurogrammus muticus*）			+		+		+	

（续）

序号	种　　类	经济价值			水　层		适温性		
		较高	一般	较低	中上层	底层	暖水性	暖温性	冷温性
47	小黄鱼（*Pseudosciaena polyactis*）	+				+		+	
48	星康吉鳗（*Conger myriaster*）	+				+		+	
49	许氏平鲉（*Sebasatodes fuscescens*）	+				+			+
50	银鲳（*Pampus argenteus*）	+			+		+		
51	鲬（*Platycephalus indicus*）	+				+	+		
52	油魣（*Sphyraena pinguis*）		+			+	+		
53	玉筋鱼（*Ammodytes personatus*）		+			+			+
54	中颌棱鳀（*Thrissa mystax*）			+	+		+		
55	中华栉孔鰕虎鱼（*Ctenotrypauchen chinensis*）			+		+	+		
56	钟馗鰕虎鱼（*Tridentigerinaej barbatus*）			+		+		+	
57	竹筴鱼（*Trachurus japonicus*）	+			+			+	
	虾蟹类								
58	鞭腕虾（*Lysmata vittata*）		+						
59	戴氏赤虾（*Metapenaeopsis dalei*）	+							
60	豆形拳蟹（*Pyrhila pisum*）			+					
61	葛氏长臂虾（*Palaemon gravieri*）		+						
62	关公蟹的一种（*Dorippe* sp.）			+					
63	海蜇虾（*Latreutes anoplonyx*）			+					
64	红线黎明蟹（*Matuta planipes*）			+					
65	隆背黄道蟹（*Cancer gibbosulus*）			+					
66	脊腹褐虾（*Crangon affinis*）		+						
67	寄居蟹的一种（Paguridae）			+					
68	口虾蛄（*Oratosquilla oratoria*）	+							
69	枯瘦突眼蟹（*Oregonia gracilis*）			+					
70	强壮菱蟹（*Parthenope validus*）			+					
71	隆线强蟹（*Eucrate crenata*）			+					
72	泥脚隆背蟹（*Carcinoplax vestitus*）			+					
73	日本鼓虾（*Alpheus japonicus*）		+						
74	日本关公蟹（*Dorippe japonica*）			+					
75	日本蟳（*Charybdis japonica*）	+							
76	三疣梭子蟹（*Portunus trituberculatus*）	+							

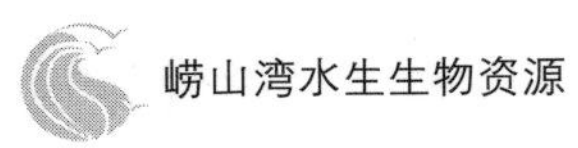

（续）

序号	种类	经济价值			水层		适温性		
		较高	一般	较低	中上层	底层	暖水性	暖温性	冷温性
77	双斑蟳（*Charybdis bimaculata*）			+					
78	细巧仿对虾（*Parapenaeopsis tenella*）	+							
79	鲜明鼓虾（*Alpheus distinguendus*）	+							
80	鹰爪虾（*Trachypenaeus curvirostris*）	+							
81	疣背宽额虾（*Latreutes planirostris*）			+					
82	中国对虾（*Penaeus orientalis*）	+							
83	周氏新对虾（*Metapenaeus joyneri*）	+							
84	日本蟳（*Charybdis japonica*）	+							
	头足类								
85	长蛸（*Octopu variabilis*）	+							
86	短蛸（*Octopus ochellatus*）	+							
87	火枪乌贼（*Loligo beka*）	+							
88	曼氏无针乌贼（*Sepiella maindroni*）	+							
89	枪乌贼（*Loligo japonica*）	+							
90	双喙耳乌贼（*Sepioda birostrata*）	+							
91	太平洋褶柔鱼（*Todarodes pacificus*）	+							

注：＋表示有。

二、优势种组成

（一）2013 年优势种类

1. 春季

2013 年 5 月崂山湾游泳动物优势种类及其特征值见表 5－2。崂山湾 5 月游泳动物网获量为 83.27 kg/h，其中虾蟹类生物量占总生物量的 55.27%，其次是鱼类，占 26.62%，头足类最少，只占 18.11%。其中，生物量居首位的是双斑蟳，占游泳动物总生物量的 22.11%，占渔业资源总渔获量的 13.89%；其次是口虾蛄，占游泳动物总生物量的 21.75%，占渔业资源总渔获量的 13.67%；第三位是长蛸，占游泳动物总生物量的 9.50%，在渔业资源总渔获量中的比例是 5.97%。游泳动物中，渔获量占总渔获量超过 5%的种类还有叫姑鱼（6.44%）。上述 4 种的渔获量占总渔获量的比例达 59.80%。根据相对重要性指数（*IRI*），优势种有双斑蟳、口虾蛄、细巧仿对虾、葛氏长臂虾、日本鼓虾、日本枪乌贼、丝虾虎鱼和叫姑鱼共 8 种，前 4 种相对重要性指数都超过 1 000；其中双斑蟳高达3 805.39，说明双斑蟳在2013年春季崂山湾游泳动物群落中占绝对优势地位。后4种相对重要性指数大于500小于1 000。这8种渔业资源种类基本都属于底层生活习性的种类。从渔获物的经济结构来看，经济价值高或比较高的种类中只有口虾蛄、细巧仿对虾和日本枪乌贼的生物量百分比较高，都超过了1%，这三种的生物量之和占总生物量的比例达到了28.11%，其他经济种类的生物量百分比都很低。

表5-2　2013年春季（5月）崂山湾游泳动物优势种类及特征值

种名	*F*（%）	*N*（%）	*W*（%）	*IRI*
双斑蟳	83.33	23.55	22.11	3 805.39
口虾蛄	83.33	8.91	21.75	2 555.46
细巧仿对虾	83.33	13.94	1.80	1 311.22
葛氏长臂虾	83.33	11.11	2.77	1 156.29
日本鼓虾	83.33	8.85	2.66	958.42
日本枪乌贼	83.33	6.70	4.56	938.11
丝鰕虎鱼	83.33	4.57	3.56	678.00
叫姑鱼	77.78	2.23	6.44	674.13
长蛸	50.00	0.29	9.50	489.40
短吻红舌鳎	77.78	1.19	3.54	368.17

注：*F*表示某一种类出现的站位数占总站位数的百分率；*N*表示某一种类密度占总密度的百分率；*W*表示某一种类生物量占总生物量的百分率；*IRI*为相对重要性指数。

2. 夏季

2013年8月崂山湾游泳动物优势种类及其特征值见表5-3。崂山湾8月游泳动物网获量为422.30 kg/h，其中虾蟹类占总量的66.67%，其次是鱼类，占31.33%，头足类最少，只占2.00%。其中，生物量居首位的是口虾蛄，占游泳动物总生物量的26.75%，占渔业资源总渔获量的25.13%；其次是戴氏赤虾，占游泳动物总生物量的11.52%，占渔业资源总渔获量的10.82%；第三位是三疣梭子蟹，占游泳动物总生物量的8.35%，在渔业资源总渔获量中的比例是7.84%。游泳动物中，渔获量占总渔获量超过5%的种类还有双斑蟳（7.89%）和鹰爪虾（7.43%），上述5种的渔获量占总渔获量达61.94%。根据相对重要性指数*IRI*，优势种有戴氏赤虾、双斑蟳、叫姑鱼、鹰爪虾和短吻红舌鳎共5种，前3种相对重要性指数都超过1 000，尤其是戴氏赤虾，为1 676.24，说明戴氏赤虾在2013年夏季崂山湾游泳动物群落中占绝对优势地位；后2种相对重要性指数大于500小于1 000。此5种渔业资源种类都属于底层生活习性的种类。从渔获物的经济结构来看，经济价值高或比较高的种类中只有口虾蛄、三疣梭子蟹和鹰爪虾的生物量百分比较高，都超过了7%，这三种的生物量之和占总生物量的比例达到了42.53%，其他经济种类的生物量百分比都很低。

表 5-3　2013 年夏季（8 月）崂山湾游泳动物优势种类及其特征值

种名	F（%）	N（%）	W（%）	IRI
戴氏赤虾	33.33	38.76	11.52	1 676.24
双斑蟳	66.67	8.57	7.89	1 097.77
叫姑鱼	77.78	9.54	3.44	1 009.21
鹰爪虾	61.11	7.80	7.43	930.98
短吻红舌鳎	77.78	2.39	4.10	504.28
三疣梭子蟹	50.00	0.67	8.35	450.55
细巧仿对虾	55.56	4.91	1.93	379.70
细条天竺鱼	83.33	2.23	1.74	331.46
绿鳍鱼	44.44	1.10	4.71	258.21
赤鼻棱鳀	72.22	1.46	1.44	209.16

注：*F* 表示某一种类出现的站位数占总站位数的百分率；*N* 表示某一种类密度占总密度的百分率；*W* 表示某一种类生物量占总生物量的百分率；*IRI* 为相对重要性指数。

（二）2014 年优势种类

1. 春季

2014 年春季崂山湾游泳动物优势种类及其特征值见表 5-4。崂山湾春季游泳动物网获量为 112.27 kg/h，其中虾蟹类生物量占总生物量的 74.20%，其次是鱼类，占 16.69%，头足类最少，只占 9.11%。其中，生物量居首位的是口虾蛄，占游泳动物总生物量的 35.24%，占渔业资源总渔获量的 33.62%；其次是双斑蟳，占游泳动物总生物量的 31.08%，占渔业资源总渔获量的 29.65%；第三位是日本枪乌贼，占游泳动物总生物量的 6.30%，占渔业资源总渔获量的 6.00%。游泳动物中，渔获量占总渔获量的比例超过

表 5-4　2014 年春季（5 月）崂山湾游泳动物优势种类及其特征值

种名	F（%）	N（%）	W（%）	IRI
双斑蟳	88.89	41.10	31.08	6 416.63
口虾蛄	94.44	14.67	35.24	4 713.85
细巧仿对虾	77.78	11.35	1.85	1 027.11
日本枪乌贼	50.00	7.33	6.30	681.30
葛氏长臂虾	83.33	5.73	1.96	640.69
叫姑鱼	66.67	2.05	5.56	507.28
短吻红舌鳎	72.22	0.72	2.00	196.56
海蜇虾	33.33	5.28	0.24	183.94
六丝矛尾鰕虎鱼	72.22	0.73	0.84	113.25
三疣梭子蟹	50.00	0.11	1.54	82.24

注：*F* 表示某一种类出现的站位数占总站位数的百分率；*N* 表示某一种类密度占总密度的百分率；*W* 表示某一种类生物量占总生物量的百分率；*IRI* 为相对重要性指数。

5%的种类还有叫姑鱼（5.56%），上述 4 种的渔获量占总渔获量的比例达 78.18%。根据相对重要性指数 *IRI*，优势种有双斑蟳、口虾蛄、细巧仿对虾、日本枪乌贼和葛氏长臂虾共 5 种，前 3 种相对重要性指数都超过 1 000，尤其是双斑蟳和口虾蛄，分别为 6 416.63 和 4 713.85，两者在 2014 年春季崂山湾游泳动物群落中占绝对优势地位；后 2 种相对重要性指数大于 500 小于 1 000。此 5 种的渔业资源种类基本都属于底层生活习性的种类。从渔获物的经济结构来看，经济价值高或比较高的种类中只有口虾蛄和日本枪乌贼的生物量百分比较高，都超过了 5%，这两种的生物量之和占总生物量的比例达到 41.54%，其他经济种类的生物量百分比都很低。

2. 夏季

2014 年夏季（8 月）崂山湾游泳动物优势种类及其特征值见表 5－5。崂山湾夏季（8 月）游泳动物网获量为 386.35 kg/h，其中虾蟹类生物量占总生物量的 55.02%，其次是鱼类，占 34.54%，头足类最少，只占 10.44%。其中，生物量居首位的是三疣梭子蟹，占游泳动物总生物量的 23.69%，占渔业资源总渔获量的 23.58%；其次是口虾蛄，占游泳动物总生物量的 20.69%，占渔业资源总渔获量的 20.59%；第三位是小黄鱼，占游泳动物总生物量的 12.19%，在渔业资源总渔获量中的比例是 12.14%。游泳动物中，渔获量占总渔获量超过 5% 的种类还有日本枪乌贼（10.15%）、斑鰶（8.93%）、绿鳍鱼（6.33%）和双斑蟳（5.20%），上述 7 种的渔获量占总渔获量的比例达 87.17%。根据相对重要性指数 *IRI*，优势种有日本枪乌贼、口虾蛄、三疣梭子蟹、双斑蟳、小黄鱼和斑鰶共 6 种，前 5 种相对重要性指数都超过 1 000，尤其是日本枪乌贼和口虾蛄，分别为 3 257.28和 3 013.23，说明日本枪乌贼和口虾蛄在 2014 年夏季崂山湾游泳动物群落中占绝对优势地位；斑鰶相对重要性指数大于 500 小于 1 000。除斑鰶外，其余 5 种渔业资源种类都属于底层生活习性的种类。从渔获物的经济结构来看，经济价值高或比较高的种类中

表 5－5　2014 年夏季（8 月）崂山湾游泳动物优势种类及其特征值

种名	*F*（%）	*N*（%）	*W*（%）	*IRI*
日本枪乌贼	88.89	26.50	10.15	3 257.28
口虾蛄	88.89	13.21	20.69	3 013.23
三疣梭子蟹	88.89	2.85	23.69	2 359.02
双斑蟳	77.78	16.30	5.20	1 672.20
小黄鱼	66.67	11.99	12.19	1 612.04
斑鰶	55.56	4.90	8.93	767.98
绿鳍鱼	50.00	1.64	6.33	398.07
戴氏赤虾	33.33	7.74	2.04	326.17
鹰爪虾	55.56	2.20	2.18	243.17
短吻红舌鳎	66.67	1.34	1.39	181.68

注：*F* 表示某一种类出现的站位数占总站位数的百分率；*N* 表示某一种类密度占总密度的百分率；*W* 表示某一种类生物量占总生物量的百分率；*IRI* 为相对重要性指数。

三疣梭子蟹、口虾蛄、小黄鱼、日本枪乌贼和斑鰶的生物量百分比较高，都超过了8%，这5种的生物量之和占总生物量的比例达到75.65%，其他经济种类的生物量百分比都很低。

三、2015年优势种类季节变化

1. 春季

2015年5月崂山湾游泳动物优势种类及其特征值见表5-6。崂山湾5月游泳动物网获量为116.37 kg/h。其中虾蟹类生物量占总生物量的72.84%，其次是鱼类，占23.70%，头足类最少，只占3.46%。其中，生物量中居首位的是双斑蟳，占游泳动物总生物量的35.89%，占渔业资源总渔获量的35.48%；其次是口虾蛄，占游泳动物总生物量的21.72%，占渔业资源总渔获量的21.47%；第三位是短吻红舌鳎，占游泳动物总生物量的6.98%，在渔业资源总渔获量中的比例为6.90%。游泳动物中，渔获量占总渔获量超过5%的种类还有戴氏赤虾（6.45%），上述4种的渔获量占总渔获量的比例达71.04%。根据相对重要性指数*IRI*，优势种有双斑蟳、口虾蛄、戴氏赤虾、葛氏长臂虾、鹰爪虾、短吻红舌鳎和细巧仿对虾共7种，前3种相对重要性指数都超过1 000，其中双斑蟳高达5 585.30，说明双斑蟳在2015年春季崂山湾游泳动物群落中占绝对优势地位；后3种相对重要性指数大于500小于1 000。这7种渔业资源种类都属于底层生活习性的种类。从渔获物的经济结构来看，经济价值高或比较高的种类只有口虾蛄、短吻红舌鳎、戴氏赤虾、日本枪乌贼和鹰爪虾的生物量百分比较高，都超过了2%，这5种的生物量之和占总生物量的比例达到40.77%，其他经济种类的生物量百分比都很低。

表5-6 2015年春季（5月）崂山湾游泳动物优势种类及其特征值

种名	*F*（%）	*N*（%）	*W*（%）	*IRI*
双斑蟳	82.35	31.94	35.89	5 585.30
口虾蛄	88.24	7.28	21.72	2 558.37
戴氏赤虾	47.06	20.78	6.45	1 281.30
葛氏长臂虾	82.35	7.82	2.07	814.52
鹰爪虾	82.35	4.10	2.76	565.00
短吻红舌鳎	58.82	2.57	6.98	561.97
细巧仿对虾	47.06	9.36	2.26	546.82
日本枪乌贼	76.47	1.43	2.86	328.39
矛尾鰕虎鱼	70.59	2.17	2.28	314.15
叫姑鱼	58.82	1.04	2.76	223.68

注：*F*表示某一种类出现的站位数占总站位数的百分率；*N*表示某一种类密度占总密度的百分率；*W*表示某一种类生物量占总生物量的百分率；*IRI*为相对重要性指数。

2. 夏季

2015 年 8 月崂山湾游泳动物优势种类及其特征值见表 5－7。崂山湾 8 月游泳动物网获量为 187.72 kg/h，其中虾蟹类生物量占总生物量的 63.97%，其次是鱼类，占 22.13%，头足类最少，只占 13.90%。其中，生物量中居首位的是口虾蛄，占游泳动物总生物量的 35.94%，占渔业资源总渔获量的 35.90%；其次是三疣梭子蟹，占游泳动物总生物量的 16.40%，占渔业资源总渔获量的 16.38%；第三位是日本枪乌贼，占游泳动物总生物量的 11.58%，占渔业资源总渔获量的 11.56%。游泳动物中，渔获量占总渔获量的比例超过 5%的种类还有小黄鱼（8.98%）和双斑蟳（6.07%），上述 5 种的渔获量占总渔获量达 78.97%。根据相对重要性指数 *IRI*，优势种有口虾蛄、日本枪乌贼、小黄鱼、三疣梭子蟹、双斑蟳、赤鼻棱鳀和细巧仿对虾，前 5 种相对重要性指数都超过 1 000；其中口虾蛄和日本枪乌贼分别为 3 056.17 和 2 901.09，说明口虾蛄和日本枪乌贼在 2015 年夏季崂山湾游泳动物群落中占绝对优势地位；后两种相对重要性指数大于 500 小于 1 000。这 7 种渔业资源种类，除赤鼻棱鳀外，都属于底层生活习性的种类。从渔获物的经济结构来看，经济价值高或比较高的种类中只有口虾蛄、三疣梭子蟹、日本枪乌贼和小黄鱼的生物量百分比较高，都超过了 8%，这 4 种的生物量之和占总生物量的比例达到 72.90%，其他经济种类的生物量百分比都很低。

表 5－7　2015 年夏季（8 月）崂山湾游泳动物优势种类及其特征值

种名	*F*（%）	*N*（%）	*W*（%）	*IRI*
口虾蛄	70.59	7.35	35.94	3 056.17
日本枪乌贼	82.35	23.65	11.58	2 901.09
小黄鱼	94.12	7.33	8.98	1 534.42
三疣梭子蟹	70.59	4.08	16.40	1 446.18
双斑蟳	64.71	13.74	6.07	1 281.80
赤鼻棱鳀	64.71	10.81	3.57	930.30
细巧仿对虾	76.47	5.90	0.81	513.22
鹰爪虾	88.24	3.28	1.24	398.82
葛氏长臂虾	70.59	3.64	0.57	297.78
叫姑鱼	64.71	2.89	0.69	231.37

注：*F* 表示某一种类出现的站位数占总站位数的百分率；*N* 表示某一种类密度占总密度的百分率；*W* 表示某一种类生物量占总生物量的百分率；*IRI* 为相对重要性指数。

第二节　资源量分布

一、资源量季节分布

资源密度指数是指单位水体资源丰度或生物量的相对值，反映不同时期不同水域渔业资源群体资源量的大小和密度，可用单位捕捞努力量表示。

（一）2013 年资源量分布

2013 年春季（5 月）崂山湾调查水域拖网站位的网获量平均为 4.63 kg/h，其中最高为 16.72 kg/h，最低为 0.001 kg/h，超过 1 kg/h 的共 15 个站位（占总站位数的 83.33%）。2013 年春季（5 月）游泳动物资源量的分布主要集中于崂山湾的北部，即鳌山湾湾口水域。此外，崂山湾湾口水域的东部也是资源量高值区（图 5-1）。

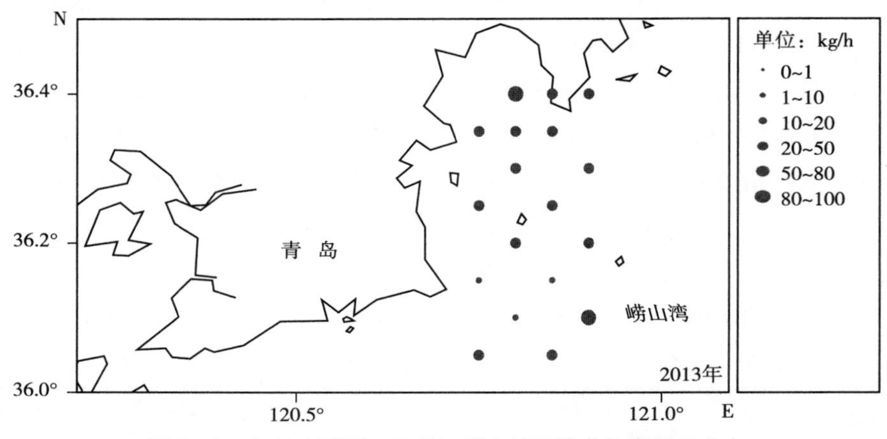

图 5-1 2013 年春季（5 月）崂山湾游泳动物资源量分布

2013 年夏季（8 月）崂山湾调查水域拖网站位的网获量平均为 23.53 kg/h，其中最高为 88.26 kg/h，最低为 0.85 kg/h，超过 1 kg/h 的共 17 个站位（占总站位数的 94.44%）。2013 年夏季（8 月）游泳动物资源量的分布主要集中于崂山湾的北部，即鳌山湾湾口水域。此外，崂山湾湾口水域的西南角也是资源量高值区，其他水域也有分布（图 5-2）。

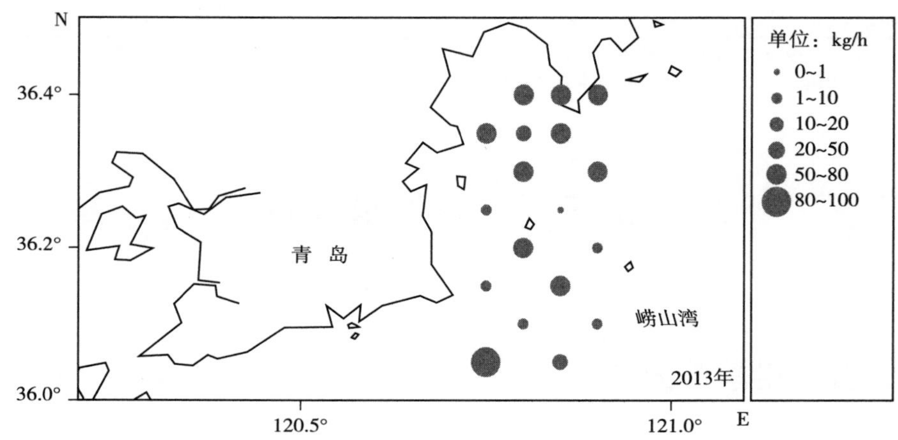

图 5-2 2013 年夏季（8 月）崂山湾游泳动物资源量分布

（二）2014 年资源量分布

2014 年春季（5 月）崂山湾调查水域拖网站位的网获量平均为 6.24 kg/h，其中最高为 21.87 kg/h，最低为 0.049 kg/h，超过 1 kg/h 的共 16 个站位（占总站位数的 88.89%）。2014 年春季（5 月）游泳动物资源量的分布主要集中于崂山湾北部的鳌山湾湾口水域和崂山湾中部水域（图 5－3）。

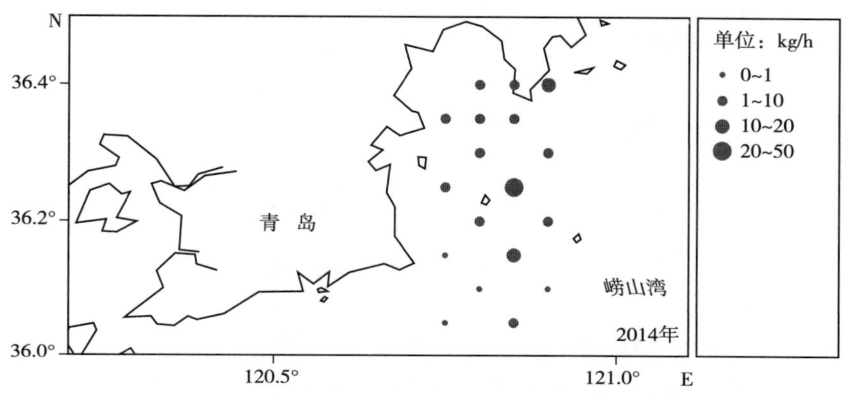

图 5－3 2014 年春季（5 月）崂山湾游泳动物资源量分布

2014 年夏季（8 月）崂山湾调查水域拖网站位的网获量平均为 21.46 kg/h，其中最高为 73.74 kg/h，最低为 0.03 kg/h，超过 3 kg/h 的共 16 个站位（占总站位数的 88.89%）。2014 年夏季（8 月）游泳动物资源量的分布主要集中于崂山湾北部的鳌山湾湾口及其邻近水域（图 5－4）。

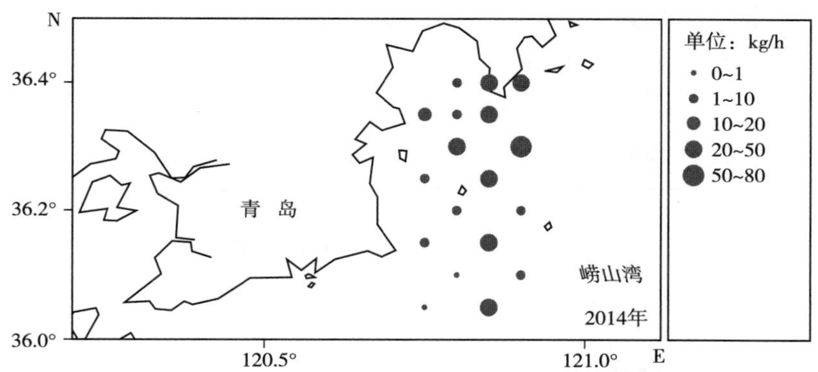

图 5－4 2014 年夏季（8 月）崂山湾游泳动物资源量分布

（三）2015 年资源量分布

2015 年春季（5 月）崂山湾调查水域拖网站位的网获量平均为 7.27 kg/h，其中最高为 15.26 kg/h，最低为 0.81 kg/h，超过 1 kg/h 的共 15 个站位（占总站位数的 93.75%）。2015 年春季（5 月）游泳动物资源量高值区相对分散，资源量低值区相对较少（图 5－5）。

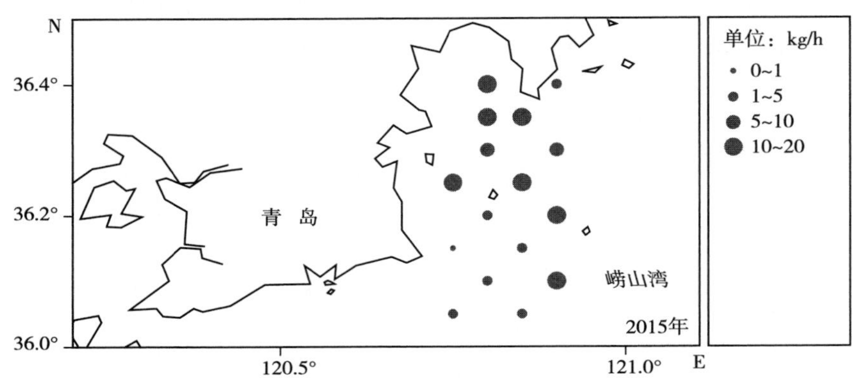

图 5－5　2015 年春季（5 月）崂山湾游泳动物资源量分布

2015 年夏季（8 月）崂山湾调查水域拖网站位的网获量平均为 11.04 kg/h，其中最高为 34.40 kg/h，最低为 0.77 kg/h，超过 3 kg/h 的共 16 个站位（占总站位数的 94.12%）。2015 年夏季（8 月）游泳动物资源量的分布主要集中于崂山湾北部，即鳌山湾湾口的西部水域。此外，崂山湾中部水域也有少量游泳动物的资源量高值区（图 5－6）。

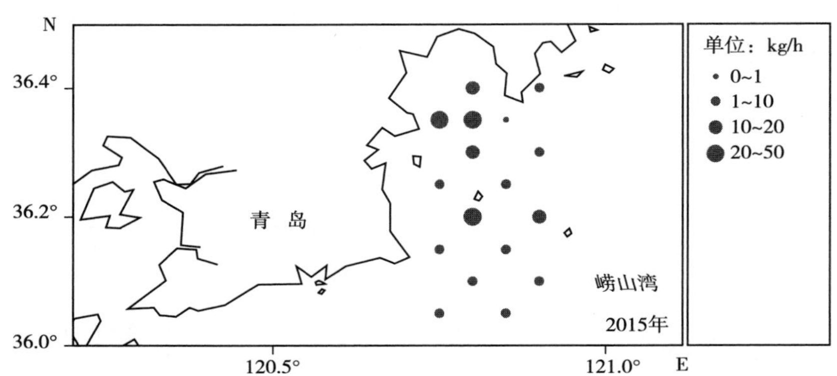

图 5－6　2015 年夏季（8 月）崂山湾游泳动物资源量分布

二、资源量年间变化

2013—2015 年，崂山湾游泳动物春季（5 月）与夏季（8 月）资源量普遍较高，且夏季（8 月）资源量都高于春季（5 月）。崂山湾春季（5 月）游泳动物平均网获量自 2013 年至 2015 年逐年升高，夏季（8 月）却逐年下降（图 5－7）。

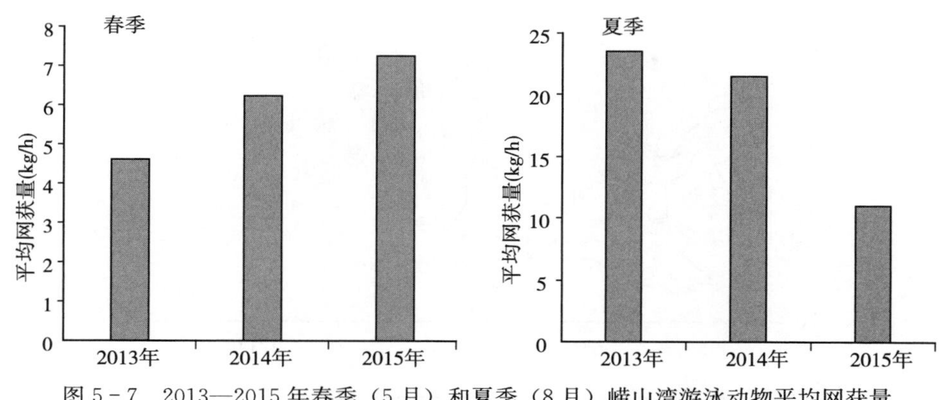

图 5-7 2013—2015 年春季（5 月）和夏季（8 月）崂山湾游泳动物平均网获量

第三节 主要渔业种类资源动态

崂山湾现主要的渔业种类为口虾蛄、双斑蟳和梭子蟹，其中口虾蛄和双斑蟳的资源量是自然种群的补充，而梭子蟹的资源量是增殖放流与自然繁育同时起作用。戴氏赤虾、鹰爪虾和日本枪乌贼现有一定的资源量，前两者资源量逐年减少，日本枪乌贼资源量变动相对较小。小黄鱼和叫姑鱼的资源量波动较大，8 月补充群体相对较少，两者资源量处于低水平。中国对虾的资源量主要依靠当年增殖放流来维持。

根据渔业种类的生长发育与繁殖特点，对崂山湾春季（5 月）和夏季（8 月）主要虾蟹类、头足类及鱼类资源量的时空分布进行对比分析。

一、小黄鱼

（一）春季

2013 年 5 月，崂山湾小黄鱼网获量平均为 48.53 g/h，17 个拖网站位中有 10 个站位出现小黄鱼，出现频率为 58.82%；有渔获物站位中网获量最高为 245 g/h，最低网获量为 15 g/h。2014 年 5 月，崂山湾小黄鱼网获量平均为 7.41 g/h，17 个拖网站位中有 3 个站位出现小黄鱼，出现频率为 17.65%；有渔获物站位中网获量最高为 70 g/h，最低为 26 g/h。2015 年 5 月，崂山湾小黄鱼网获量平均为 55 g/h，17 个拖网站位中有 8 个站位出现小黄鱼，出现频率为 47.06%；有渔获物站位中网获量最高为 408 g/h，最低为 15 g/h（图 5-8）。

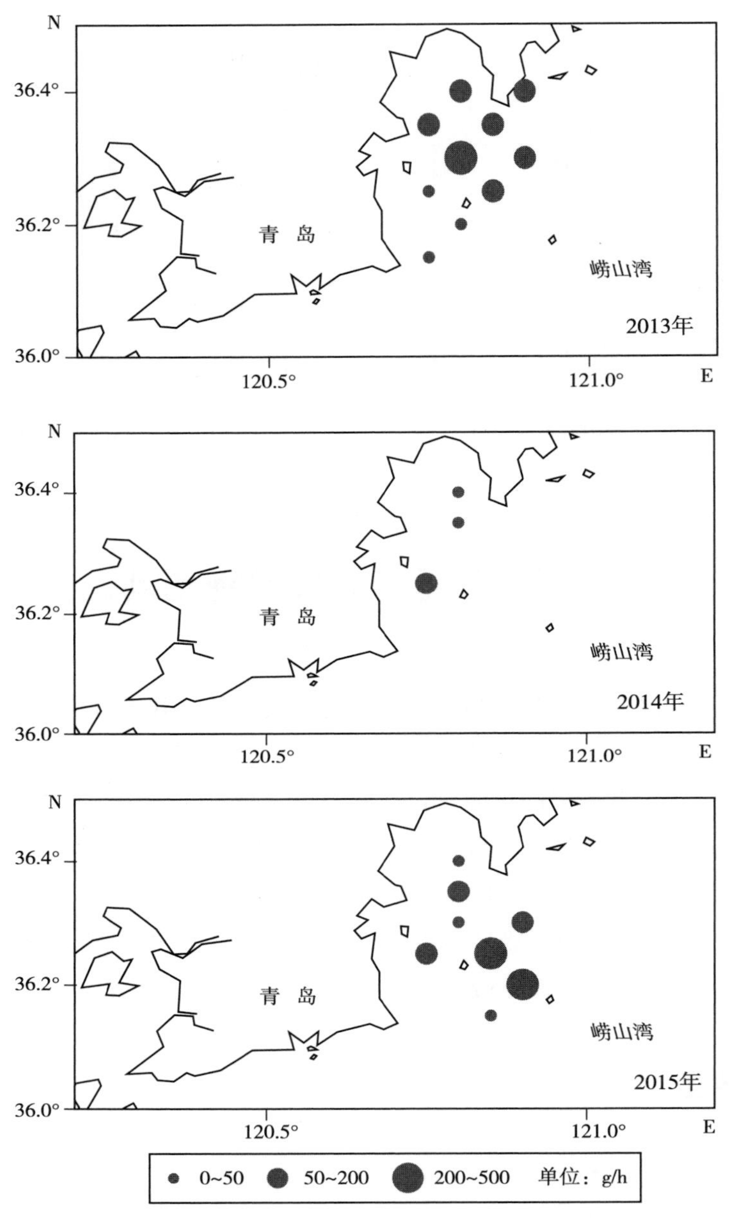

图 5-8　崂山湾 2013—2015 年春季（5 月）小黄鱼资源量分布

（二）夏季

2013 年 8 月，崂山湾小黄鱼网获量平均为 116.40 g/h，17 个拖网站位中有 11 个站位出现小黄鱼，出现频率为 64.71%；有渔获物站位中网获量最高为 800 g/h，网获量最低为 12 g/h。2014 年 8 月，崂山湾小黄鱼网获平均量为 2 771.06 g/h，17 个拖网站位中有 12 个站位出现小黄鱼，出现频率为 70.59%；有渔获物站位中网获量最高为 22 000 g/h，最低为 58 g/h。2015 年 8 月，崂山湾小黄鱼网获量平均为 991.30 g/h，17 个拖网站位中有 16 个站出现小黄鱼，出现频率为 94.12%；有渔获物站位中网获量最高为 6 400 g/h，最低为 14 g/h（图 5-9）。

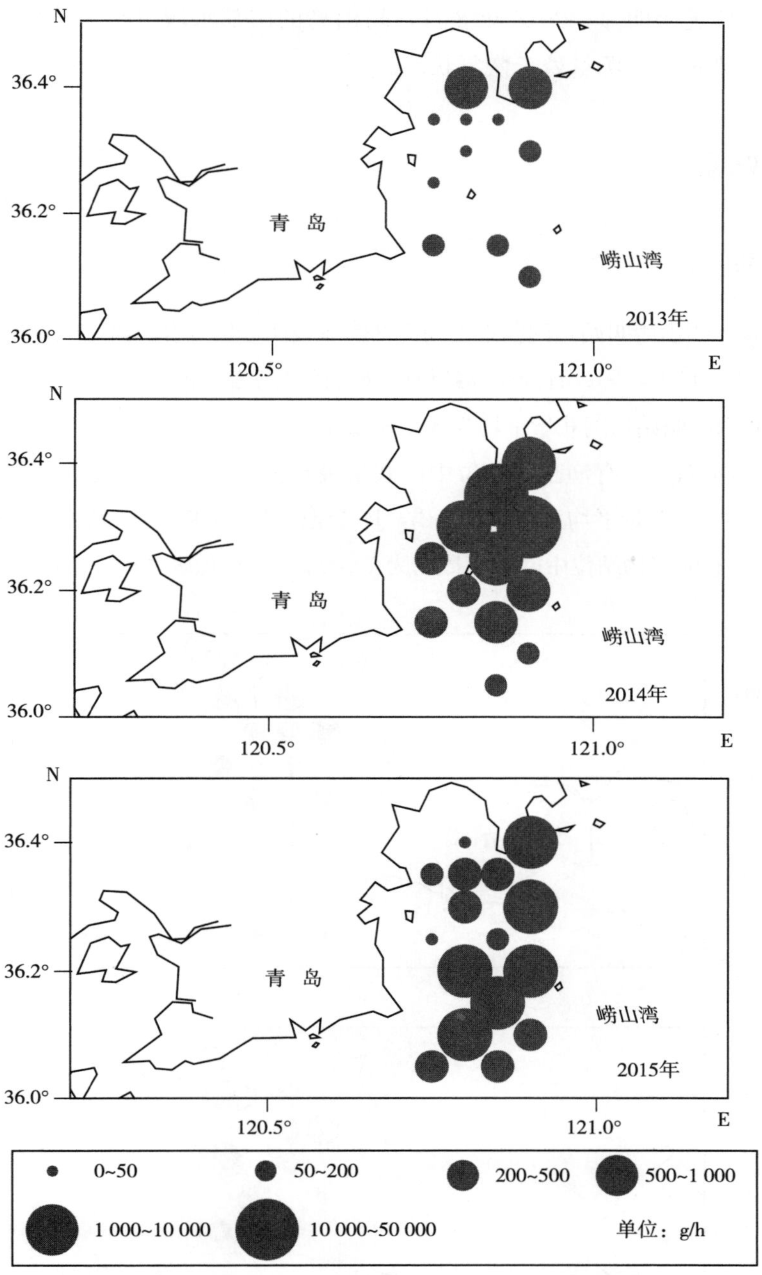

图 5-9 崂山湾 2013—2015 年夏季（8 月）小黄鱼资源量分布

崂山湾小黄鱼资源量无论在不同季节还是在不同年份，都波动较大。从季节来看，春季小黄鱼的资源量很小，与当年夏季相差较大。年间比较发现，5 月资源量在 2015 年最大，2014 年最小；8 月资源量在 2014 年最大，2013 年最小。可见，夏季小黄鱼多为当年补充群体，其资源量大小决定崂山湾小黄鱼的总体资源量。崂山湾的东北水域，即崂山湾湾嘴与鳌山湾湾嘴的东部水域是小黄鱼资源量高值区，在 2013 年 5 月与 8 月和 2014 年 5 月与 8 月表现尤为明显；2015 年 8 月，崂山湾的南部水域也是小黄鱼资源量的高值区。总体而言，小黄鱼资源量处于恢复状态。

二、叫姑鱼

（一）春季

2013 年 5 月，崂山湾叫姑鱼网获量平均为 233.06 g/h，17 个拖网站位中有 13 个站位出现叫姑鱼，出现频率为 76.47%；有渔获物站位中网获量最高为 1 100 g/h，网获量最低为 10 g/h。2014 年 5 月，崂山湾叫姑鱼网获量平均为 364.53 g/h，17 个拖网站位中有 11 个站位出现叫姑鱼，出现频率为 64.71%；有渔获物站位中网获量最高为 2 800 g/h，最低为 12 g/h。2015 年 5 月，崂山湾叫姑鱼网获量平均为 188.29 g/h，17 个拖网站位中有 9 个站位出现叫姑鱼，出现频率为 52.94%；有渔获物站位中网获量最高为 1 000 g/h，最低为 20 g/h（图 5－10）。

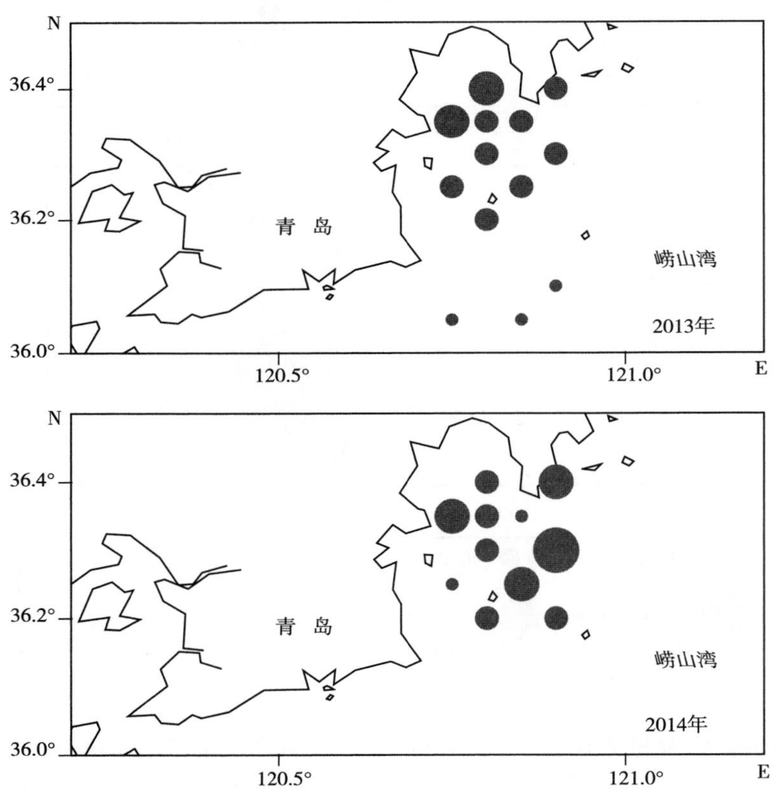

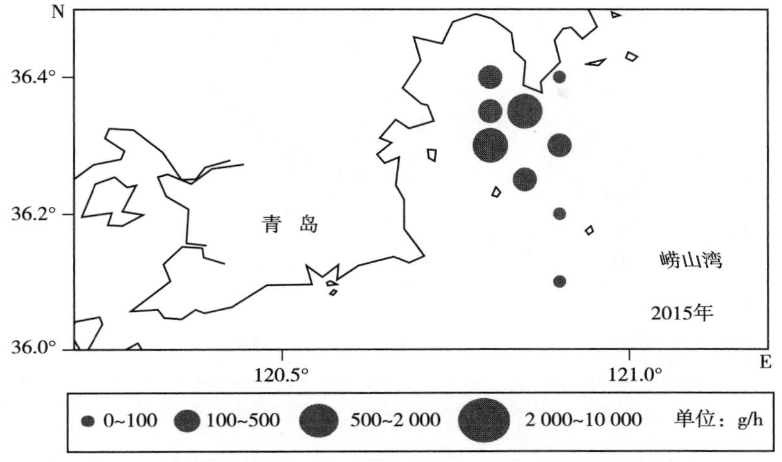

图 5－10　崂山湾 2013—2015 年春季（5 月）叫姑鱼资源量分布

（二）夏季

2013 年 8 月，崂山湾叫姑鱼网获量平均为 826.51 g/h，17 个拖网站位中有 13 个站位出现叫姑鱼，出现频率为 76.47%；有渔获物站位中网获量最高为 7 520 g/h，网获量最低为 20.73 g/h。2014 年 8 月，崂山湾叫姑鱼网获量平均为 43.18 g/h，17 个拖网站位中有 6 个站位出现叫姑鱼，出现频率为 35.29%；有渔获物站位中网获量最高为 264 g/h，最低为 4 g/h。2015 年 8 月，崂山湾叫姑鱼网获量平均为 75.90 g/h，17 个拖网站位中有 11 个站位出现叫姑鱼，出现频率为 64.71%；有渔获物站位中网获量最高为 640 g/h，最低为8 g/h（图 5－11）。

崂山湾叫姑鱼资源量波动剧烈。季节比较发现，2014 年春季（5 月）和 2015 年春季（5 月）资源量都大于当年夏季（8 月）的资源量，2013 年在 8 月远大于 5 月。年间比较发现，5 月资源量在 2014 年最大，2015 年最小；8 月资源量在 2013 年最大，2014 年最小。对比发现，叫姑鱼在崂山湾基本以经年生群体为主，当年群体资源量下降明显，2014 年 8 月下降尤为明显，已不能形成渔汛。其资源量高值区主要分布于鳌山湾的湾口及其邻近水域。

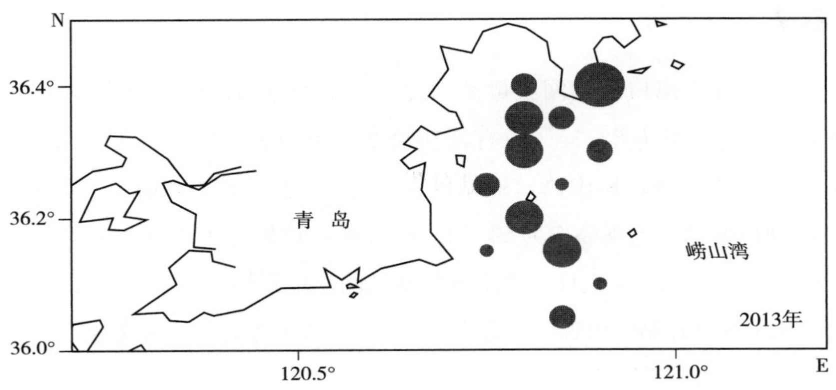

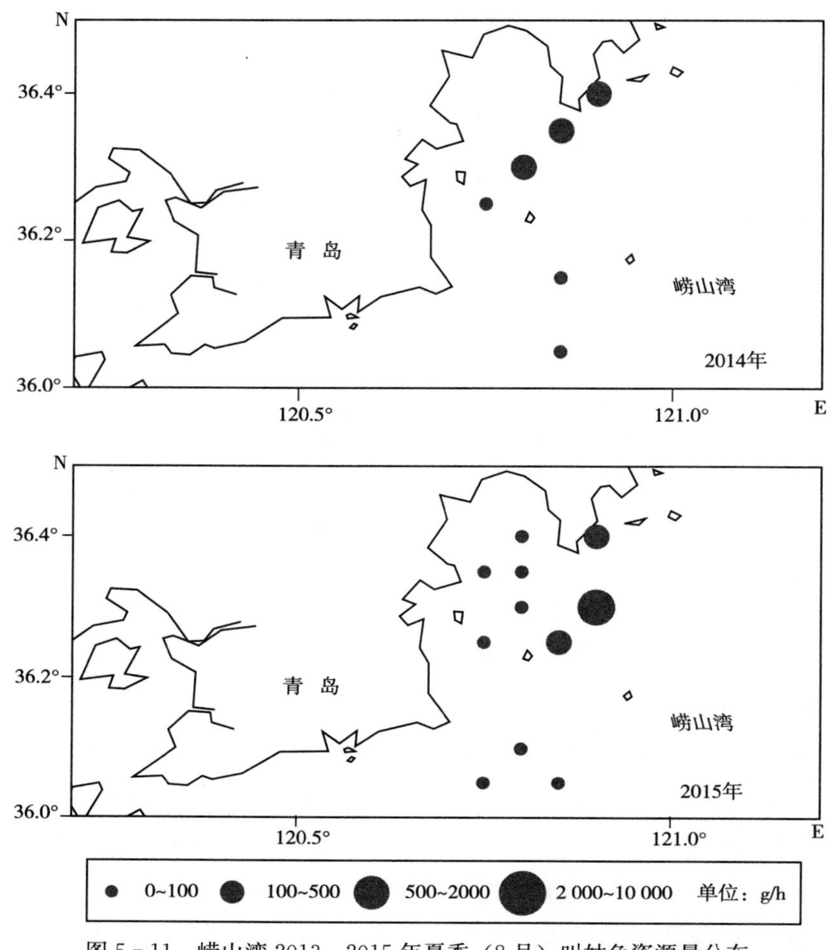

图 5－11　崂山湾 2013—2015 年夏季（8 月）叫姑鱼资源量分布

三、口虾蛄

（一）春季

2013 年 5 月，崂山湾口虾蛄网获量平均为 1 060.47 g/h，17 个拖网站位中有 14 个站位出现口虾蛄，出现频率为 82.35%；有渔获物站位中网获量最高为 5 000 g/h，网获量最低为 24 g/h。2014 年 5 月，崂山湾口虾蛄网获量平均为 2 281.80 g/h，17 个拖网站位中有 16 个站位出现口虾蛄，出现频率为 94.12%；有渔获物站位中网获量最高为 10 000 g/h，网获量最低为 40 g/h。2015 年 5 月，崂山湾口虾蛄网获量平均为 1 486.71 g/h，17 个拖网站位中有 15 个站位出现口虾蛄，出现频率为 88.24%；有渔获物站位中网获量最高为 6 000 g/h，网获量最低为 9 g/h（图 5－12）。

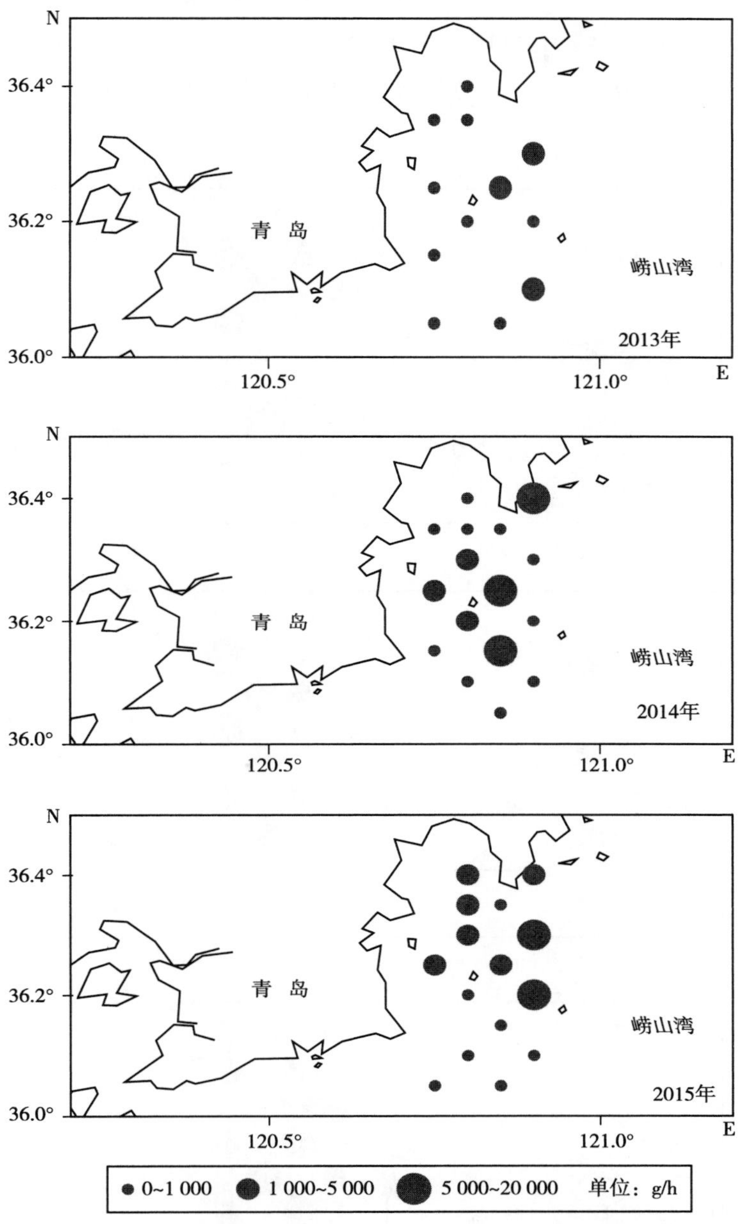

图 5-12　崂山湾 2013—2015 年春季（5 月）口虾蛄资源量分布

（二）夏季

2013 年 8 月，崂山湾口虾蛄平均网获量为 6 031.01 g/h，17 个拖网站位全部出现口虾蛄，出现频率为 100%；有渔获物站位中网获量最高为 30 000 g/h，网获量最低为 30 g/h。2014 年 8 月，崂山湾口虾蛄网获量平均为 4 124.71 g/h，17 个拖网站位中有 15 个站位出现口虾蛄，出现频率为 88.24%；有渔获物站位中网获量最高为 20 000 g/h，网获量最低为160 g/h。2015 年 8 月，崂山湾口虾蛄网获量平均为 3 969.21 g/h，17 个拖网站位全部出现口虾蛄，出现频率为 100%；有渔获物站位中网获量最高为 16 000 g/h，网获量最低为 40 g/h（图 5-13）。

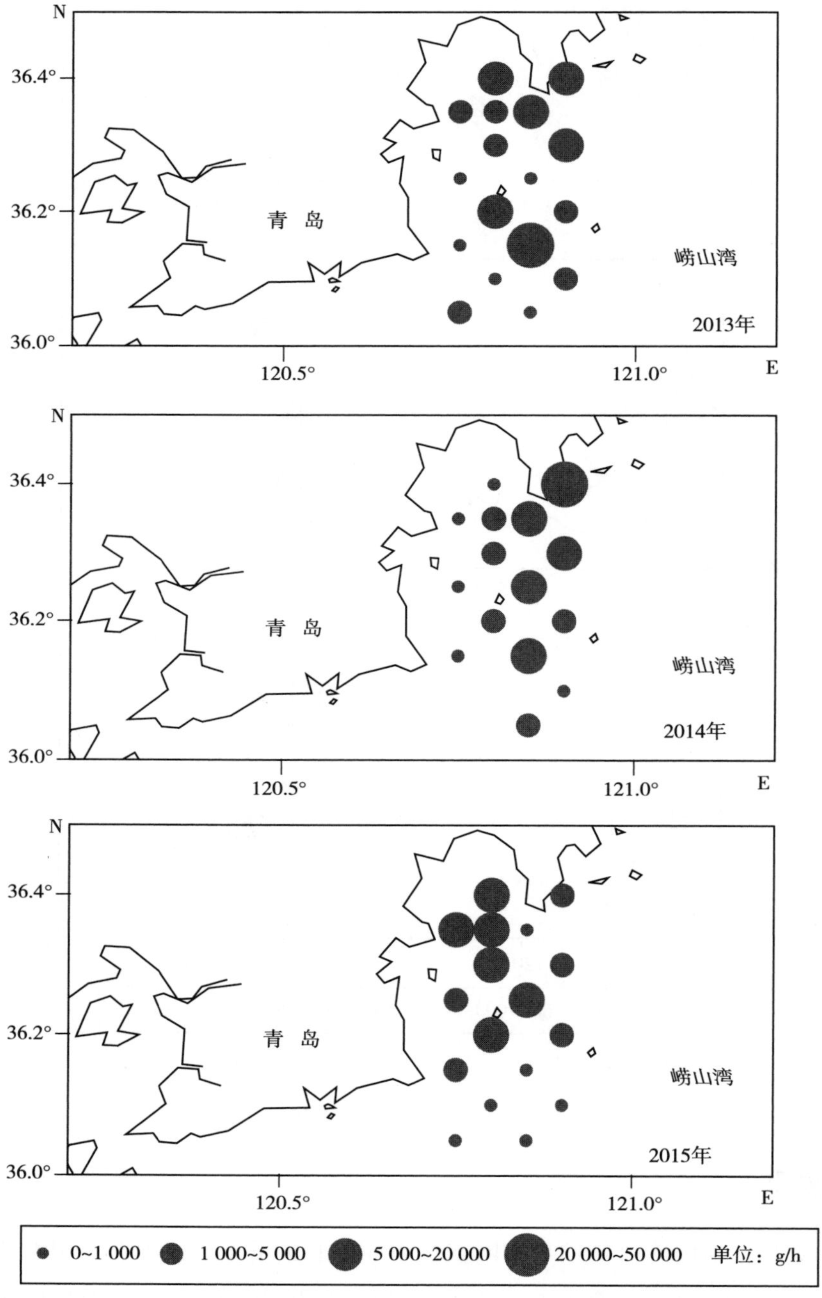

0~1 000　1 000~5 000　5 000~20 000　20 000~50 000　单位：g/h

图 5-13　崂山湾 2013—2015 年夏季（8 月）口虾蛄资源量分布

口虾蛄为崂山湾主要的渔业资源种类，资源量丰富，分布范围广。季节比较发现，2013—2015年，各年春季（5月）口虾蛄的资源量都少于当年夏季（8月），且相差较大；年间比较发现，5月资源量在2014年最大，2013年最少；8月资源量在2013年最大，2015年最少，由此可知，崂山湾口虾蛄补充群体资源量较大，总体上其资源量呈逐年减少的趋势。2013年5月和2014年5月口虾蛄资源量高值区主要位于崂山湾的东边水域，2015年5月则位于崂山湾中间及邻近偏北水域；2013年8月口虾蛄资源量高值区主要分布于崂山湾的南部及北部鳌山湾的湾口水域，2014年8月在2013年8月的基础上有所向东偏移，而在2015年8月则向西有所偏移。

四、中国对虾

（一）春季

目前，渤海、黄海中国对虾夏季资源量基本上为增殖放流所补充。每年开捕后，爆发式增长的捕捞强度使得中国对虾资源在开捕后很快殆尽，对翌年资源形成不了补充。所以每年5月中下旬青岛市海洋与渔业局会组织中国对虾的增殖放流，故在5月的调查捕捞不到中国对虾的大个体。

（二）夏季

2013年8月，崂山湾网获量平均为24.35 g/h，17个拖网站位中有6个站位出现中国对虾，出现频率为35.29%；有渔获物站位中网获量最高为190 g/h，网获量最低为23 g/h。2014年8月，崂山湾网获量平均为36.12 g/h，17个拖网站位中有4个站位出现中国对虾，出现频率为23.53%；有渔获物站位中网获量最高为244 g/h，网获量最低为48 g/h。2015年8月，崂山湾中国对虾网获量平均为71.88 g/h，17个拖网站位中有11个站位出现中国对虾，出现频率为64.71%；有渔获物站位中网获量最高为188 g/h，网获量最低为44 g/h（图5-14）。

中国对虾在崂山湾的资源量逐年增加，2013年和2014年的资源量较低，有网获量的站位较少，且分布稀疏。相比而言，2015年崂山湾中国对虾的资源量较大，分布也相对均匀，尤以崂山湾水域的南部较高，这表明中国对虾8月开始往外部海域索饵。

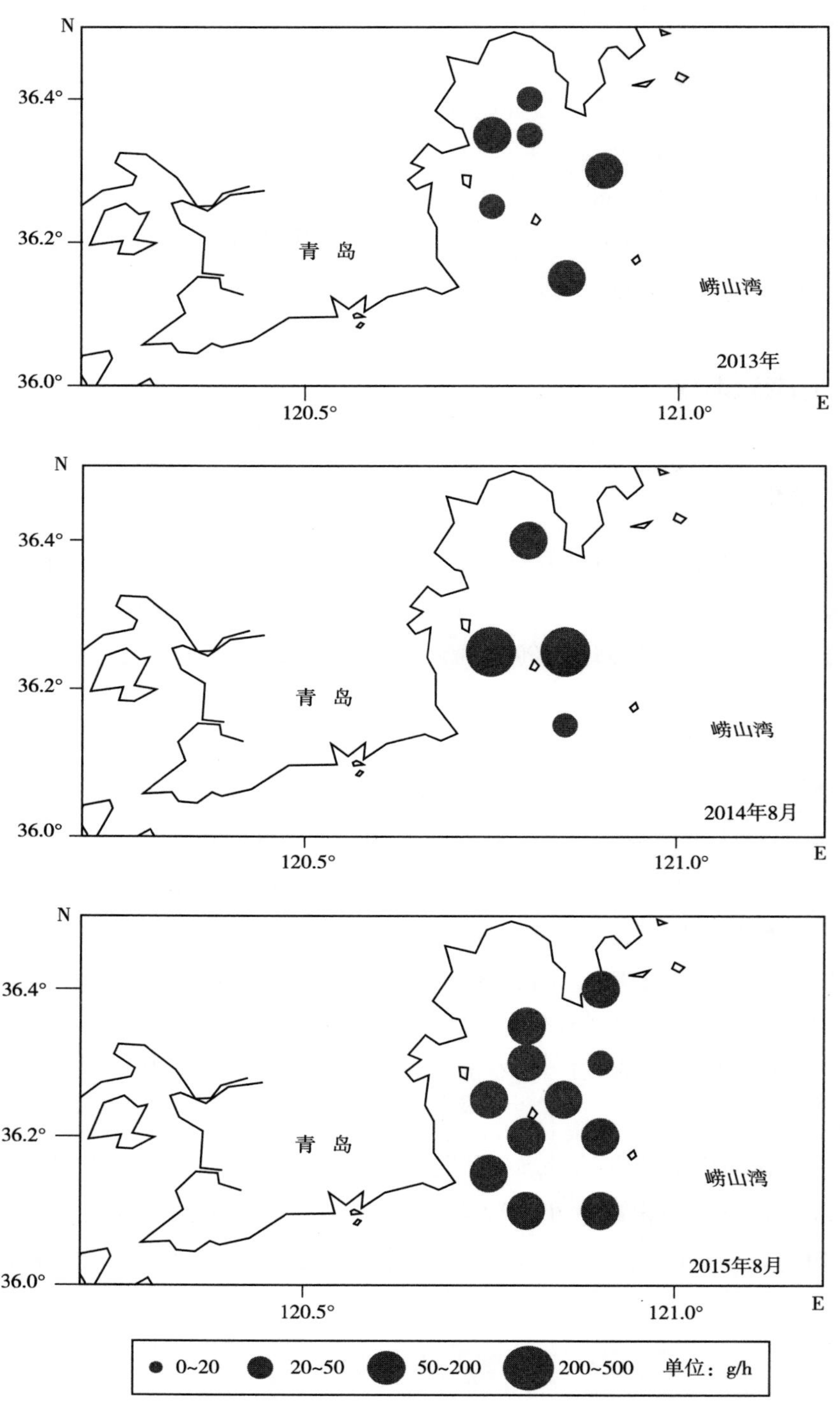

图 5-14 崂山湾 2013—2015 年夏季（8 月）中国对虾资源量分布

五、戴氏赤虾

（一）春季

2013 年 5 月，崂山湾戴氏赤虾网获量平均为 0.91 g/h，17 个拖网站位中有 3 个站位出现戴氏赤虾，出现频率为 17.65%；有渔获物站位中网获量最高为 9 g/h，网获量最低为 2.5 g/h。2014 年 5 月，崂山湾戴氏赤虾网获量平均为 14.13 g/h，17 个拖网站位中有 8 个站位出现戴氏赤虾，出现频率为 47.06%；有渔获物站位中网获量最高为 150 g/h，网获量最低为 0.67 g/h。2015 年 5 月，崂山湾戴氏赤虾网获量平均为 441.47 g/h，17 个拖网站位中有 8 个站位出现戴氏赤虾，出现频率为 47.06%；有渔获物站位中网获量最高为 3 840 g/h，网获量最低为 3 g/h（图 5 - 15）。

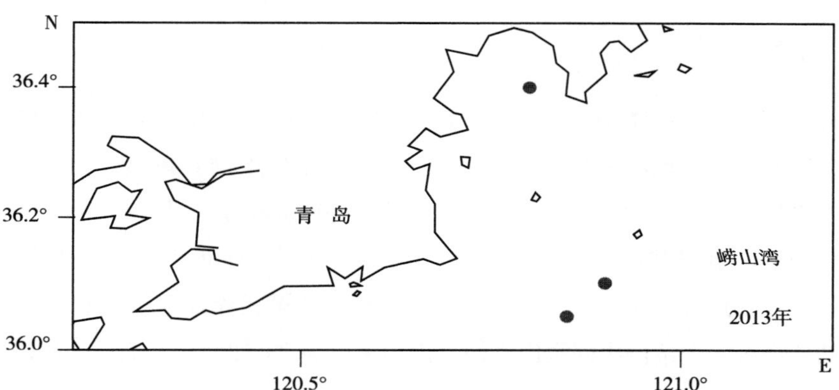

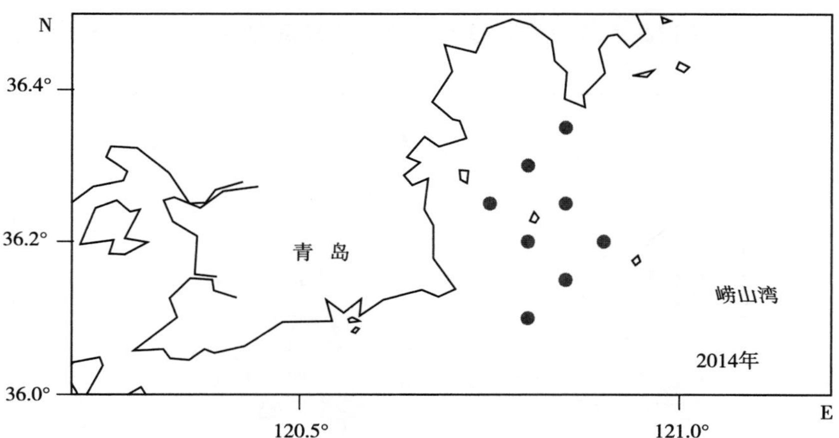

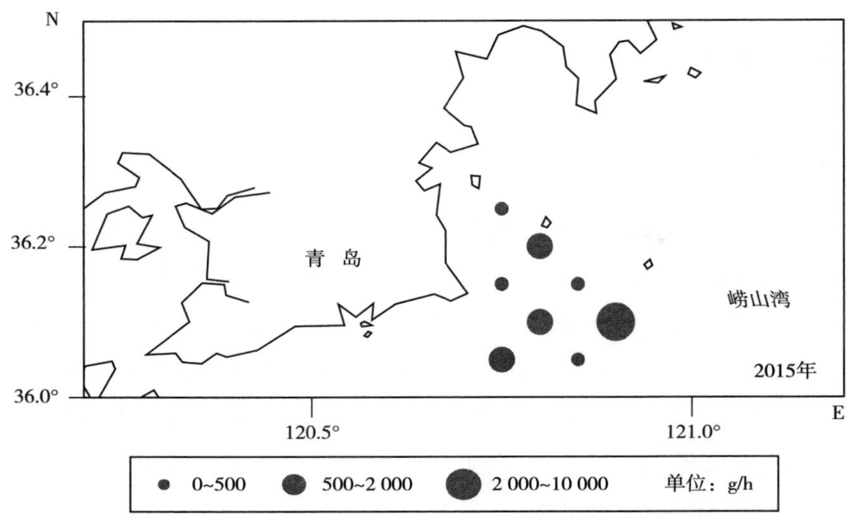

图 5－15 崂山湾 2013—2015 年春季（5 月）戴氏赤虾资源量分布

（二）夏季

2013 年 8 月，崂山湾戴氏赤虾网获量平均为 2 871.05 g/h，17 个拖网站位中有 6 个站位出现戴氏赤虾，出现频率为 35.29%；有渔获物站位中网获量最高为 40 000 g/h，网获量最低为 288 g/h。2014 年 8 月，崂山湾戴氏赤虾网获量平均为 463.88 g/h，17 个拖网站位中有 6 个站位出现戴氏赤虾，出现频率为 35.29%；有渔获物站位中网获量最高为 6 640 g/h，网获量最低为 10 g/h。2015 年 8 月，崂山湾戴氏赤虾网获量平均为 182.35 g/h，17 个拖网站位中有 4 个站位出现戴氏赤虾，出现频率为 23.53%；有渔获物站位中网获量最高为 1 600 g/h，网获量最低为 284 g/h（图 5－16）。

季节比较发现，2013—2014 年每年 5 月戴氏赤虾的资源量都远少于当年 8 月；年间比较发现，5 月崂山湾戴氏赤虾资源量逐年增加，8 月资源量则是逐年减少，且 2015 年 8

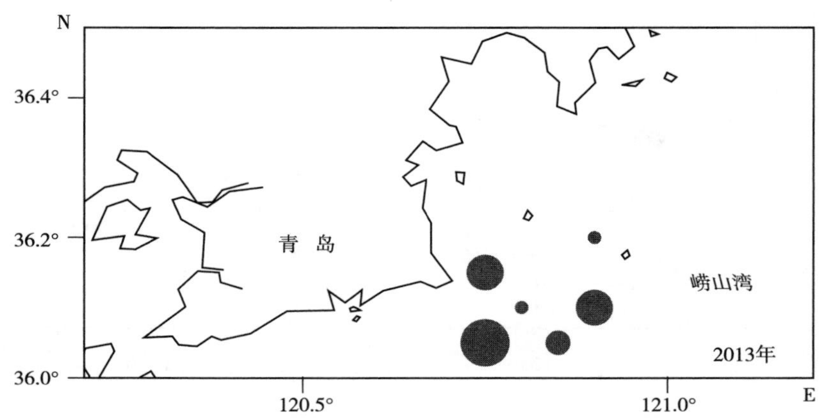

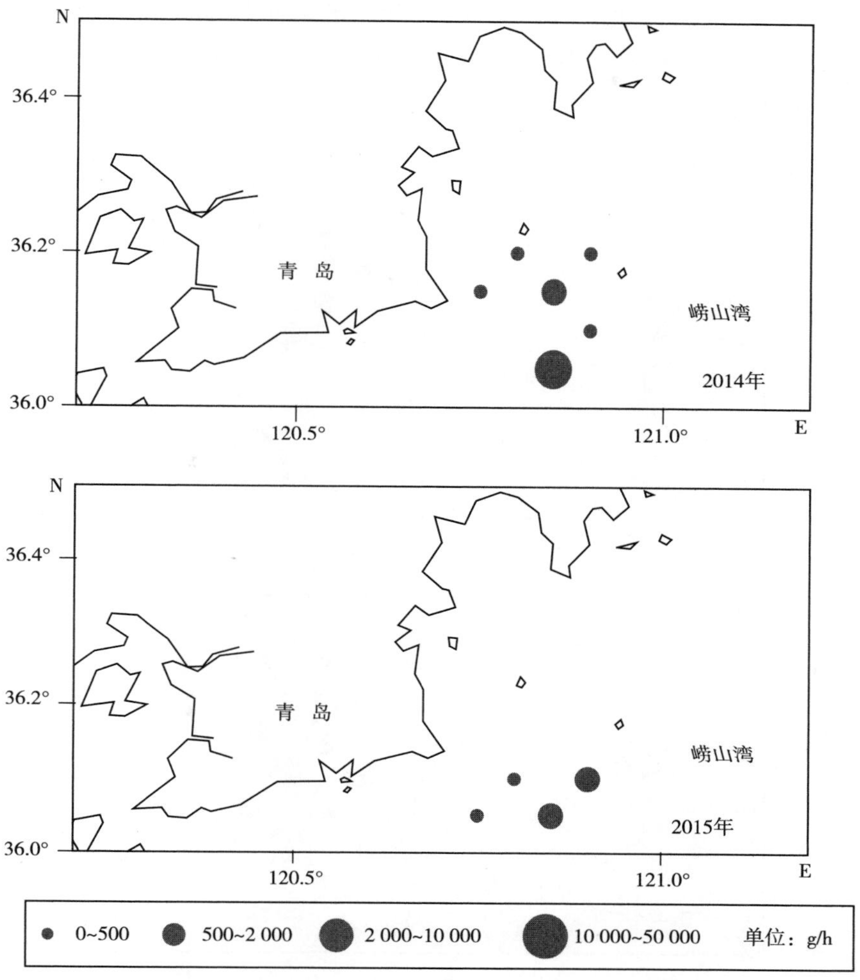

图 5－16　崂山湾 2013—2015 年夏季（8 月）戴氏赤虾资源量分布

月戴氏赤虾资源量要少于 5 月。总体而言，戴氏赤虾在崂山湾的资源量逐年减少，资源量高值区集中于崂山湾的南部水域，站位网获量也呈逐年下降趋势。

六、双斑蟳

（一）春季

2013 年 5 月，崂山湾双斑蟳网获平均量为 1 083.06 g/h，17 个拖网站位中有 15 个站位出现双斑蟳，出现频率为 88.24%；有渔获物站位中网获量最高为 7 200 g/h，网获量最低为 11 g/h。2014 年 5 月，崂山湾双斑蟳网获量平均为 2 008.08 g/h，17 个拖网站位中有 15 个站位出现双斑蟳，出现频率为 88.24%；有渔获物站位中网获量最高为 7 874.61 g/h，网获量最低为 60 g/h。2015 年 5 月，崂山湾双斑蟳网获量平均为 2 456.47 g/h，17 个拖网站位中有 14 个站位出现双斑蟳，出现频率为 82.36%；有渔获物站位中网获量最高为 10 000 g/h，网获量最低为 28 g/h（图 5－17）。

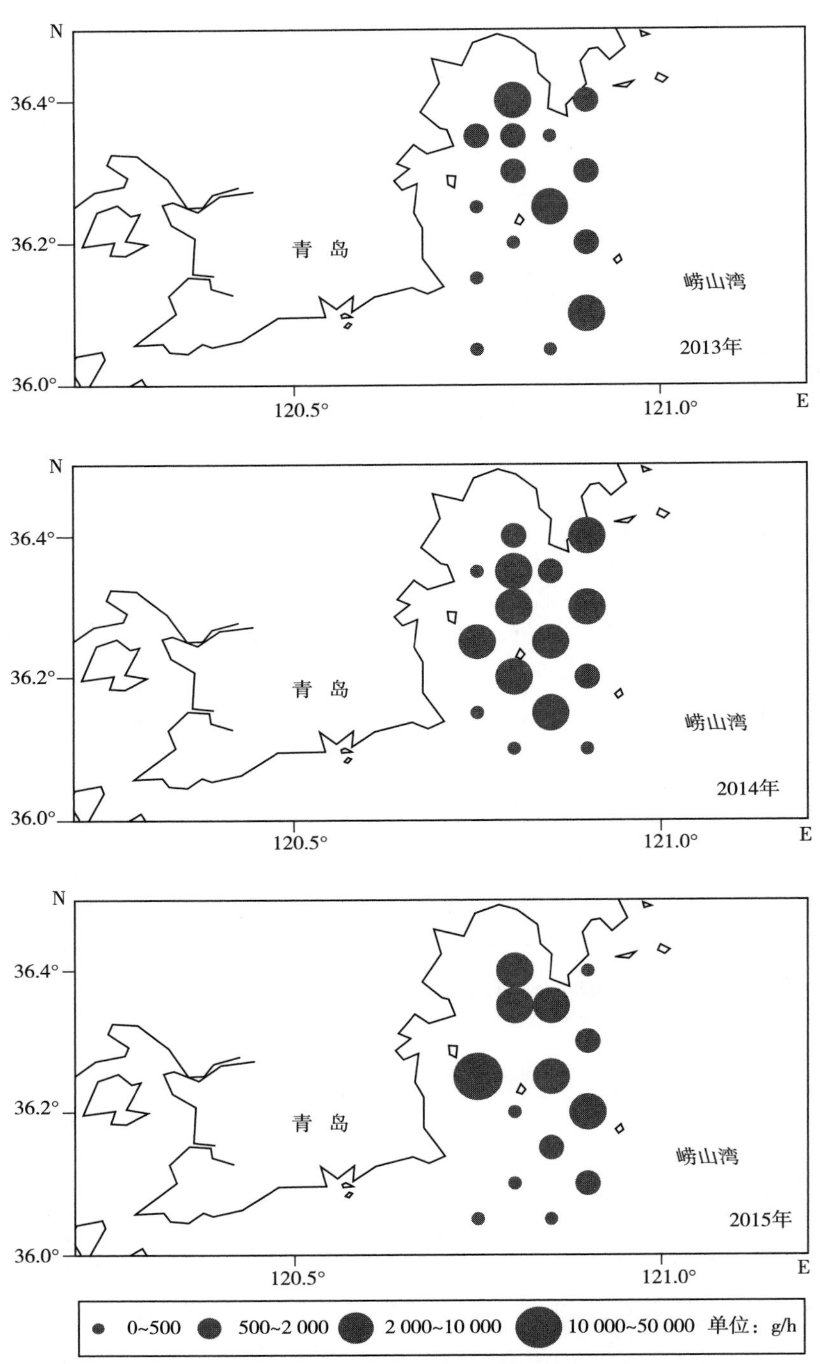

图 5－17 崂山湾 2013—2015 年春季（5 月）双斑蟳资源量分布

（二）夏季

2013 年 8 月，崂山湾双斑蟳网获量平均为 1 790.37 g/h，17 个拖网站位中有 12 个站位出现双斑蟳，出现频率为 70.59%；有渔获物站位中网获量最高为 12 000 g/h，网获量最低为 110 g/h。2014 年 8 月，崂山湾双斑蟳网获量平均为 1 182.59 g/h，17 个拖网站位中有 14 个站位出现双斑蟳，出现频率为 82.35%；有渔获物站位中网获量最高为 8 000 g/h，网获量最低为 160 g/h。2015 年 8 月，崂山湾双斑蟳网获量平均为 670.12 g/h，17 个拖网站位中有 12 个站位出现双斑蟳，出现频率为 70.59%；有渔获物站位中网获量最高为 4 800 g/h，网获量最低为 10 g/h（图 5－18）。

双斑蟳是崂山湾重要的渔业资源种类，资源量大，分布范围广。季节比较发现，2013 年 8 月双斑蟳的资源量大于 5 月，而 2014 年和 2015 年则相反，5 月资源量远大于 8 月。年间比较发现，2013—2015 年，8 月双斑蟳资源量逐年减少，5 月则逐年增加；5 月和 8 月双斑蟳资源量高值区都逐年往南偏移，2013 年主要集中于崂山湾湾嘴和崂山湾南部水域，2014 年和 2015 年主要集中于崂山湾中部偏南水域。

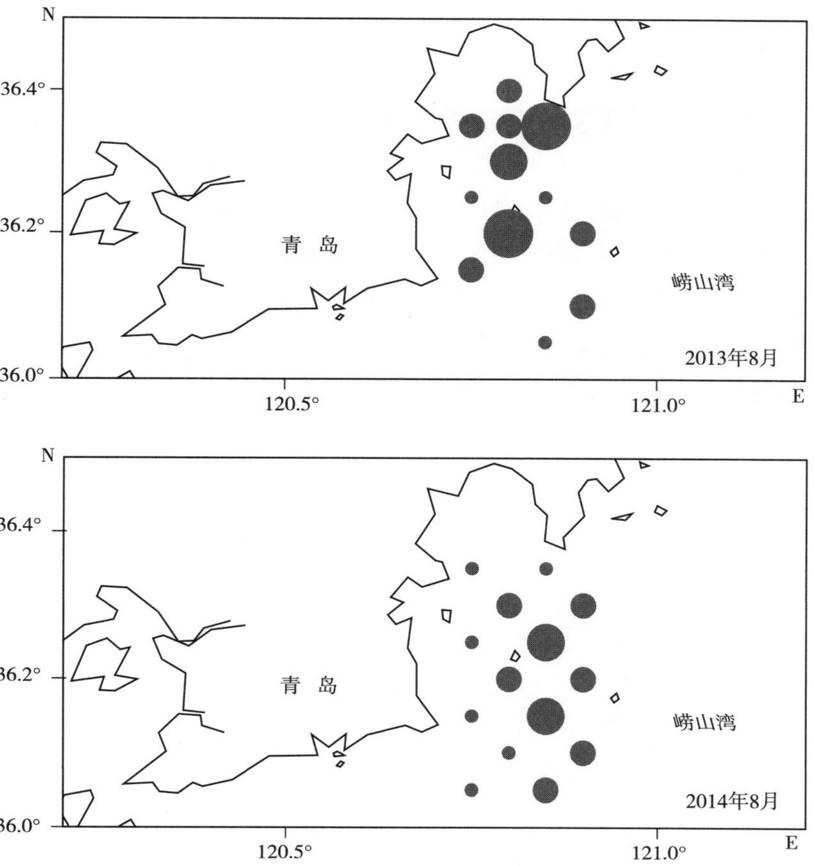

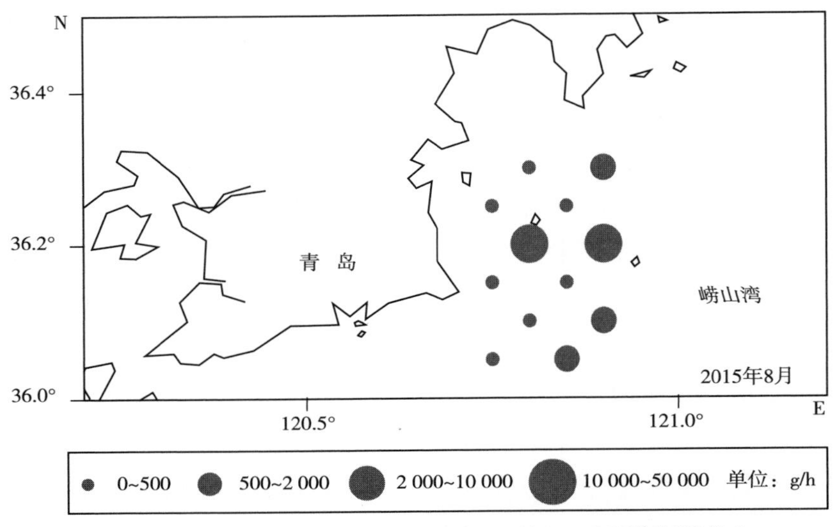

图 5-18　崂山湾 2013—2015 年夏季（8 月）双斑蟳资源量分布

七、鹰爪虾

（一）春季

2013 年 5 月，崂山湾调查水域鹰爪虾网获量平均为 45.71 g/h，17 个拖网站位中有 8 个站位出现鹰爪虾，出现频率为 47.06%；有渔获物站位中网获量最高为 560 g/h，网获量最低为 5 g/h。2014 年 5 月，崂山湾鹰爪虾网获量平均为 32.51 g/h，17 个拖网站位中有 9 个站位出现鹰爪虾，出现频率为 52.94%；有渔获物站位中网获量最高为 299.99 g/h，网获量最低为 1 g/h。2015 年 5 月，崂山湾鹰爪虾网获量平均为 188.88 g/h，17 个拖网站位中有 14 个站位出现鹰爪虾，出现频率为 82.35%；有渔获物站位中网获量最高为 1 480 g/h，网获量最低为 3 g/h（图 5-19）。

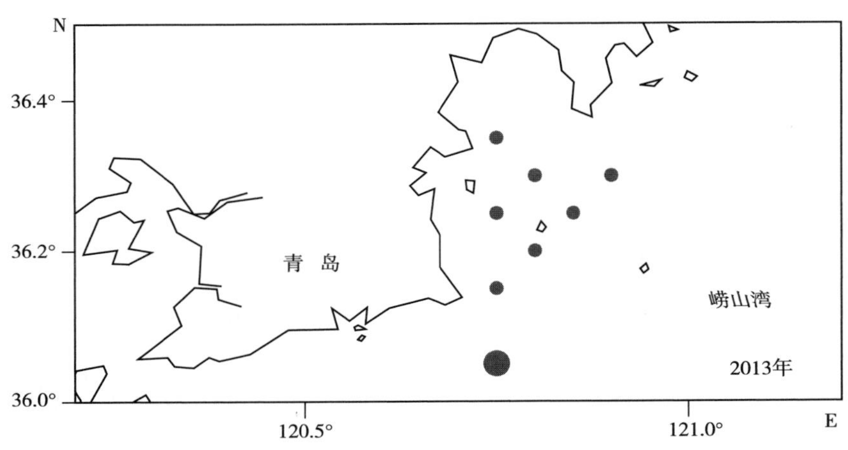

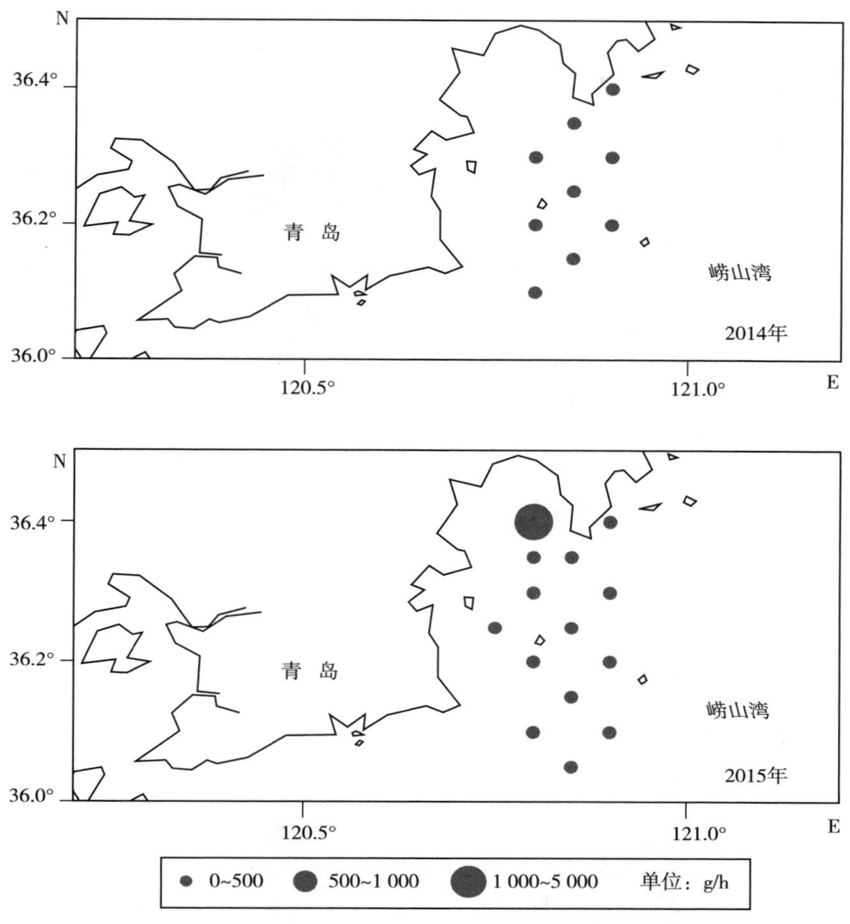

图 5-19 崂山湾 2013—2015 年春季（5 月）鹰爪虾资源量分布

（二）夏季

2013 年 8 月，崂山湾鹰爪虾网获量平均为 1 739.59 g/h，17 个拖网站位中有 13 个站位出现鹰爪虾，出现频率为 76.47%；有渔获物站位中网获量最高为 9 600 g/h，网获量最低为 50 g/h。2014 年 8 月，崂山湾鹰爪虾网获量平均为 495.53 g/h，17 个拖网站位中有 10 个站位出现鹰爪虾，出现频率为 58.82%；有渔获物站位中网获量最高为 7 800 g/h，网获量最低为 12 g/h。2015 年 8 月，崂山湾鹰爪虾网获量平均为 137.06 g/h，17 个拖网站位中有 15 个站位出现鹰爪虾，出现频率为 88.24%；有渔获物站位中网获量最高为 560 g/h，网获量最低为 8 g/h（图 5-20）。

季节比较发现，2015 年 8 月鹰爪虾的资源量小于当年 5 月；而 2013 年和 2014 年则相反，当年 8 月资源量远大于当年 5 月，2013 年尤为明显。年间比较发现，2013—2015 年每年 8 月鹰爪虾资源量逐年减少，下降幅度显著；5 月则先出现小幅下降，后出现大幅增加。

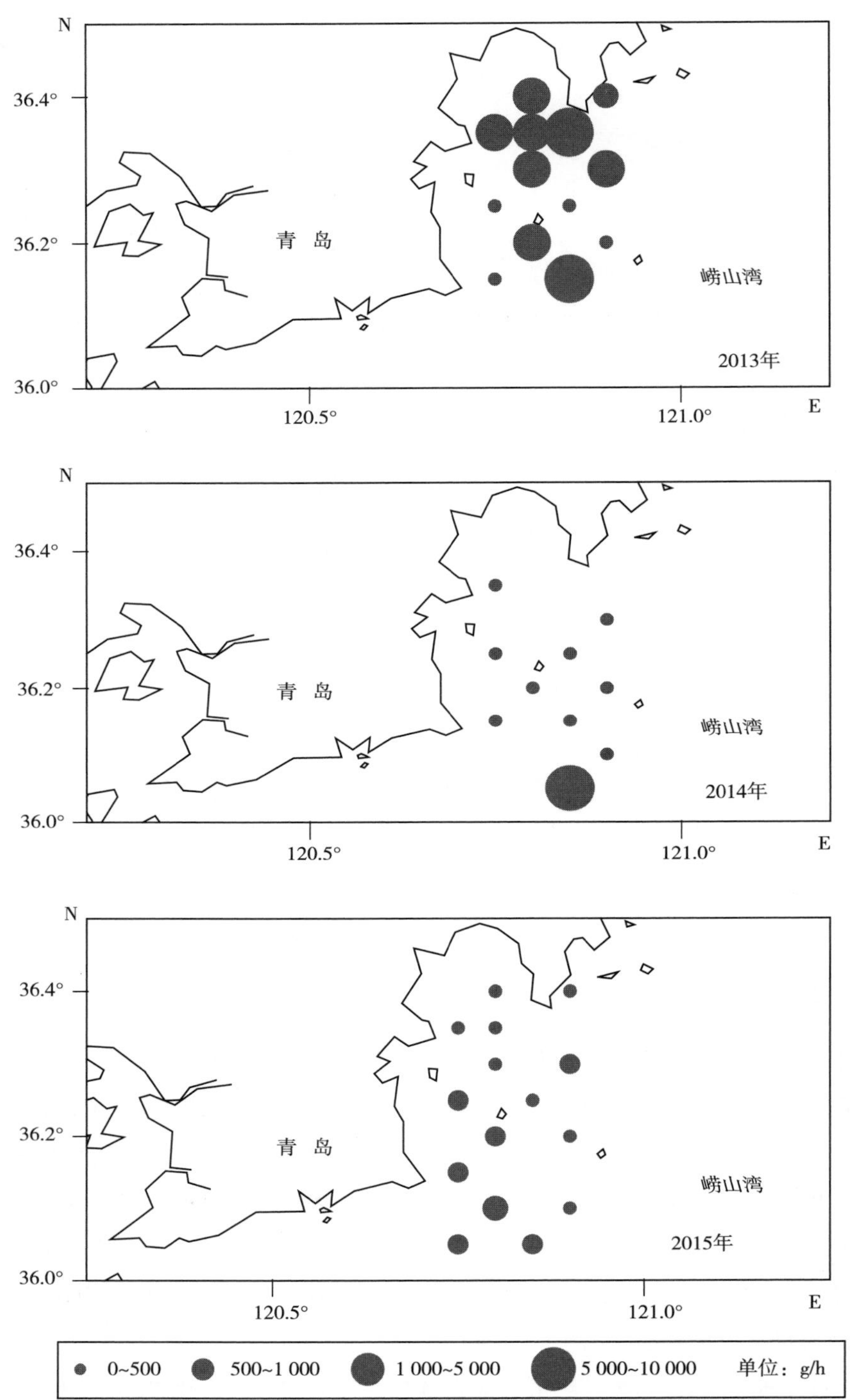

图 5-20　崂山湾 2013—2015 年夏季（8 月）鹰爪虾资源量分布

总体而言，崂山湾鹰爪虾资源量逐年减少，5 月各站位间资源量高值区无明显差别；而 8 月逐年往南偏移，2013 年 8 月主要集中于鳌山湾湾嘴和崂山湾南部水域，2014 年 8 月主要集中于崂山湾中部偏南水域，2015 年 8 月主要集中于崂山湾南部偏西水域。

八、三疣梭子蟹

（一）春季

2013 年 5 月，崂山湾三疣梭子蟹网获量平均为 50.35 g/h，17 个拖网站位中有 5 个站位出现三疣梭子蟹，出现频率为 29.41%；有渔获物站位中网获量最高为 348 g/h，网获量最低为 24 g/h。2014 年 5 月，崂山湾三疣梭子蟹网获量平均为 99.76 g/h，17 个拖网站位中有 8 个站位出现三疣梭子蟹，出现频率为 47.06%；有渔获物站位中网获量最高为 551.97 g/h，网获量最低为 7 g/h。2015 年 5 月，崂山湾三疣梭子蟹网获量平均为 41.18 g/h，17 个拖网站位中有 4 个站位出现三疣梭子蟹，出现频率为 23.53%；有渔获物站位中网获量最高为250 g/h，网获量最低为 44 g/h（图 5－21）。

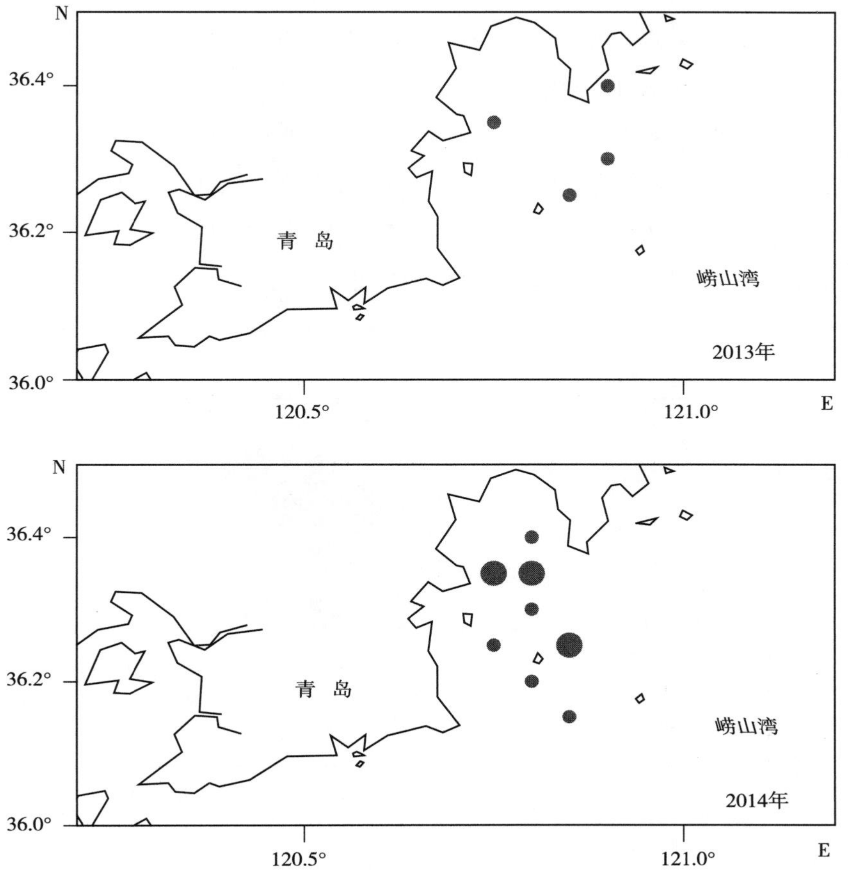

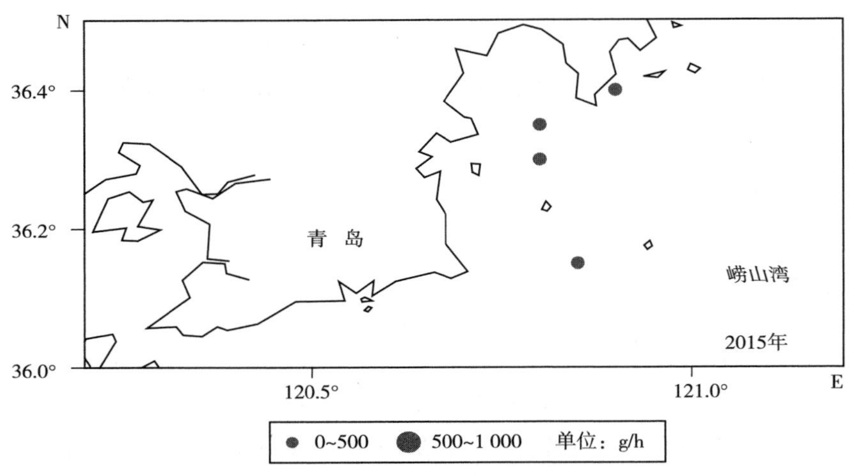

图 5-21 崂山湾 2013—2015 年春季（5 月）三疣梭子蟹资源量分布

（二）夏季

2013 年 8 月，崂山湾三疣梭子蟹网获量平均为 1 968.35 g/h，17 个拖网站位中有 8 个站位出现三疣梭子蟹，出现频率为 47.06%；有渔获物站位中网获量最高为 8 000 g/h，网获量最低为 12 g/h。2014 年 8 月，崂山湾三疣梭子蟹网获量平均为 4 813.88 g/h，17 个拖网站位中有 15 个站位出现三疣梭子蟹，出现频率为 88.24%；有渔获物站位中网获量最高为 20 000 g/h，网获量最低为 2 g/h。2015 年 8 月，崂山湾三疣梭子蟹网获量平均为 1 811.30 g/h，17 个拖网站位中有 12 个站位出现三疣梭子蟹，出现频率为 70.59%；有渔获物站位中网获量最高为 8 000 g/h，网获量最低为 46 g/h（图 5-22）。

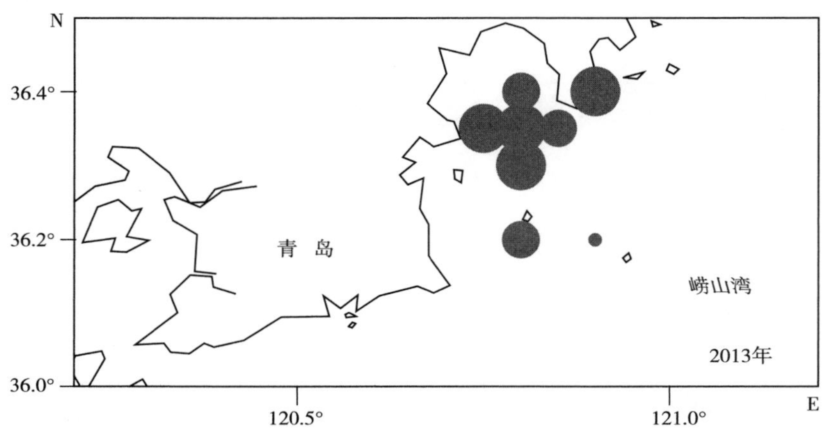

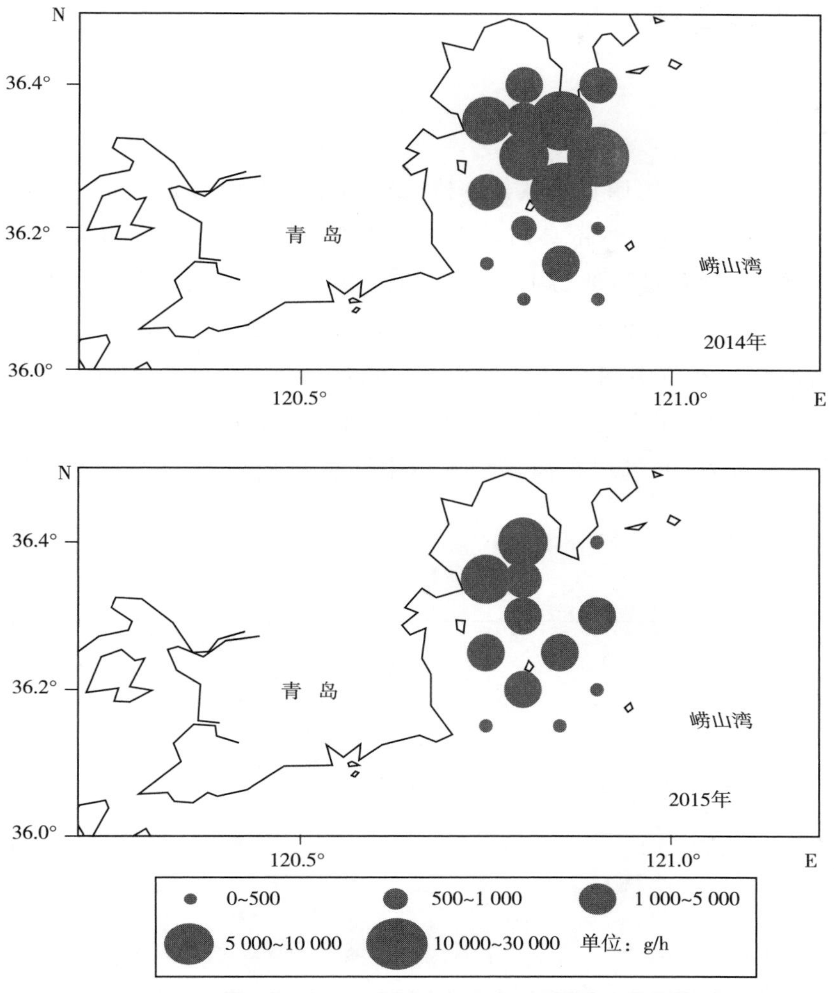

图 5-22 崂山湾 2013—2015 年夏季（8 月）三疣梭子蟹资源量分布

三疣梭子蟹是崂山湾夏季水域的主要渔业资源种类，其资源量变化较大。季节比较发现，崂山湾三疣梭子蟹春季资源量远少于当年夏季资源量，春季资源量越大，当年夏季资源量相应也越大。年间比较发现，5 月三疣梭子蟹资源量在 2015 年最小，2014 年最大；8 月三疣梭子蟹资源量与 5 月一样，也是 2015 年最小，2014 年最大。三个年度 5 月的资源量都很小。2013 年 8 月和 2015 年 8 月资源量相差不大，但站位出现频率相差近 23%，差别较大。资源量高值区 2013 年 8 月主要集中于崂山湾湾嘴，2014 年 8 月集中于崂山湾中部偏东水域，2015 年 8 月主要集中于崂山湾湾嘴水域和崂山湾中部偏北水域。

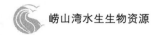

九、日本枪乌贼

（一）夏季

2013 年 5 月，崂山湾调查水域日本枪乌贼网获量平均为 211.41 g/h，17 个拖网站位中有 14 个站位出现日本枪乌贼，出现频率为 82.35%；有渔获物站位中网获量最高为1 520 g/h，网获量最低为 10 g/h。2014 年 5 月，崂山湾日本枪乌贼网获量平均为 475.17 g/h，17 个拖网站位中有 10 个站位出现日本枪乌贼，出现频率为 58.82%；有渔获物站位中网获量最高为 2 648.87 g/h，最低为 4 g/h。2015 年 5 月，崂山湾日本枪乌贼网获量平均为195.88 g/h，17 个拖网站位中有 13 个站位出现日本枪乌贼，出现频率为 76.47%；有渔获物站位中网获量最高为 788 g/h，最低为 33 g/h（图 5－23）。

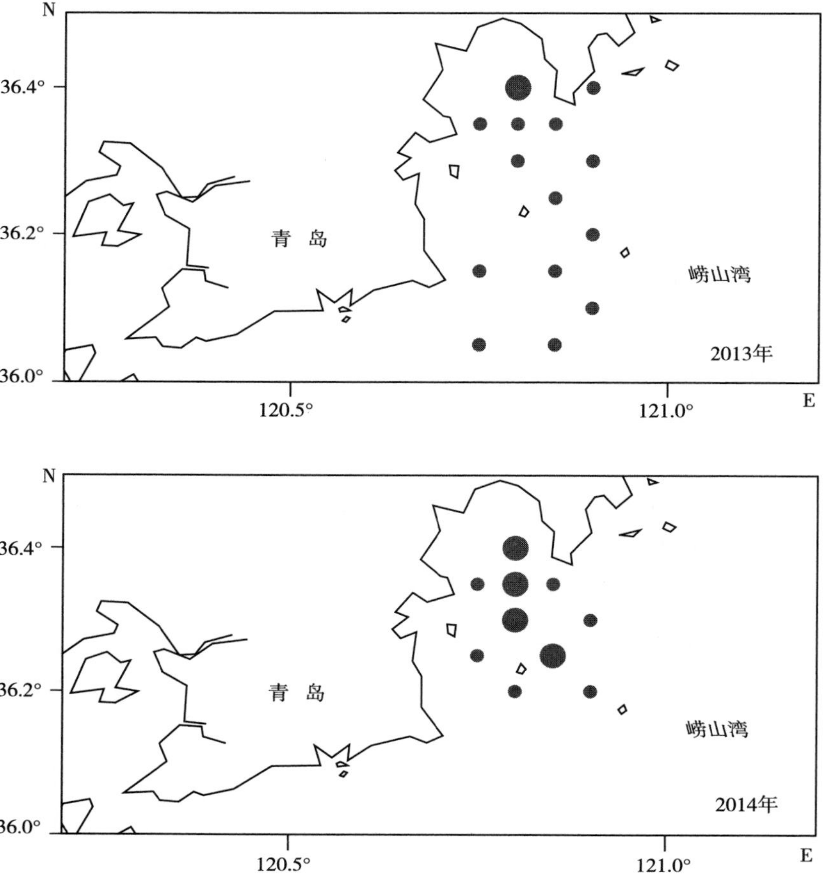

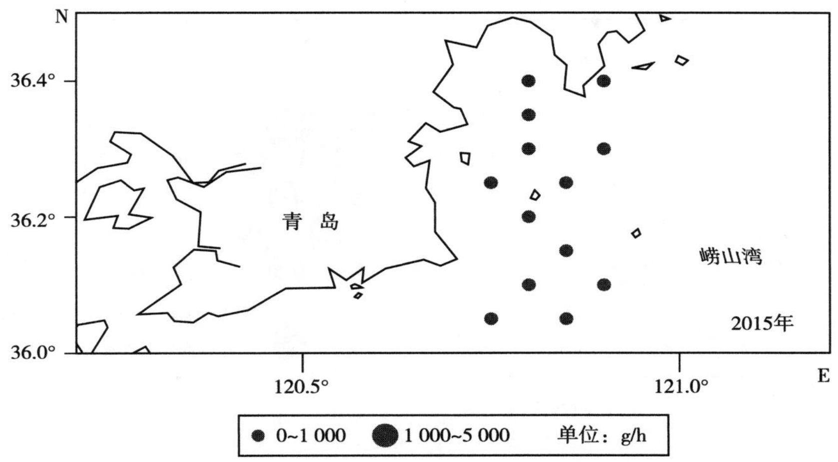

图 5－23　崂山湾 2013—2015 年春季（5 月）日本枪乌贼资源量分布

（二）夏季

2013 年 8 月，崂山湾日本枪乌贼网获量平均为 339.82 g/h，17 个拖网站位中有 15 个站位出现日本枪乌贼，出现频率为 88.24%；有渔获物站位中网获量最高为 1 100 g/h，网获量最低为 32 g/h。2014 年 8 月，崂山湾日本枪乌贼网获量平均为 1 953.06 g/h，17 个拖网站位中有 15 个站位出现日本枪乌贼，出现频率为 88.24%；有渔获物站位中网获量最高为 8 800 g/h，网获量最低为 148 g/h。2015 年 8 月，崂山湾日本枪乌贼网获量平均为 1 278.24 g/h，17 个拖网站位全部出现日本枪乌贼，出现频率为 100%；有渔获物站位中网获量最高为 8 640 g/h，网获量最低为 26 g/h（图 5－24）。

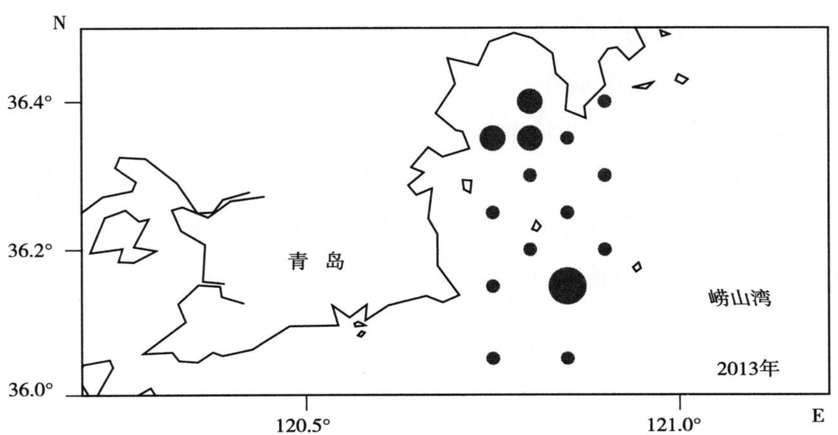

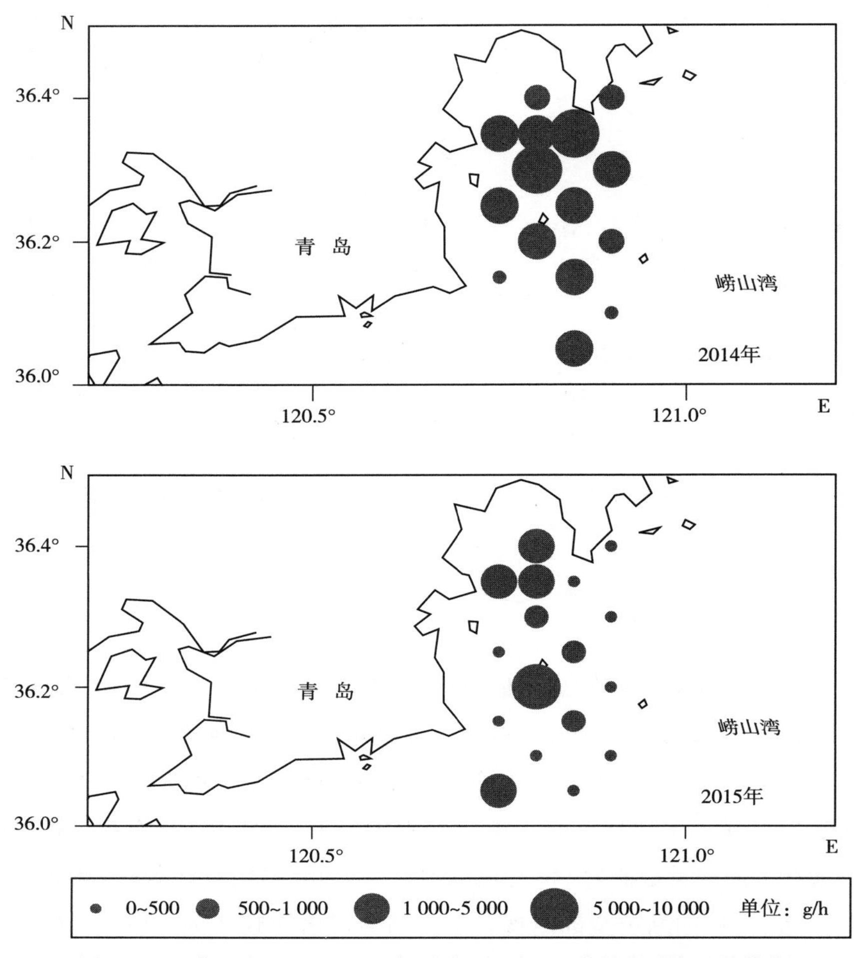

图 5 - 24　崂山湾 2013—2015 年夏季（8 月）日本枪乌贼资源量分布

日本枪乌贼在崂山湾水域分布范围广，具有一定资源量。季节比较发现，2014 年和 2015 年崂山湾日本枪乌贼春季资源量远小于当年夏季资源量，2013 年是春季略小于夏季。年间比较发现，5 月日本枪乌贼资源量在 2015 年最小，2014 年最大；8 月日本枪乌贼资源量在 2013 年最小，2014 年最大。总体而言，日本枪乌贼在崂山湾的资源量季节变动较大，但能维持一定的资源量。春季和夏季，日本枪乌贼基本遍布崂山湾水域，但资源量高值区主要集中于鳌山湾湾嘴水域，次高值区为崂山湾南部水域。

第四节　资源评价

一、群落结构的数量生物量曲线分析

数量和生物量优势度曲线（Abundance and biomass curves，ABC），简称 ABC 曲线，通常用来监测干扰对底栖无脊椎动物群落的影响。近年来 ABC 曲线法在鱼类研究中的应用越来越多，鱼类群落中各物种的生活史策略不同，对捕捞和环境扰乱的反应程度亦不同。ABC 曲线法具有生态学中 r 选择和 k 选择策略的理论基础，可用来比较分析不同捕捞历史状况下和不同干扰情况下鱼类群落的反应，因此可作为一种基于生态系统渔业管理的基本方法。应用 ABC 曲线法分析人为干扰（捕捞）对底栖无脊椎动物群落、鱼类群落或游泳动物的影响，可确定生物群落受干扰的程度。生物群落中 ABC 曲线特征可反映群落中大型生物和小型生物相对数量的变化以及个体大小组成的变化，群落中优势种类的大小决定了生物量优势度曲线和数量优势度曲线的位置。

下面采用 ABC 曲线法对 2013—2015 年崂山湾鱼类和游泳动物的数量及生物量分别进行分析。

二、鱼类群落结构的 ABC 曲线分析

从 2013—2015 年每年春季（5 月）和夏季（8 月）鱼类群落的 ABC 曲线（图 5－25 和图 5－26）可以看出，2013 年 5 月和 2014 年 5 月崂山湾鱼类群落的数量优势度曲线位于生物量优势度曲线之上，2015 年 5 月崂山湾鱼类群落的生物量优势度曲线开始位于数量优势度曲线之上，主要是短吻红舌鳎的生物量占了较大优势，随着鱼类种类序列（种类数的常用对数）的增加，生物量优势度曲线逐渐位于数量优势度曲线之下。三个年度 5 月的 ABC 曲线 W 统计值分别为－0.52、－0.16 和－0.43，从 ABC 曲线和 W 统计值可以看出，鱼类群落结构处于扰动状态，2014 年 5 月较 2013 年 5 月鱼类群落结构稳定性有所增强，是因为个体相对较大的叫姑鱼、短吻红舌鳎、斑鰶、黄鮟鱇和银鲳等生物量比例有所增加，小个体鰕虎鱼的生物量比例大幅减少。短吻红舌鳎生物量比例在 2015 年 5 月达到最高值，致使其生物量优势度曲线位于数量优势度曲线之上。2015 年生物量紧随短吻红舌鳎之后的还有叫姑鱼和黄鮟鱇，但同时矛尾鰕虎鱼、中华栉孔鰕虎鱼和红狼牙鰕虎鱼等小个体的数量比例大幅增加，致使鱼类的数量优势度曲线在第二种鱼之后就位

于生物量优势度曲线之上。由此可知，崂山湾春季鱼类种群结构变化较大。

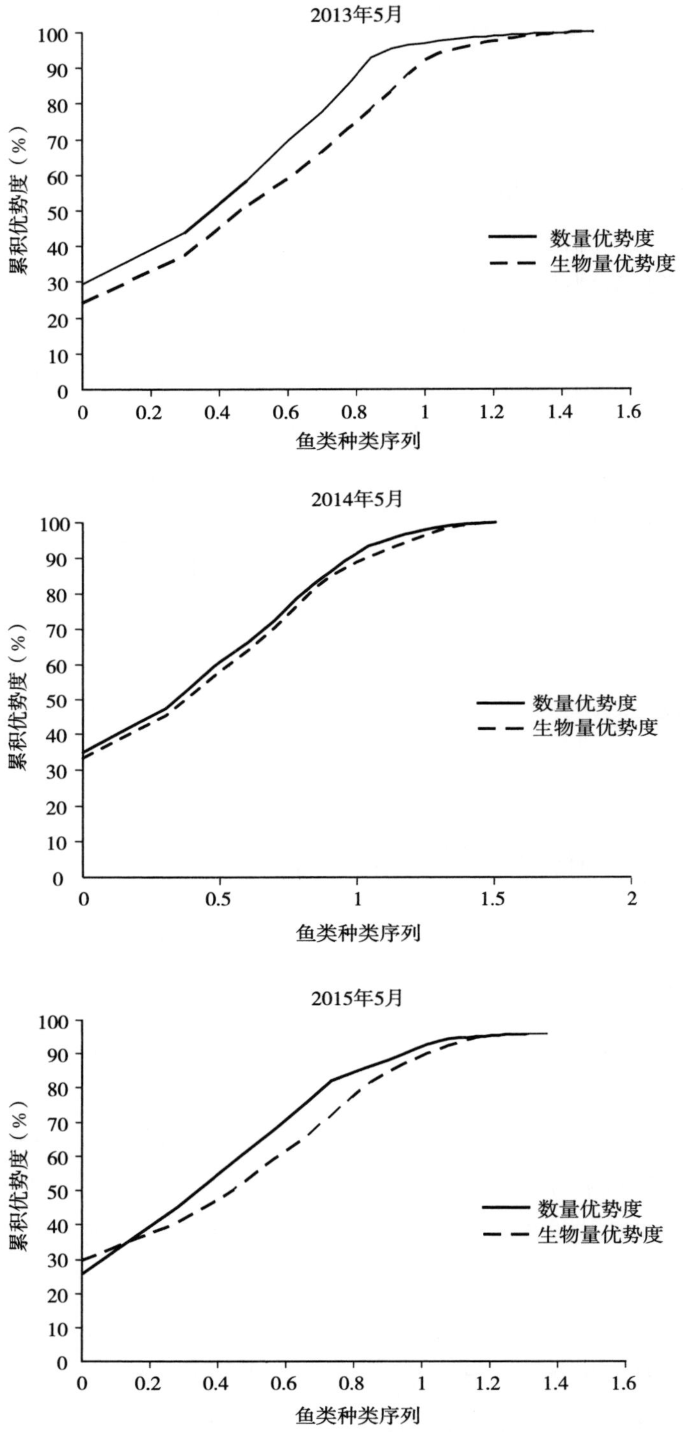

2013年5月

累积优势度（%）

数量优势度
生物量优势度

鱼类种类序列

2014年5月

累积优势度（%）

数量优势度
生物量优势度

鱼类种类序列

2015年5月

累积优势度（%）

数量优势度
生物量优势度

鱼类种类序列

图 5－25　崂山湾 2013—2015 年春季（5 月）鱼类群落的 ABC 曲线

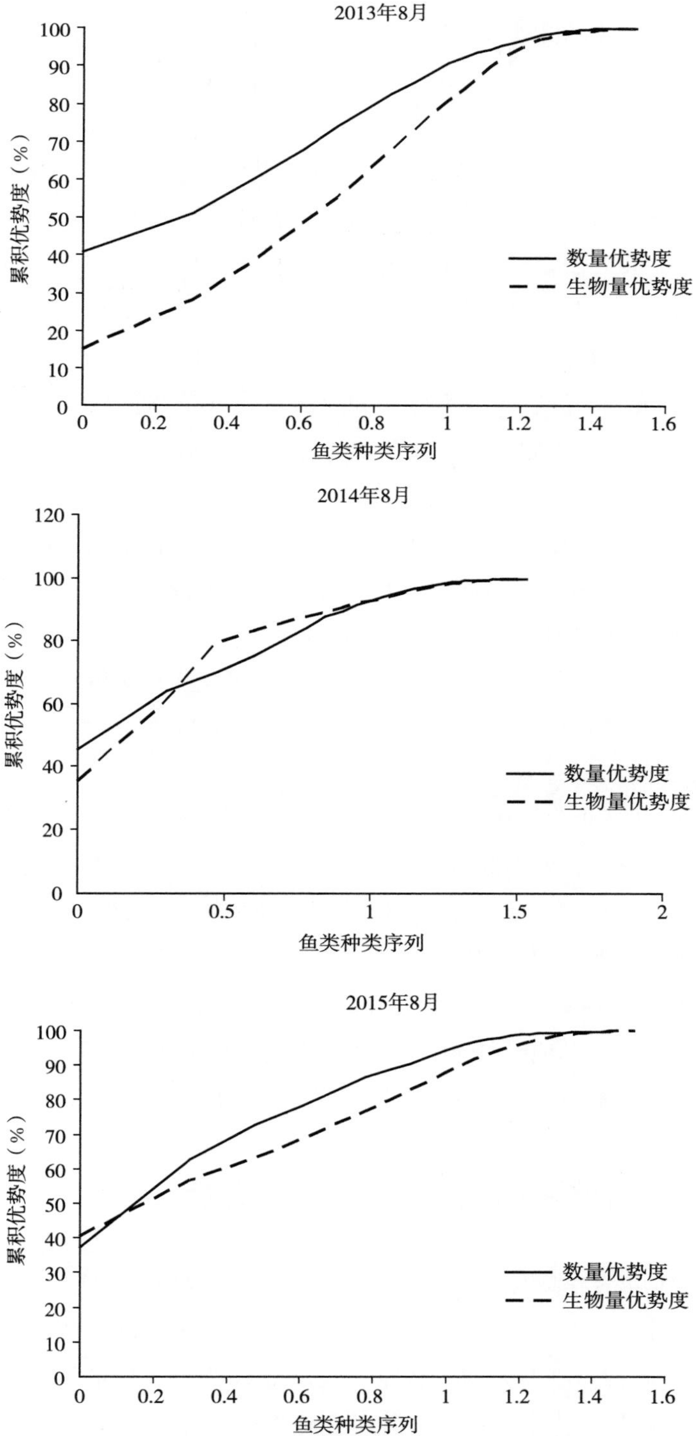

图 5-26　崂山湾 2013—2015 年夏季（8 月）鱼类群落的 ABC 曲线

2013 年 8 月崂山湾鱼类群落的数量优势度曲线远高于生物量优势度曲线，其 W 统计值为－1.16。该年度叫姑鱼和短吻红舌鳎的数量比例合计占了 51.18%，紧随其后的为细条天竺鱼、日本鳀和赤鼻棱鳀，三者的生物量比例合计只有 24.11%；生物量居前的分别为绿鳍鱼、短吻红舌鳎、叫姑鱼和日本鳀，说明崂山湾夏季鱼类多为当年补充群体，个体较小。小个体鱼类的数量优势致使年度的数量优势度曲线远高于生物量优势度曲线。

2014 年 8 月崂山湾鱼类群落 W 统计值为 0.13，数量优势度曲线开始位于生物量优势度曲线上，但从第三种鱼开始，生物量优势度曲线位于数量优势度曲线上，约在第八种鱼后，生物量优势度曲线与数量优势度曲线重合。该年度小黄鱼的数量和生物量比例远高于其他生物，都占首位，分别为 45.58%和 35.30%，其单位个体的平均质量为 12.81 g。生物量比例和数量比例紧随小黄鱼后面的为斑鰶和绿鳍鱼，其生物量比例大于数量比例，但因小黄鱼小个体数量太多，鱼类总的生物量优势度曲线仍低于数量优势度曲线，所以该时段崂山湾鱼类群落结构处于相对稳定状态。

2015 年 8 月崂山湾鱼类群落的 W 统计值为－0.50。生物量优势度曲线开始位于数量优势度曲线之上，主要是因为小黄鱼的生物量占了较大优势，达 40.55%，其数量比例为 25.33%，单位个体的平均质量为 14.26 g，较 2014 年 8 月的 12.81 g 增加了 11.30%。紧随其后的是赤鼻棱鳀，其数量比例占首位，为 37.38%。赤鼻棱鳀的加入使得鱼类群落的生物量优势度曲线立即位于数量优势度曲线之下。在第 23 种鱼后，生物量优势度曲线与数量优势度曲线重合。

从 2013—2015 年各年 5 月和 8 月的鱼类 ABC 曲线和 W 统计值可以看出，2013 年 5 月和 8 月崂山湾鱼类群落结构处于扰动状态；2014 年 5 月和 8 月鱼类群落结构稳定性较 2013 年同期有所增强，相对稳定，是因为个体相对较大的叫姑鱼、短吻红舌鳎、斑鰶、黄鮟鱇及小黄鱼等生物量比例有所增加；2015 年 5 月和 8 月崂山湾鱼类群落结构稳定性较 2014 年同期有所下降。根据 Warwick（1986）和 Clarke（1990）的划分标准，只有 2014 年 8 月崂山湾鱼类群落结构相对稳定，其他时段崂山湾鱼类群落处于比较严重的干扰状态。总体而言，崂山湾鱼类群落结构相对简单，抗扰动能力相对较弱，需加强对其生态环境的保护。

三、游泳动物群落结构的 ABC 曲线分析

从 2013—2015 年每年 5 月和 8 月游泳动物数量与生物量的 ABC 曲线图（图 5－27 和图 5－28）可以看出，2013 年 5 月和 2014 年 5 月崂山湾游泳动物群落的数量生物量优势度曲线的分布有些类似，刚开始时，数量优势度曲线位于生物量优势度曲线之上；第二种游泳动物后，生物量优势度曲线位于数量优势度曲线之上，2013 年 5 月双斑蟳居生物量比例首位，其次为口虾蛄，2014 年 5 月两者生物量比例的排位发生了颠倒。2013 年 5 月和 2014 年 5 月分别在第五种和第六种游泳动物后，数量优势度曲线又位于生物量优势

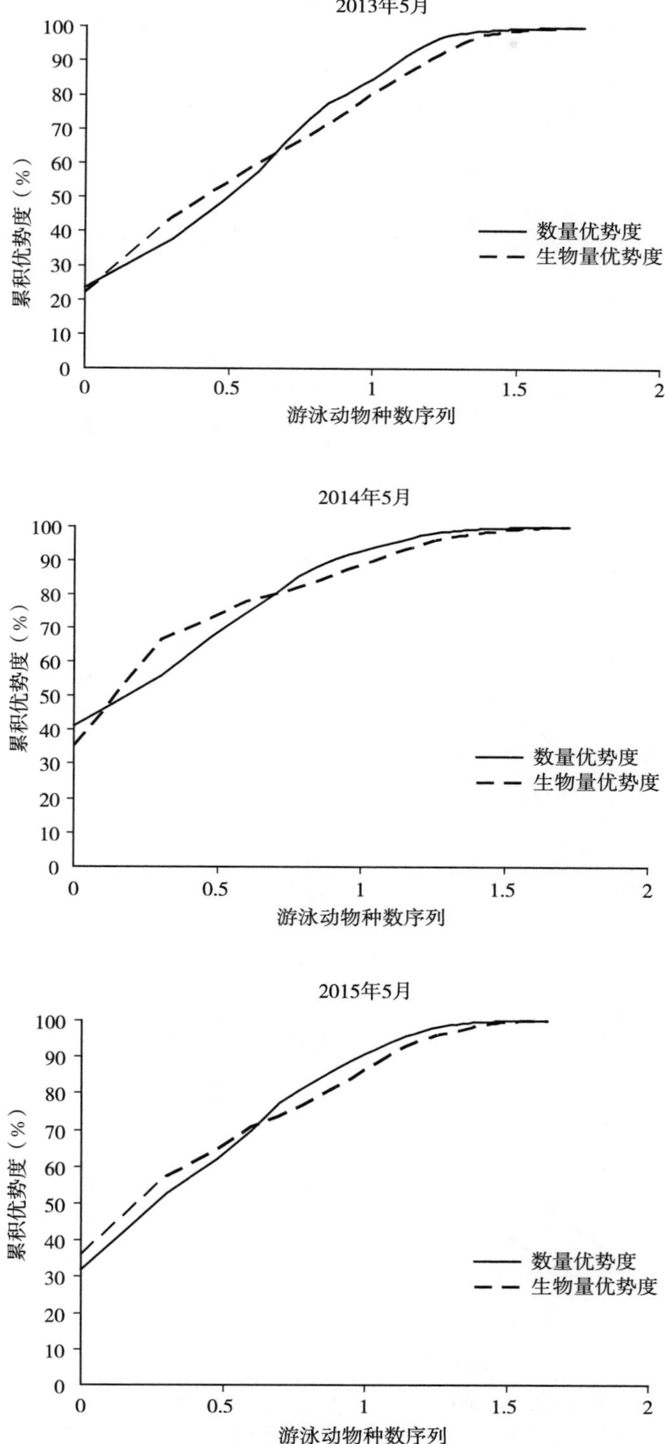

图 5-27　崂山湾 2013—2015 年春季（5 月）游泳动物群落的 ABC 曲线

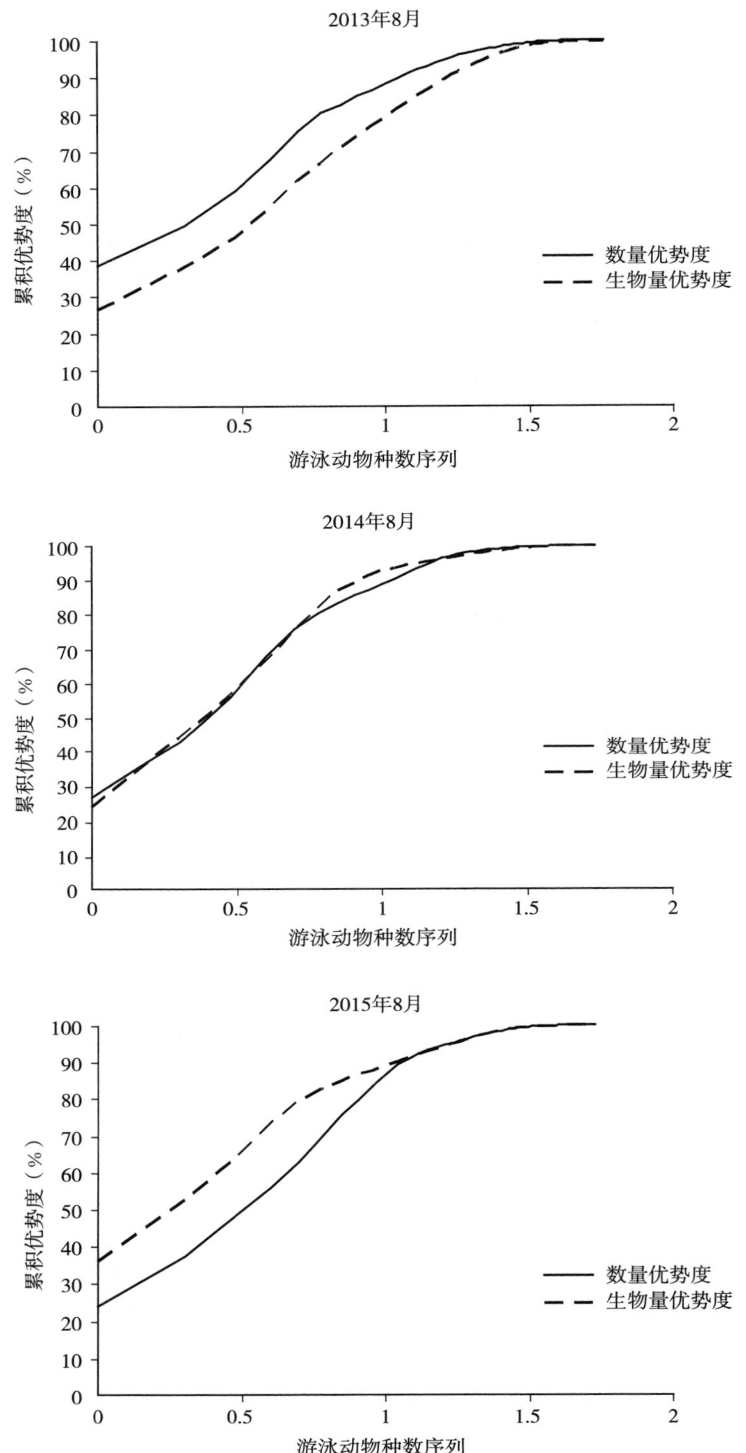

图 5-28　崂山湾 2013—2015 年夏季（8 月）游泳动物群落的 ABC 曲线

度曲线之上。2015 年 5 月崂山湾水域因双斑蟳、口虾蛄和短吻红舌鳎的生物量比例占绝对优势，使得游泳动物群落的生物量优势度曲线开始位于数量优势度曲线之上；因小型虾类的增加，在第四种游泳动物之后，数量优势度曲线开始位于生物量优势度曲线之上；在第 28 种游泳动物后，两种优势度曲线开始重合。2013—2015 年各年 5 月的 ABC 曲线 W 统计值分别为 0.021、0.176 和－0.006，从 ABC 曲线和 W 统计值可以看出，2013 年 5 月和 2014 年 5 月游泳动物群落结构处于相对稳定状态，2015 年 5 月则处于扰动状态。2013—2015 年生物量比例居前两位都为双斑蟳和口虾蛄，两者之和分别为 43.86%、66.33%和 57.61%。与同期鱼类数量生物量曲线有较大差别，说明虾蟹类为春季崂山湾水域的主要渔业资源，对维持生态平衡具有重要作用。

2013 年 8 月崂山湾游泳动物群落的数量优势度曲线远高于生物量优势度曲线，其 W 统计值为－0.782。该年度戴氏赤虾和口虾蛄的数量比例合计占 49.53%，生物量居前两位的分别为口虾蛄和戴氏赤虾，两者生物量比例之和为 38.27%，说明 2013 年 8 月崂山湾主要游泳动物口虾蛄和戴氏赤虾多为当年补充群体，个体较小。小个体游泳动物的数量优势致使年度的数量优势度曲线远高于生物量优势度曲线。

2014 年 8 月崂山湾游泳动物群落 W 统计值为 0.084，数量优势度曲线开始位于生物量优势度曲线上，从第二种游泳动物开始，生物量优势度曲线与数量优势度曲线基本重合，约在第六种游泳动物后，生物量优势度曲线位于数量优势度曲线之上，在第 15 种游泳动物后，生物量优势度曲线与数量优势度曲线基本重合。该年度三疣梭子蟹、口虾蛄、小黄鱼和日本枪乌贼生物量比例居前 4 位，分别为 23.69%、20.69%、12.19%和 10.15%。数量比例居前 4 位的分别为日本枪乌贼、双斑蟳、口虾蛄和小黄鱼，分别为 26.50%、16.30%、13.21%和 11.99%。虽然虾蟹类的生物量比例和数量比例占绝对优势，但鱼类和软体类的生物量比例和数量比例在游泳动物中也占有一席之地，可以看出，该年度崂山湾游泳动物的群落结构相对合理。W 统计值也反映出该年度崂山湾游泳动物群落结构处于相对稳定状态。

2015 年 8 月崂山湾游泳动物群落的 W 统计值为 0.772。生物量优势度曲线开始远高于数量优势度曲线，只是在第 12 种游泳动物之后，两者开始重合。口虾蛄和三疣梭子蟹的生物量比例占了较大优势，分别为 35.94%和 16.40%，紧随其后的为软体类的日本枪乌贼和鱼类的小黄鱼，分别为 11.58%和 8.98%。数量比例居前 5 位的分别日本枪乌贼、双斑蟳、赤鼻棱鳀、口虾蛄和小黄鱼，分别为 23.65%、13.74%、10.81%、7.35%和 7.32%。同 2014 年 8 月，合理的生物量与数量种类分布，使得该年度崂山湾的游泳动物群落结构相对合理。

对比 2013—2015 年 3 个年度 5 月和 8 月鱼类与游泳动物群落 ABC 曲线和 W 统计值可以看出，崂山湾适合虾蟹类和软体类，特别是虾蟹类的生长；而其鱼类生物群落结构相对简单。虾蟹类和软体类丰富了崂山湾水域渔业资源的群落结构，在渔业资源的增养殖中应考虑此现象。

第六章 崂山湾增殖生态容量与健康评价

第一节　崂山湾增殖生态容量

一、增殖生态容量

世界海洋渔业资源承受着巨大的压力。全球渔业捕捞产量由1950年的2 000万t增长到2012年的9 000万t。全球捕捞努力量在1950—1970年期间保持不变，而后到目前稳步增长，严重超过最佳数量。随着人类对海产资源需求的增加，以及过度捕捞和环境污染的加剧，渔业资源野生种群恢复速度已远远低于人类需求的增长。20世纪80年代末期，人类对海洋生物的年攫取量首次超过1.3亿t，已远远高于海洋生物种群的更新能力。针对目前海洋渔业资源衰退现状，各国政府相应地实施了一系列的渔业管理措施，归结起来，大致可分为3种类型：控制捕捞力量、在重要水域（如一些经济种类产卵场）设立自然保护区和实施海洋生物资源增殖放流。有专家指出，实施海洋生物资源增殖放流是恢复渔业资源最直接、最根本的措施。据报道，截至2009年已有94个国家开展了增殖放流工作，其中有64个国家开展了海洋生物资源增殖放流。

增殖放流不仅要恢复所放流物种的种群数量，还要求保证不破坏放流水域生态系统的结构和功能，并向“生态型放流”方向发展，保持生态平衡。目前，较为成功的增殖放流案例相对较少，仅日本北部海域虾夷扇贝（*Mizuhopecten yessoensis*）、新西兰南岛虾夷扇贝、黄海和渤海中国对虾（*Fenneropenaeus chinensis*）等少数地方、少数种类的增殖放流取得了显著效果，一些规模较大的增殖放流收效甚微，甚至引发了种群遗传多样性丧失、病害多发、生态系统失衡等许多负面效应。

2003年联合国粮食及农业组织提出了“负责任渔业增养殖”的概念，增养殖计划的实施须依据海域的资源营养状况和环境，同时评价对生物多样性的潜在影响，保护水生生物栖息地，关注过度增殖引起的生态风险。最优放流策略是负责任地解决海洋生物资源衰退问题的要素之一。最优放流策略涉及放流地点、放流尺寸、放流季节以及放流数量。增殖放流前应对放流水域的生态系统开展调查，了解放流水域的生态结构、食物链构成，摸清初级生产力、次级生产力及其动态变化，进行增殖种类的筛选、放流地点的选择、放流规格的确定和放流数量的评估。增殖容量研究是研究最佳放流数量的前提。容量概念来源于种群增长逻辑斯谛方程（The logistic equation），1934年Errington首次使用这一术语。生态容量（Ecological carrying capacity）是容量概念的特定使用，应用在增殖放流中为增殖生态容量。参考容量以及养殖生态容量的定义，定义增殖生态容量为特定时期、特定海域所能支持的，不会导致种类、种群以及生态系统结构和功能发生显著性改变的最大增殖量。

目前，放流种类增殖生态容量的研究主要从饵料动态变化、觅食需求的角度来进行评估。增殖放流目标种的饵料是否充足对增殖放流能否取得成效至关重要，饵料生物受限成为一些海域增殖放流不成功的主要原因。国内一些学者以中国对虾所需的饵料生物和最大生产量为基础，粗略估算了胶州湾、黄海北部中国对虾的适宜放流量。Salvanes et al（1995）初步评估了挪威峡湾鱼类的容纳量。Seitz et al（2008）通过青蟹（*Callinectes sapidus*）数量与主要饵料生物蛤仔（*Macoma balthica*）的简单密度关系，研究了美国切萨皮克湾青蟹的生态容量。

有关生态容量的定量研究，学者多通过模型来实现，如Ecopath模型，Matlab、XPP（XPPAUT）数值软件建模等。Ecopath模型考虑种间的相互作用——食物竞争者、捕食者以及海域所能提供的初级生产量基础等，可以评估放流种类的生态容量。但Ecopath模型从物质能量平衡的角度，静态模拟特定时期、特定水域系统的生态容量，也有一定的局限性，增殖种类以及饵料生物的生长变化过程暂未考虑；同时作为一个生态系统模型，模型的参数调试比较烦琐，针对不同海域需要重新构建模型。Taylor and Suthers（2008）、Taylor et al（2013）基于Matlab软件，建立基于Ecopath模型原理的捕食影响模型，评估了日本白姑鱼（*Argyrosomus japonicas*）的放流量及对饵料生物潜在的捕食影响。

二、增殖生态容量评估方法

Ecopath 模型

1. 模型构建的基本原理

Ecopath模型定义生态系统由一系列生态关联的功能群或组（Group）组成，所有功能群能够基本覆盖生态系统能量流动的途径。功能群可以是生态习性相同的种类、重要的渔业种类，也包括有机碎屑、浮游植物、浮游动物、底栖生物。根据营养动力学原理，每个功能群的能量输入与输出保持平衡。

Ecopath模型基于两个主方程，一个描述物质平衡，另一个考虑能量平衡，分别表示为：

$$P_i = Y_i + B_i \times M_{2i} + E_i + BA_i + M_{0i} \times B_i \quad (1)$$

$$Q_i = P_i + R_i + U_i \quad (2)$$

式中，P_i 是总生产量；Y_i 是总捕捞量；B_i 是生物量；E_i 是净迁移（迁出—迁入）；BA_i 是生物量积累；R_i 是呼吸量；U_i 是未消化的食物量；Q_i 是消耗量；M_{0i}是其他死亡率；M_{2i}是捕食死亡率。

$$M_{0i}=\frac{P_i\times(1-EE_i)}{B_i}, M_{2i}=\sum_{j=1}^{n}\frac{Q_j\times DC_{ji}}{B_i} \quad (3)$$

式中，EE_i 是功能组 i 的生态营养效率；指生产量在系统中利用的比例；DC_{ji} 是被捕食者 j 占捕食者 i 的食物组成的比例；其他公式项含义同式（1）和式（2）。

假设各生物的食性组成在研究期间保持不变，式（1）和式（2）可进一步表示为

$$B_i\times(P/B)_i\times EE_i-\sum_{j=1}^{n}B_j\times(Q/B)_j\times DC_{ji}-Y_i-E_i-BA_i=0 \quad (4)$$

建立 Ecopath 模型要求输入 B、P/B、Q/B 和 EE 四个基本参数中的任意三个，以及食物组成矩阵 DC 和渔获量。各功能群的 P/B 和 Q/B 可以根据渔业生态学数据获得。在生态系统平衡情况下，鱼类的 P/B 等于瞬时总死亡率（Z），Gulland（1983）和 Pauly（1980）提出多种估算鱼类和其他水生动物 P/B 的方法。Q/B 则根据 Palomares and Pauly（1989）提出的使用尾鳍外形比的多元回归模型来计算。食物组成矩阵 DC 一般根据生物的胃含物分析获得。

2. 功能群的选取与模型平衡

Ecopath 模型最少要定义 12 个功能群，最多可定义 50 个功能群。可以考虑生态系统中能量从有机物经过初级生产、次级生产到顶级捕食者流动的每一个通道的分支，根据掌握生态学和生物学资料的范围和深度以及研究目的来定义功能群的数量。根据唐启升（1999）提出的“简化食物网”的研究策略，选择占生物量绝大多数（80%～90%）的生物种类，并引入放流种类，以及放流种类的食物竞争者、捕食者等。

Ecopath 模型的调试过程是使生态系统的输入和输出保持平衡，模型平衡满足的基本条件是：$0<EE\leqslant 1$。Ecopath 模型建立的置信度的高低取决于参数来源的可靠性和准确性。模型的可信度和灵敏度分别采用 Ecopath 模型中的 Pedigree 和 Sensitivity analysis 进行评价。在数据提交和处理过程中，可以运用模型自带的 Ecowrite 记录数据的来源及引用情况。当输入原始数据，初始参数化估计后，不可避免地得到一些功能群的 $EE>1$（不平衡功能群），平衡 Ecopath 模型可以利用其中的自动平衡函数（Kavanagh et al，2004）设定置信区间（通常为 20%），反复调整不平衡功能群的食物组成以及其他参数，直至所有 $0<EE\leqslant 1$。

3. Ecopath 模型的主要输出结果

Ecopath 模型计算表征生态系统结构与功能、成熟度与稳定性的一系列参数。总初级生产量/总呼吸量（TPP/TR）、净生产量（NSP）、信息（Information）、循环指数（FCI）、连接指数（CI）和系统杂食指数（SOI）等是表征系统成熟度的重要指标。TPP/TR 是初级生产力与总呼吸量的比值，为表征系统成熟度的主要指标。成熟的生态系统中，TPP/TR 比值逐渐接近于 1，说明没有多余的生产量可供系统再利用。FCI 表示系统生产力中贡献物质和能量再循环的比例，表征生态系统有机物质流转的速度，

在模型中可通过直接计算得到。$0<FCI<0.1$ 时，属于低再循环率，系统处于发育的早期；$FCI>0.5$ 时，属于高再循环率，说明系统处于发育的成熟期。CI 和 SOI 是表征系统内部联系复杂程度的指标，越是成熟的系统，其各功能群间的联系越强，系统越稳定。

Ecopath 模型的网络分析指数分析的是生态系统的能量流动，生态系统的总流量是生态系统的能量流动总和，反映系统规模的大小，它是总摄食消耗量、总输出、总呼吸以及流入碎屑能量的总和。

4. 基于 Ecopath 模型的增殖生态容量计算与分析

增殖生态容量的计算参考贝类养殖容量的估算方法。根据 Ecopath 模型的构建原理，通过不断增加某放流品种的生物量（捕捞量也相应地成比例增加），观察系统中饵料生物等其他功能群的变化，当模型中任意其他功能群的 $EE>1$ 时，模型将变得不平衡而改变当前的状态，模型即将不平衡前的放流品种生物量即为生态容量。

生态系统达到生态容量时，生物量参数的鲁棒性检验通过改变模型在增殖生态容量平衡状态下的每个功能群的生物量值进行测试，生物量分别乘以因子 0.01、0.1、0.5、2、10 以及 100。一次仅改变 1 种功能群的生物量，其他功能群的生物量保持不变。在保持 Ecopath 模型平衡状态的情况下，用某个功能群生物量的变动程度来测试此功能群的生物量在系统达到生态容量时的抗扰动程度。

三、崂山湾中国对虾的增殖生态容量评估

从 20 世纪 80 年代开始，我国就已在渤海、黄海北部开展过中国对虾的增殖放流。进入 21 世纪以后，自 2005 年起，我国又加大了增殖放流的力度，特别是 2009 年，增殖放流的种类与数量都有了明显的增加。山东省、天津市、河北省、辽宁省分别在莱州湾、渤海湾、秦皇岛外海、辽东湾、山东半岛近岸等几个区域放流了中国对虾、三疣梭子蟹、海蜇、褐牙鲆、半滑舌鳎等经济价值极高的公益性渔业种类。增殖放流增加了渔业产量、渔民收入和就业机会，但同时也有一定的负效应，过度放流对野生种类有一定的遗传风险。引导渔业资源增殖放流向“生态型放流”方向发展、开展渔业资源养护技术研究，首先要进行放流种类的增殖容量评估。

为了改善崂山湾渔业资源的衰退现状，渔业部门在崂山湾开展了中国对虾等品种的增殖放流。崂山湾主要渔业种类以底栖食性为主，中国对虾的大规模放流可能加剧底栖食性种类的食物竞争。合理的放流量能使生态系统结构和功能维持稳定，减少放流的生态风险，保证增殖放流实现最佳效果，这就需要对崂山湾中国对虾的生态容量有深刻认识。本节利用 Ecopath 模型对崂山湾中国对虾的增殖生态容量进行研究。

崂山湾生态系统 Ecopath 模型的构建

1. 数据来源

依据 2013—2014 年崂山湾海域的资源调查数据，构建崂山湾海域 5 月、8 月、10 月的 Ecopath 模型，利用建模软件 Ecopath with Ecosim 版本 5.1 和 6.1 构建。Ecopath 模型要求输入生物量（B）、生产量/生物量（P/B）、消耗量/生物量（Q/B）和生态营养效率（EE）4 个基本参数中的任意 3 个，以及食物组成矩阵和捕捞量参数。Ecopath 模型的调试是使生态系统的输入和输出保持平衡，模型平衡满足的基本条件是 $0<EE\leqslant 1$。

崂山湾海域生态系统定义的功能群见表 6-1，其中包括渔业优势种类、生态习性相同的种类、中国对虾、中国对虾的食物竞争者和敌害生物，还包括碎屑、浮游植物、浮游动物、底栖动物等。数据来自 2013 年 5 月、8 月和 10 月崂山湾海域资源环境调查。调查网口高度 1.65 m、宽度 3.75 m，拖速大约 2 n mile/h，所有的调查数据标准化处理为 1 h。

表 6-1　崂山湾生态系统 Ecopath 模型功能群的定义

序号	功能群	组　　成
1	斑鰶	斑鰶（*Konosirus punctatus*）
2	黄鲫	黄鲫（*Setipinna taty*）
3	鳀	日本鳀（*Engraulis japonicus*）
4	其他中上层鱼类	鳀科（Engraulidae） 鲱科（Clupeidae） 银鲳（*Pampus argenteus*）
5	小黄鱼	小黄鱼（*Larimichthys polyactis*）
6	其他底层鱼类	带鱼科（Trichiuridae） 大泷六线鱼（*Hexagrammos otakii*） 白姑鱼（*Argyrosomus argentatus*） 花鲈（*Lateolabrax japonicas*） 鲬（*Platycephalus indicus*） 鲀科（Tetraodontidae） 其他石首鱼科（Sciaenidae） 绿鳍马面鲀（*Navodon modestus*） 鲷科（Sparidae） 绵鳚科（Zoarcidae）
7	鰕虎鱼类	矛尾鰕虎鱼（*Chaeturichthys stigmatias*） 六丝钝尾鰕虎鱼（*Amblychaeturichthys hexanema*） 矛尾复鰕虎鱼（*Synechogobius hasta*） 中华栉孔鰕虎鱼（*Ctenotrypauchen chinensis*） 红狼牙鰕虎鱼（*Odontamblyopus rubicundus*）
8	短吻红舌鳎	短吻红舌鳎（*Cynoglossus joyneri*）
9	其他底栖鱼类	黑鲪（*Sebastodes fuscescens*） 细纹狮子鱼（*Liparis tanakae*）

（续）

序号	功能群	组　　成
9	其他底栖鱼类	黄鮟鱇（*Lophius litulon*） 鲆科（Bothidae） 鲽科（Pleuronectidae） 舌鳎科（Cynoglossidae）
10	中国对虾	中国对虾（*Fenneropenaeus chinensis*）
11	口虾蛄	口虾蛄（*Oratosquilla oratoria*）
12	三疣梭子蟹	三疣梭子蟹（*Portunus trituberculatus*）
13	其他虾类	葛氏长臂虾（*Palaemon gravieri*） 脊腹褐虾（*Crangon affinis*） 脊尾白虾（*Palaemon carinicouda*） 鹰爪虾（*Trachypenaeus curvirostris*） 日本鼓虾（*Alpheus japonicus*） 鲜明鼓虾（*Alpheus distinguendus*） 中国毛虾（*Acetes chinensis*）
14	其他蟹类	日本蟳（*Charybdis japonica*） 泥脚隆背蟹（*Carcinoplax vestita*） 日本关公蟹（*Dorippe japonica*） 双斑蟳（*Charybdis bimaculata*）
15	头足类	日本枪乌贼（*Loligo japonica*） 双喙耳乌贼（*Sepiola birostrat*） 长蛸（*Octopus variabilis*） 短蛸（*Octopus ocellatus*）
16	软体类	双壳类（Bivalvia） 腹足类（Gastropoda）
17	多毛类①	多毛类（Polychaeta）
18	棘皮类	棘皮类（Echinodermata）
19	底栖甲壳类②	糠虾类（Mysidacea） 介形类（Ostracoda） 端足类（Gammarid amphipods） 涟虫类（Cumacea） 短尾类幼体（Brachyura larva） 长尾类幼体（Maeruran larva）
20	小型底栖动物③	介形类（Ostracoda） 涟虫（Cumacea） 端足类（Amphipoda） 线虫（Nematoda） 底栖桡足类（Copepoda） 多毛类（Polychaeta） 双壳类（Bivalvia） 动吻类（Kinorhyncha） 涡虫（Turbellaria） 异足类（Tanaidacea） 等足类（Isopoda）
21	海蜇	海蜇（*Rhopilema esculenta kishinouye*）
22	浮游动物	真刺唇角水蚤（*Labidocera euchaeta*）

（续）

序号	功能群	组　成
22	浮游动物	强壮箭虫（*Sagitta crassa*） 中华哲水蚤（*Calanus sinicus*） 墨氏胸刺水蚤（*Centropages mcmurrichi*） 小拟哲水蚤（*Paracalanus parvus*）
23	浮游植物	硅藻（Bacillariophyta） 甲藻（Pyrrophyta）
24	碎屑	碎屑（Detritus）

注：功能群的组成种类为不完全列举。底栖动物按照个体大小分类，功能群之间各类有交叉，但是指的是不同大小的个体，①指的是大于0.5 mm的多毛类个体，②指的是大于0.5 mm的底栖甲壳类个体，③指的是小于0.5 mm的底栖动物个体。下同。

2. 模型质量及基本的输入输出结果

崂山湾海域3个月份Ecopath模型的Pedigree指数分别为0.489、0.507、0.499，处于合理范围，模型结果的可信度较高。对模型进行敏感性分析表明，模型估计参数对来自同一功能群的输入参数的变化最敏感，对其他功能群输入参数的变动有较强的鲁棒性。基本的输入和输出结果见表6-2。崂山湾海域生态系统功能群的营养级范围在5月、8月、10月分别为1～3.56、1～3.65、1～3.58；3个月份的营养级有轻微变动。中国对虾的能量流动主要集中在第3～4营养级，第3营养级的能量流动最高；8月中国对虾的总流量较5月和10月高（图6-1）。崂山湾海域生态系统总流量5月最高，10月最低，3个月份分别为4 195.10 t/km^2、4 018.08 t/km^2、3 330.29 t/km^2；崂山湾海域8月的净生产量最高，为1 232.06 t/km^2（表6-3）。

表6-2　崂山湾Ecopath模型的基本输入和输出结果

	功能群	*TL*	*B*（t/km^2）	*P/B*	*Q/B*	*EE*
	中上层鱼类	3.06	0.038 9	1.28	10.5	0.917 7
	小黄鱼	3.52	0.006 6	1.658	5.7	0.445 6
	其他底层鱼类	3.51	0.073 7	1.479 1	4.95	0.274 2
	鰕虎鱼类	3.56	0.016 1	1.592 2	4.7	0.404 8
	短吻红舌鳎	3.32	0.014 7	0.655 6	7.5	0.548 1
	其他底栖鱼类	3.5	0.014 3	0.957 8	4.93	0.569 2
	口虾蛄	3.08	0.100 5	8	30	0.477 2
a	中国对虾	3.05	0.000 1	8.5	25	0.527 4
	三疣梭子蟹	3.27	0.004 4	3.5	15	0.179 4
	其他虾类	2.9	0.045 1	6.5	16.35	0.858 8
	其他蟹类	2.86	0.110 9	5.65	26.9	0.257 2
	头足类	3.4	0.120 6	3.3	8	0.881 6
	软体类	2.45	1.56	6	27	0.283
	多毛类	2.23	1.4	6.75	22.5	0.242 1
	棘皮类	2.3	1.53	1.2	3.58	0.223 5

（续）

	功能群	*TL*	*B*（t/km²）	*P/B*	*Q/B*	*EE*
a	底栖甲壳类	2.35	1.1	5.65	26.9	0.709 5
	小型底栖动物	2.09	1.045	9	33	0.838
	浮游动物	2.1	8	25	125	0.569
	浮游植物	1	14.2	119	—	0.397 5
	碎屑	1	50	—	—	0.256 9
b	斑鰶	2.88	0.120 9	0.723	12.1	0.686 4
	鳀	3.14	0.162 9	3.005	9.7	0.423 3
	黄鲫	3.3	0.058 1	1.697 1	9.1	0.743 2
	其他中上层鱼类	3.15	0.120 4	1.74	8.9	0.689 6
	小黄鱼	3.65	0.016	1.658	5.7	0.704 5
	其他底层鱼类	3.6	0.274 1	1.479 1	4.95	0.729 8
	鰕虎鱼类	3.6	0.025	1.592 2	4.7	0.682 7
	短吻红舌鳎	3.47	0.083 7	0.655 6	7.5	0.757 5
	其他底栖鱼类	3.59	0.191	0.957 8	4.93	0.603 7
	口虾蛄	3.09	0.426 7	8	30	0.784 3
	中国对虾	3.3	0.002 4	8.5	25	0.336
	三疣梭子蟹	3.23	0.198 4	3.5	15	0.284 6
	其他虾类	2.7	0.517 8	6.5	16.35	0.990 6
	其他蟹类	2.73	0.228 6	5.65	26.9	0.801 6
	头足类	3.26	0.109 6	3.3	8	0.875 7
	软体类	2.42	1.6	6	27	0.891 8
	多毛类	2.19	0.759	6.75	22.5	0.841 3
	棘皮类	2.25	2.001	1.2	3.58	0.803 9
	底栖甲壳类	2.38	1.1	5.65	26.9	0.780 2
	小型底栖动物	2.08	0.843	9	33	0.672 7
	海蜇	2.67	0.79	5.011	25.05	0.301 8
	浮游动物	2.05	5.1	25	125	0.556 5
	浮游植物	1	14.45	119	—	0.274 1
	碎屑	1	42	—	—	0.166 3
c	中上层鱼类	3.04	0.046 3	1.74	8.9	0.912
	小黄鱼	3.6	0.02	1.658	5.7	0.834
	其他底层鱼类	3.58	0.030 5	1.479	4.95	0.873
	鰕虎鱼类	3.46	0.028 7	1.592	4.7	0.509
	短吻红舌鳎	3.42	0.012 4	0.656	7.5	0.494
	口虾蛄	3.18	0.106	8	30	0.508
	中国对虾	3.29	0.001	8.5	25	0.671
	三疣梭子蟹	3.33	0.015 2	3.5	15	0.602
	其他虾类	2.87	0.082 7	6.5	16.35	0.7
	其他蟹类	2.82	0.013 1	5.65	26.9	0.126

（续）

	功能群	TL	B（t/km²）	P/B	Q/B	EE
	头足类	3.39	0.085 9	3.3	8	0.823
	软体类	2.36	1	6	27	0.816
	多毛类	2.21	2.87	6.75	22.5	0.184
	棘皮类	2.35	7.58	1.2	3.58	0.167
c	底栖甲壳类	2.24	1.3	5.65	26.9	0.763
	小型底栖动物	2.25	1.085	9	33	0.847
	浮游动物	2.05	4.05	25	125	0.487
	浮游植物	1	11.745	119	—	0.278
	碎屑	1	24	—	—	0.195

注：TL 是营养级；B 是生物量；P/B 是生产量/生物量；Q/B 是消耗量/生物量；EE 是生态营养效率。

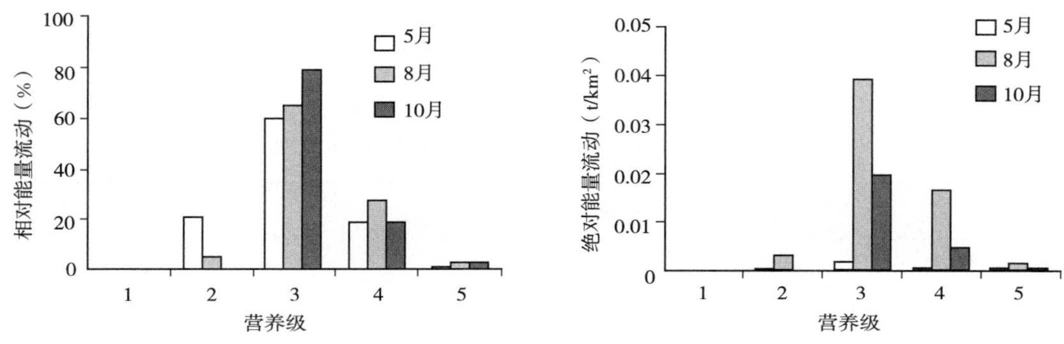

图 6-1　中国对虾的能量流动

表 6-3　崂山湾生态系统的总体特征参数及变化

参　数	5 月	8 月（V1）	10 月	V2
总消耗量（t/km²）	1 152.01	821.25	702.46	824.13
总输出量（t/km²）	1 005.65	1 232.09	990.48	1 230.97
总呼吸量（t/km²）	684.26	487.49	407.71	488.61
流入碎屑总量（t/km²）	1 353.18	1 477.25	1 229.63	1 476.08
系统总流量（t/km²）	4 195.10	4 018.08	3 330.29	4 019.79
渔获物平均营养级	3.24	2.89	3.06	2.92
总捕捞效率	0.000 03	0.000 29	0.000 17	0.000 31
总初级生产量（t/km²）	1 689.80	1 719.55	1 397.66	1 719.55
总初级生产量/总呼吸（TPP/TR）	2.47	3.53	3.43	3.52
净生产量（t/km²）	1 005.54	1 232.06	989.94	1 230.94
总初级生产量/总生物量（TPP/B）	57.51	58.93	46.48	58.70
总生物量（t/km²）	29.38	29.18	30.07	29.29
连接指数（CI）	0.40	0.36	0.38	0.36
系统杂食指数（SOI）	0.25	0.27	0.26	0.27
循环指数（%）（FCI）	6.36	3.35	4.24	3.33
总转换效率（%）	6.4	11.6	8.3	11.8

注：V1 为当前的系统状态；V2 为放流中国对虾达到生态容量时的状态。

3. 崂山湾中国对虾的增殖容量估算

黄海的伏季休渔期从 5 月 1 日到 9 月 1 日，对应着 8 月崂山湾生态系统的净生产量较 5 月、10 月高。在 8 月崂山湾 Ecopath 模型基础上，评估了放流中国对虾的增殖生态容量。当前崂山湾海域 8 月中国对虾生物量是 0.002 4 t/km²，大量放流中国对虾，势必将加大对饵料生物（软体类和底栖甲壳类）的摄食压力。当中国对虾生物量超过 0.117 6 t/km² 时，首先软体类功能群将 $EE>1$，随后底栖甲壳类功能群也将 $EE>1$，模型将失去平衡。崂山湾海域能够支撑 0.117 6 t/km² 的中国对虾，而且不会改变系统其他组成的生物量与流动，能提高系统转换效率。对比当前状态与放流中国对虾至增殖生态容量时崂山湾生态系统的总体特征参数（表 6－3），大部分特征参数变化不大或基本一致，如系统总流量、总捕捞效率、渔获物的平均营养级、总转换效率稍有增加；系统其他能量流动与生态系统指数也变化不大，未影响水域系统的生态稳定性，由此确定崂山湾中国对虾的增殖生态容量为 0.117 6 t/km²（表 6－4）。

表 6－4　中国对虾增殖生态容量模拟过程中生态系统模型的变动情况

倍数	生物量（t/km²）	捕捞量（t/km²）	模型的变动
1（当前）	0.002 4	0.001	
2	0.004 8	0.002	平衡
10	0.024	0.01	平衡
20	0.048	0.02	平衡
49	**0.117 6**	0.049	平衡
49.1	0.117 8	0.049 1	软体类 $EE=1$
50	0.12	0.05	软体类 $EE>1$
83	0.199 2	0.083	底栖甲壳类 $EE=1.000\ 3$，软体类 $EE=1.077\ 4$

注：表中黑体数据为中国对虾增殖生态容量。

软体类与底栖甲壳类是中国对虾的主要饵料，是决定崂山湾海域中国对虾增殖生态容量的主要限制性因素。当中国对虾达到增殖生态容量时，软体类与底栖甲壳类生物量轻微的改变均将导致系统状态发生变化而不平衡，而其他功能群的生物量的变化具有较强的鲁棒性。11 个功能群的任意一个生物量减半，12 个功能群的任意一个生物量成倍增加，3 个功能群的生物量成 10 倍增加或者 2 个初级生产者功能群的生物量成 100 倍增加，模型仍然保持平衡（表 6－5）。在系统达到生态容量时，24 个功能群中，16 个功能群的生物量能够抵制干扰，保持模型平衡；初级生产者、次级生产者功能群在抗扰动方面具有较强的鲁棒性。

以崂山湾海域 8 月的 Ecopath 模型为基础，估算出中国对虾的增殖生态容量为 0.117 6 t/km²，与中国对虾现存生物量相比，崂山湾海域中国对虾有较大增殖潜力。根据生物学测定，8 月中国对虾的平均体重约为 34.7 g，假设此时中国对虾达到增殖容量

0.117 6 t/km²（折合资源总量为 137.9 t），换算成中国对虾数量约为 397.4 万尾。据养殖和捕捞的中国对虾死亡数据计算，从 3 cm 种苗放流开始至开捕前的死亡率合计约 90%，根据死亡率回推放流尾数，则需放流 3 cm 种苗约 3 974 万尾；暂养过程中 1 cm 虾苗生长到 3 cm 虾苗的平均死亡率为 40%，则需放流 1 cm 种苗约 6 623 万尾。

表 6-5　中国对虾生物量达到生态容量时的鲁棒性检验

功能群	0.01×*B*	0.1×*B*	0.5×*B*	生物量 *B*（t/km²）	2×*B*	10×*B*	100×*B*
斑鰶	0.001 2	0.012 1	**0.060 5**	**0.120 9**	0.241 8	1.209	12.09
鳀	0.001 6	0.016 3	**0.081 5**	**0.162 9**	**0.325 8**	1.629	16.29
黄鲫	0.000 6	0.005 8	**0.029 1**	**0.058 1**	**0.116 2**	0.581	5.81
其他中上层鱼类	0.001 2	0.012 0	0.060 2	**0.120 4**	**0.240 8**	1.204	12.04
小黄鱼	0.000 2	0.001 6	0.008 0	**0.016 0**	**0.032 0**	0.160	1.60
其他底层鱼类	0.002 7	0.027 4	0.137 1	**0.274 1**	0.548 2	2.741	27.41
鰕虎鱼类	0.000 3	0.002 5	0.012 5	**0.025 0**	0.050 0	0.250	2.50
短吻红舌鳎	0.000 8	0.008 4	**0.041 9**	**0.083 7**	0.167 4	0.837	8.37
其他底栖鱼类	0.001 9	0.019 1	**0.095 5**	**0.191 0**	0.382 0	1.910	19.10
口虾蛄	0.004 3	0.042 7	0.213 4	**0.426 7**	0.853 4	4.267	42.67
中国对虾	**0.001 2**	**0.011 8**	**0.058 8**	**0.117 6**	0.235 2	1.176	11.76
三疣梭子蟹	0.002 0	0.019 8	**0.099 2**	**0.198 4**	0.396 8	1.984	19.84
其他虾类	0.005 2	0.051 8	0.258 9	**0.517 8**	1.035 6	5.178	51.78
其他蟹类	0.002 3	0.022 9	0.114 3	**0.228 6**	0.457 2	2.286	22.86
头足类	0.001 1	0.011 0	0.054 8	**0.109 6**	**0.219 2**	1.096	10.96
软体类	0.016 0	0.160 0	0.800 0	**1.600 0**	**3.200**	16.00	160.00
多毛类	0.007 6	0.075 9	0.379 5	**0.759 0**	**1.518**	7.590	75.90
棘皮类	0.020 0	0.200 1	1.000 5	**2.001 0**	4.002	20.01	200.10
底栖甲壳类	0.011 0	0.110 0	0.550 0	**1.100 0**	2.200	11.00	110.00
小型底栖动物	0.008 4	0.084 3	0.421 5	**0.843 0**	**1.686**	**8.43**	84.30
海蜇	0.007 9	0.079 0	**0.395 0**	**0.790 0**	**1.580**	7.90	79.0
浮游动物	0.051 0	0.510 0	**2.550**	**5.100 0**	**10.20**	51.00	510
浮游植物	0.144 5	1.445	**7.225**	**14.450 0**	**28.90**	**144.50**	**1 445**
碎屑	**0.420 0**	**4.200**	**21.00**	**42.000 0**	**84.00**	**420**	**4 200**

注：每个功能群的生物量均乘以因子 0.01、0.1、0.5、2、10 以及 100，一次仅改变 1 个功能群的生物量值，其他生物量保持不变。粗体数值指模型仍然平衡、功能群具有较高的鲁棒性；其他数值指模型变得不平衡、功能群具有较低的鲁棒性。

Ecopath 模型所估算的生态容量是从生态效益的角度考虑，仅仅是一个理论上限。依据渔业生产管理中采用的最大可持续产量（MSY）理论，采用最大增殖容量值减半时，放流种群的生长率较高，指导生产需兼顾经济、社会效益。随着增殖放流活动的大规模开展，利用 Ecopath 模型计算生态容量的方法，为渔业资源增殖放流的可持续发展提供了一定的理论指导。崂山湾海域 Ecopath 模型的构建针对该海域的生态学特点，其计算增殖生态容量的方法对类似的其他水域同样适用。在模型构建过程中，各功能群食性存在一定的时空变化，应尽量采用同步的胃含物分析数据；同时，模型构建需要大量数据参数，在使用过程中要尽可能依靠实测数据提高模型的数据质量和置信度。

第二节　崂山湾生态系统及鱼类群落健康评价

生态系统健康是指一个生态系统通过自我调节能维持自身组织结构功能的稳定并且对外界的胁迫具有一定的恢复能力，可以为人类发展提供生态服务支持。健康的生态系统具有以下特征：生物群落稳定，生境结构完整；具有一定的抵御外界干扰的抵抗力和恢复力；生态服务功能稳定，能够满足人类合理发展的生态需求。生态系统健康评价是指选取有效的指标和科学的方法，对生态系统的健康状况进行准确诊断，进而方便对生态系统进行健康管理，实现人和自然生态系统的协调发展。当前水生态系统健康评价主要有 2 种方法：指示物种法和指标体系法。指示物种法是采用一些指示种群，利用其多样性和丰富度来监测水生态系统的健康状况；指标体系法是根据水生态系统的特征和其服务功能建立指标体系，采用数学方法确定其健康状况。在指示物种法中，生物完整性指数（*IBI*）是目前水生态系统健康评价中应用最广泛的指标之一。在指标体系法中，综合指数法被较多地应用于海湾生态系统健康评价。合理的指标体系既能反映水域的总体健康水平，又能反映生态系统健康的变化趋势。

海湾是陆、海相互作用以及严重受人类干扰活动的区域，是环境变化的敏感带和生态系统的脆弱带。全球约 41%的海域，尤其是河口、海湾已经受到人类活动的严重干扰，海湾生态环境的严重恶化目前已成为世界海岸带面临的重要灾害，给海岸地区的环境与生态亦带来严峻挑战。海湾生态系统健康评价与恢复正受到国内外的广泛关注，并成为海洋生态学及海洋管理研究的热点问题之一。本节基于 2014 年 5 月崂山湾海域资源环境调查数据，采用层次分析法和综合指数法，构建生态系统健康评价模型，对崂山湾海域生态系统健康进行初步评价，同时应用鱼类生物完整性指数（*F*-*IBI*）对该海域生态系统进行健康评价，以期为海洋生态系统和渔业资源的可持续性管理和合理利用提供科学依据。

一、基于鱼类生物完整性指数（*F*-*IBI*）指标的崂山湾生态系统健康评价

（一）生物完整性指数（*IBI*）指标

生物完整性指数（*IBI*）是由 Karr（1981）提出的一种水域生态系统健康状况评价

指标，其定义为："一个地区的天然栖息地中的群落所具有的种类组成、多样性和功能结构特征，以及该群落所具有的维持自身平衡、保持结构完整和适应环境变化的能力。"以鱼类为评价对象的 *IBI*（*F－IBI*）指标一般由 3 大类别组成：①种类丰度和组成；②食性结构；③鱼类丰度和健康状况。每一个指标被赋值 5 或 3 或 1，若该指标的原始数据接近期望值即被赋值为 5，若该指标的数据严重偏离期望值就赋值为 1，若处于两者之间则赋值为 3。所有指标赋值的总和表示实测数据和期望鱼类群落数据的偏离程度。

（二）适合崂山湾的 *F－IBI* 指标体系及健康评价

根据 2014 年 5 月的渔业资源调查数据，参照 1998 年 5 月山东半岛近岸海域渔业资源数据，基于鱼类种类组成、营养结构和渔获量等 3 个方面的 10 项指标（每一个指标被赋值 5 或 3 或 1，若该指标的原始数据接近期望值即被赋值为 5，若该指标的数据严重偏离期望值就赋值为 1，若处于两者之间则赋值为 3），构建崂山湾鱼类群落健康评价指标体系（表 6－6），对崂山湾海域鱼类群落波动和受干扰程度进行评价。

表 6－6　崂山湾鱼类生物完整性指数（*F－IBI*）指标体系

指　标	1998 年 5 月山东半岛近岸	评分标准			2014 年 5 月	2014 年 5 月赋值
		5	3	1		
鱼类总种类数	46	＞45	30～45	＜30	32	3
中上层鱼类所占比例	45.7%	＜30%	30%～40%	＞40%	22%	5
底层鱼类所占比例	28%	＞40%	30%～40%	＜30%	43%	5
底栖鱼类所占比例	26%	＞30%	15%～30%	＜15%	35%	5
Shannon－Wiener 多样性指数（H'）	1.26	＞1.2	0.7～1.2	＜0.7	2.34	5
杂食性鱼类所占比例	20.7%	＞20%	10%～20%	＜10%	19.42%	3
底栖动物食性鱼类所占比例	44.4%	＞40%	20%～40%	＜20%	57.38%	5
浮游动物食性鱼类所占比例	33.3%	＜15%	15%～25%	＞25%	6.72%	5
碎屑或植物食性鱼类所占比例	1.6%	＜10%	10%～20%	＞20%	5%	5
单位渔获量（kg/km^2）	1 039	＞500	300～400	＜300	119	1
IBI 分值						42
IBI 等级						良好

2014 年 5 月崂山湾海域鱼类群落 *IBI* 分值为 42，状态良好，鱼类群落受干扰程度较小。应用 *F－IBI* 指数对崂山湾进行健康评价，结果显示其健康状态良好。

二、基于综合指数法指标体系的崂山湾生态系统健康评价

指标体系法是指根据生态系统的特征和其服务功能建立指标体系，采用数学方法确定其健康状况。在指标体系法中，综合指数法被较多地应用于海湾生态系统健康评价。合理的指标体系既能反映水域的总体健康水平，又能反映生态系统健康变化趋势。本研究采用综合指数法指标体系进行崂山湾生态系统健康评价，以期对海湾生态系统和渔业资源的可持续性管理和合理利用提供科学依据。

（一）生态系统健康评价指标筛选原则

依据综合指数法指标体系进行生态系统健康评价的第一步是指标选择原则的确定。崂山湾生态系统健康评价指标的选择应该遵循：①符合生态系统健康的概念和管理的目标；②指标必须具有代表性，选择对崂山湾生态系统健康影响较大、起主导作用的关键因子；③指标必须简单、含义明确，具有较强的可操作性；④各指标之间不具有明显的相关性；⑤指标体系应覆盖面广，能够反映生态系统健康的各个层面。

（二）崂山湾生态系统健康评价指标体系

1. 评价模型指标体系

崂山湾海域生态系统健康评价模型指标体系由理化环境、生物群落结构、生态系统功能 3 大类 12 个指标构成，分为 4 个层次，其中 A 层为目标层，B 层为准则层，C、D 为指标层（表 6－7）。其中部分指标的计算公式如下：

有机污染指数 A：

$$A = \frac{C_{COD}}{C'_{COD}} + \frac{C_{DIN}}{C'_{DIN}} + \frac{C_{IP}}{C'_{IP}} + \frac{C_{DO}}{C'_{DO}} \tag{5}$$

营养水平指数 E：

$$E = \frac{C_{COD} \times C_{DIN} \times C_{IP}}{1\ 500} \tag{6}$$

其中，C_{COD}、C_{DIN}、C_{IP}、C_{DO}分别为化学耗氧量（mg/L）、无机氮（mg/L）、活性磷酸盐（mg/L）、溶解氧（mg/L）的实测值；分母分别为各因子相应的评价标准值。

生物多样性综合指数 D：

$$D = H' \times J' \tag{7}$$

$$H' = -\sum_{i=1}^{S} P_i \ln P_i \tag{8}$$

$$J' = \frac{H'}{\ln S} \tag{9}$$

其中，H'为 Shannon－Wiener 多样性指数；J'为均匀度指数；S 为种类总数；P_i 为 i 鱼种占总渔获量的比例，采用生物量计算。

表 6－7　指标体系及其权重系数

目标层 A	准则层 B	指标层 C	指标层 D
崂山湾海域生态系统健康综合指数 A	理化环境状况 B1（0.428 6）	pH C1（0.2）	
		有机污染指数 C2（0.4）	
		营养水平指数 C3（0.4）	
	生态系统功能状况 B2（0.142 8）	叶绿素 C4（1）	
	生物群落结构状况 B3（0.428 6）	浮游植物 C5（0.4）	浮游植物生物量 D1（0.166 7）
			浮游植物生物多样性综合指数 D2（0.833 3）
		浮游动物 C6（0.2）	浮游动物生物量 D3（0.166 7）
			浮游动物生物多样性综合指数 D4（0.833 3）
		底栖生物 C7（0.2）	底栖生物生物量 D5（0.166 7）
			底栖生物生物多样性综合指数 D6（0.833 3）
		游泳动物 C8（0.2）	游泳动物生物量 D7（0.166 7）
			游泳动物生物多样性综合指数 D8（0.833 3）

2. 评价指标标准及权重的确定

理化环境指标参照标准的确定依据《海水水质标准》（GB 3097—1997）第一类标准。生物群落和叶绿素指标标准的确定参考贾晓平等（2003）、李虎等（2014）的分级标准。

利用层次分析法估算评价指标权重：首先对选取的指标进行判断，比较同一层次各指标的相对重要性，确定其标度，然后构造两两比较矩阵，通过 Excel 计算各个层次评价指标的权重值，并进行一致性检验（要求 $C.R.<0.1$）。将各评价指标相对于上一层的权重进行乘积计算即可得到各评价指标相对于目标层的权重 w_i（表 6－8）。

表 6－8　评价标准及对目标层的权重

指标因子	参照标准	权重	指标因子	参照标准	权重
pH	7.8～8.5	0.085 72	浮游动物生物量（mg/m^3）	＞100	0.014 28
有机污染指数	≤1	0.171 44	浮游动物生物多样性综合指数	＞3.5	0.071 43
营养水平指数	≤0.5	0.171 44	底栖生物生物量（g/m^2）	＞100	0.014 28
叶绿素（μg/L）	≥1	0.142 8	底栖生物生物多样性综合指数	＞3.5	0.071 43
浮游植物生物量（10^4 个/m^3）	200～5 000	0.028 57	游泳动物生物量（kg/km^2）	＞1 000	0.014 28
浮游植物生物多样性综合指数	＞3.5	0.142 9	游泳动物生物多样性综合指数	＞3.5	0.071 43

3. 健康评价模型

利用综合指数方法建立海洋生态系统健康综合评价模型：

$$EH = \frac{\sum_{j=1}^{n} H_j}{j} \tag{10}$$

$$H_j = \sum_{i=1}^{n} w_i \times H_{ij} \tag{11}$$

式中，EH 为崂山湾海域生态系统健康综合指数；H_j 为 j 站位的生态系统健康综合指数；H_{ij} 为第 i 个指标在 j 站位的生态系统健康分指数；w_i 为第 i 个指标相对目标层的权重。

生态系统健康综合指数和分指数越接近 1，说明生态系统健康状态越好；越接近 0，说明生态系统健康状态越差。根据生态系统健康综合指数数值大小，可将崂山湾海域生态系统的健康状态划分为 5 个等级（表 6－9）。

评价指标可分为正向指标、逆向指标和其他指标。正向指标是值越高对生态系统健康越有利的指标，包括浮游植物多样性综合指数、浮游动物生物量及其多样性综合指数、底栖生物生物量及其多样性综合指数、叶绿素，健康分指数计算公式如下：

$$H_{ij} = \begin{cases} 1, X_{ij} \geqslant S_{ij} \\ \dfrac{X_{ij}}{S_{ij}}, X_{ij} < S_{ij} \end{cases} \tag{12}$$

式中，H_{ij} 为第 i 个指标在 j 站位的生态系统健康分指数，X_{ij} 为第 i 个指标在 j 站位的实测值，S_{ij} 为第 i 个指标在 j 站位的参照标准。

逆向指标，值越低对生态系统健康越有利的指标，包括有机污染指数、营养水平指数，健康分指数计算公式如下：

$$H_{ij} = \begin{cases} 1, X_{ij} \leqslant S_{ij} \\ \dfrac{S_{ij}}{X_{ij}}, X_{ij} > S_{ij} \end{cases} \tag{13}$$

式中，H_{ij} 为第 i 个指标在 j 站位的生态系统健康分指数，X_{ij} 为第 i 个指标在 j 站位的实测值，S_{ij} 为第 i 个指标在 j 站位的参照标准。

其他指标，在一定范围内对生态系统的健康有利的指标，包括 pH 和浮游植物生物量，pH 健康分指数计算公式和浮游植物生物量健康分指数计算公式分别如下：

$$H_{ij} = \begin{cases} 1, X_{ij} \in [7.8, 8.5] \\ \dfrac{(8.5 - 8.15)}{|X_{ij} - 8.15|}, X_{ij} < 7.8 \text{ 或者 } X_{ij} > 8.5 \end{cases} \tag{14}$$

$$H_{ij} = \begin{cases} 1, X_{ij} \in [1\,000, 5\,000] \\ \dfrac{X_{ij}}{200}, X_{ij} < 100 \\ \dfrac{5\,000}{X_{ij}}, X_{ij} > 5\,000 \end{cases} \tag{15}$$

式中，H_{ij} 为第 i 个指标在 j 站位的生态系统健康分指数；X_{ij} 为第 i 个指标在 j 站位的实测值；S_{ij} 为第 i 个指标在 j 站位的参照标准。

表 6－9　崂山湾海域生态系统综合健康指数等级划分

指数	$EH<0.2$	$0.2\leqslant EH<0.4$	$0.4\leqslant EH<0.6$	$0.6\leqslant EH\leqslant 0.8$	$0.8<EH\leqslant 1$
健康状况	很差	较差	临界	一般	好

4. 崂山湾生态系统健康状态

以 2014 年 5 月崂山湾海域的资源环境调查为基础，采用层次分析法和综合指数法，构建崂山湾海域生态系统健康评价模型，对调查的 16 个站位进行生态系统健康评价，计算该海域生态系统健康分指数（表 6－10）和健康综合指数。

表 6－10　崂山湾海域生态系统生态环境状况及健康分指数

序号	指标因子	2014 年 5 月	健康分指数	序号	指标因子	2014 年 5 月	健康分指数
1	pH	7.921	1	7	浮游动物生物量（mg/m^3）	9.623	0.096
2	有机污染指数	−0.982	1	8	浮游动物生物多样性综合指数	0.991	0.283
3	营养水平指数	3.713	0.135	9	底栖生物生物量（g/m^2）	8.309	0.083
4	叶绿素（$\mu g/L$）	1.124	1	10	底栖生物生物多样性综合指数	1.928	0.551
5	浮游植物生物量（10^4 个/m^3）	40.278	0.403	11	游泳动物生物量（kg/km^2）	119	0.119
6	浮游植物生物多样性综合指数	2.390	0.683	12	游泳动物生物多样性综合指数	0.956	0.273

若健康分指数平均值低于 0.4，则它对应的健康状态将低于“临界”水平，会对生态系统的健康造成直接的负面影响，将健康分指数平均值低于 0.4 的指标，确定为影响生态系统健康的主要负面因子。影响崂山湾海域生态系统健康的主要负面因子是营养水平指数、浮游动物生物量、浮游动物生物多样性综合指数、底栖生物生物量、游泳动物生物多样性综合指数。底栖生物生物多样性综合指数对该海域生态系统健康也存在负面影响，其对应的生态系统健康分指数为 0.551，健康状态处于“临界”水平。生物多样性是生态系统抗干扰能力、恢复能力的体现。春季崂山湾鱼类优势种有 3 种，分别为皮氏叫姑鱼、短吻红舌鳎和矛尾鰕虎鱼，占渔获量比例较高，游泳动物的生物多样性相对较低；浮游动物、底栖生物、游泳动物的生物量也相对较低，相应的健康分指数较低。

2014 年 5 月崂山湾海域生态系统健康综合指数为 0.632，健康状态“一般”。调查的 16 个站位中，有 15 个站位的生态系统健康状态为“一般”；有 1 个站位的生态系统健康状态为“较差”，该站位磷酸盐和化学耗氧量严重超标，直接影响营养水平指数健康分指数。根据崂山湾海域生态系统健康状况的空间分布（图 6－2），健康综合指数总体呈现近岸、湾内高于南部外海。

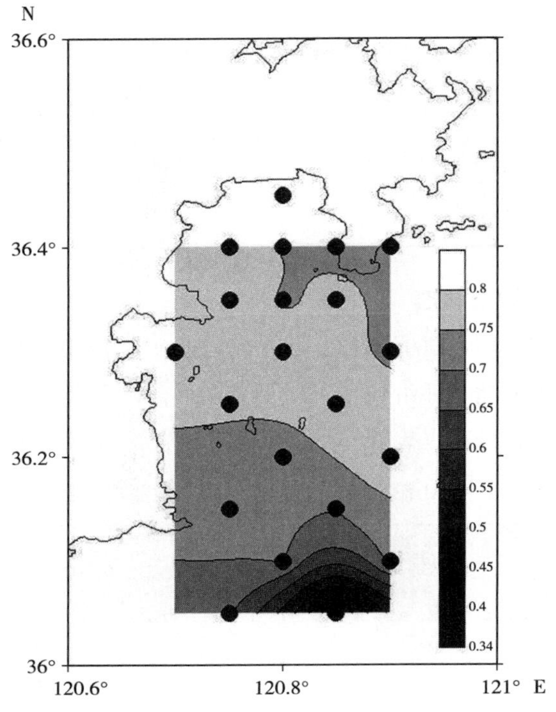

图 6-2 崂山湾海域生态系统健康综合指数空间分布

（三）后期展望

IBI 多用于河流的健康评价，在海湾中应用较少，本研究首次应用于崂山湾海域，涵盖了鱼类种类组成、营养结构和渔获量等 3 个方面的 10 项指标。参照标准的确定会影响健康结果的评价，需要开展长期定位监测，客观地评价鱼类群落健康程度。同时，也可以引入底栖无脊椎动物生物完整性指数（*B*-*IBI*）和着生藻类完整性指数（*P*-*IBI*）以及微生物完整性指数（*M*—*IBI*）等多种健康评价方法，系统地对生态系统进行健康评价。

由于数据资料的缺乏，未考虑沉积物、石油类等因素。本节初步构建了崂山湾海域生态系统健康综合评价指标体系，鉴于生态系统的复杂性，在稳定性、持续性、完整性，今后仍需进一步探讨，并完善评价指标体系和标准。评价标准的确定是生态系统健康评价的关键，需要通过长期的生态监测数据来验证，才能更好地评价指标体系的可行性；同时，对生态系统健康内涵的理解、评价指标的选择及分类等也是研究的重点；研究空间尺度和时间尺度的确定也很重要，对评价结果有显著影响。

第七章
中国对虾增殖放流与管理

第一节　中国对虾增殖基础

一、饵料基础

崂山湾属于典型的海湾生态系统，具有环境因子复杂多变，生产力高、生态系统多样化，受人类扰动程度大等特点。因此，海湾生态系统的健康评价是一个复杂的过程。一个健康的生态系统能够通过自我调节，维持自身结构和功能的稳定，各个要素能够相互协调，从而为人类提供生态系统服务功能。崂山湾生物饵料基础评价标准参考《中国专属经济区海洋生物资源与栖息环境》（唐启升，2006）中的五级水平评价法（表 7－1）。

表 7－1　饵料生物水平分级评价标准

评价等级	Ⅰ	Ⅱ	Ⅲ	Ⅳ	Ⅴ
浮游植物栖息密度（$\times10^4$ 个/m^3）	＜20	20～50	50～75	75～100	＞100
饵料浮游动物生物量（mg/m^3）	＜10	10～30	30～50	50～100	＞100
底栖生物生物量（采泥）（g/m^2）	＜5	5～10	10～25	25～50	＞50
分级描述	低	较低	较丰富	丰富	很丰富

从基础饵料生物来看（表 7－2），崂山湾浮游植物春季水平丰富，夏、秋季水平低；浮游动物春、夏、秋三季水平皆很丰富；底栖生物春季水平较低，夏、秋季水平低。崂山湾为开敞型海湾，东南向与南黄海毗邻。春季受黄海浮游植物水华的影响，崂山湾的浮游植物饵料水平丰富（每年春季平均 95.8×10^4 个/m^3），进而促进了捕食者浮游动物在随后季节的旺发，使得饵料浮游动物能够在三个季节保持很丰富的水平（平均 384.5 mg/m^3）。各调查年份底栖生物的生物量水平维持在春季较低，夏、秋季低的水平。总体来看，崂山湾浮游动物的饵料水平很高，有助于渔业早期生物的开口、饵料选择和转换、生长等过程，为崂山湾渔业资源的增殖养护、种群补充提供了良好的本底饵料基础。

表 7-2 崂山湾生物饵料基础评价

评价等级	春季	夏季	秋季
浮游植物栖息密度（$\times10^4$ 个/m^3）	95.8 丰富	16.2 低	3.7 低
饵料浮游动物生物量（mg/m^3）	769.9 很丰富	250.1 很丰富	133.6 很丰富
底栖生物生物量（采泥）（g/m^2）	6.49 较低	4.17 低	3.66 低

二、生物群落结构

崂山湾5个航次调查捕获渔业生物隶属于9目22科33属，其中鱼类20种，隶属于4目12科19属，占渔获种类数52.63%，包括15种中上层鱼类，5种底层鱼类；甲壳类共15种，隶属于2目9科12属，其中虾类12种，蟹类3种；头足类3种。崂山湾渔业资源网获总量为36.87 kg/h，优势种类为口虾蛄、长吻红舌鳎、白姑鱼、斑鰶、日本枪乌贼、日本蟳、双斑蟳、关公蟹和中国对虾，分别占总捕获量的46.67%、11.09%、6.15%、5.49%、5.17%、2.61%、2.46%、2.24%和2.02%，合计为83.90%。

三、放流中国对虾生长情况

（一）中国对虾的群体分析

巨大的捕获压力使得多数放流海域的中国对虾基本上为放流群体，偶尔也能发现野生中国对虾个体。通常中国对虾的放流在5月下旬至6月上旬进行，放流群体的体长明显大于当年野生群体的体长，故常采用体长频数分布法来区分野生群体与放流群体。同一群体的中国对虾，其体长处于同一正态分布图内，但该方法样本数量需求大。本研究采用SPSS16.0软件先对网获中国对虾体长正态概率进行检验，剔除3个偏离较大值。然后对剩余中国对虾的体长进行正态分布检验。2种检验方法的显著性值都大于0.05（表7-3），证实剩余中国对虾的体长符合正态分布，可看作同一放流群体。

表 7-3 中国对虾体长正态检验

柯尔莫哥洛夫-斯米尔诺夫检验			夏皮罗-威尔克检验		
统计量	自由度	显著性	统计量	自由度	显著性
0.107	97	0.081	0.976	97	0.275

（二）中国对虾的资源量

在5个航次的调查中，除7月8日的第1航次外，其他4个航次都捕获有中国对虾，表7-4为中国对虾调查取样时间、体长及体重情况。

表7-4　中国对虾调查取样时间、体长及体重

时间		6月9—13日	7月24日	8月2日	8月27日	8月30日
生长日龄（d）		1	44	54	79	82
尾数	雌性（尾）	100	24	27	3	4
	雄性（尾）		14	18	2	5
雌性	体长（cm）	11.50±1.22	114.2±11.03	134.40±10.06	155.00±35.54	160.25±14.61
	体重（g）	0.02	13.30±4.26	24.80±5.13	42.30±23.07	43.25±10.56
雄性	体长（cm）	11.50±1.22	124.70±6.38	127.40±4.71	153.00±4.24	153.20±3.70
	体重（g）	0.02	15.60±5.01	20.70±5.26	34.50±4.95	34.20±4.32

注：6月中国对虾100尾初孵不久，不易区分雌雄，故体长、体重数据一样，体重都很轻，约0.02 g。

增殖中国对虾的资源量应以临近开捕时的调查为依据。本研究开捕前2次的资源量调查因天气原因不能完全反映中国对虾在崂山湾的资源量，故评估以8月2日航次的捕捞数量为计算基准。经评估，崂山湾中国对虾的资源量约为49 762尾，回捕率为0.10%。

（三）中国对虾 Von Bertalanffy 生长方程

将捕获的中国对虾样品带回实验室进行体长、体重和性别等生物学测定。按雌、雄分别分析同一群体中国对虾体重与体长关系，并采用Von Bertalanffy生长方程拟合其体长与体重的函数关系。8月27日所捕5尾中国对虾的平均体重为39.2 g，平均体长为154.2 mm；8月30日所捕9尾中国对虾的平均体重为38.2 g，平均体长为156.3 mm。这2个航次中国对虾的体重与体长无显著差异（$p>0.05$，$n=14$），同时因捕获数量相对较少，所以为拟合其体长与体重函数关系，将这2个航次的雌、雄中国对虾分别合并。

根据表7-4中国对虾生物学数据，雌雄中国对虾Von Bertalanffy生长方程如下：

雌性　$W=2\times10^{-5}L^{2.9165}$，$R^2=0.9521$

雄性　$W=2\times10^{-5}L^{2.8107}$，$R^2=0.9035$

由公式和雌、雄中国对虾Von Bertalanffy生长方程曲线图（图7-1）可看出，同体长的中国对虾雌、雄个体体重相差较大。崂山湾放流中国对虾群体体重与体长呈幂函数关系，在体长超过35 mm后，同体长的雌、雄个体体重差别较大，但没有显著性差异（雌虾$n=25$，雄虾$n=36$；幂指数b检验：$p>0.05$；生长因子a检验：$p>0.05$）。

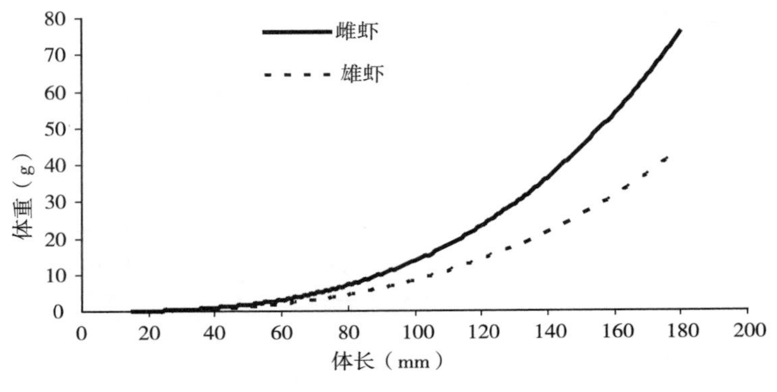

图 7-1　中国对虾体重与体长关系

（四）中国对虾随时间的生长方程

因中国对虾生活周期短，生长迅速，不同海区、同一时间的同一批虾苗和不同批次虾苗之间个体大小都有较大差异。根据雌、雄虾 Von Bertalanffy 生长方程来概括描述中国对虾体长与体重随时间的生长规律。采用 SPSS16.0 拟合中国对虾的体长生长方程，体重生长方程则由体长、体重关系式直接换算求得。

放流中国对虾随时间的生长方程为：

雌性　$L_t=200.83\times[1-e^{-0.019\times(t-23.70)}]$

$W_t=104.05\times[1-e^{-0.019\times(t-23.70)}]^{2.9165}$

雄性　$L_t=172.64\times[1-e^{-0.026\times(t-24.17)}]$

$W_t=38.81\times[1-e^{-0.026\times(t-24.17)}]^{2.81}$

式中，时间 t 表示日龄，t_0 即中国对虾开始生长时的年龄。

放流中国对虾生长速度方程，用导数方法求得：

雌性　$dL_t/dt=200.83\times0.019e^{-0.019\times(t-23.70)}$

$dWt/dt=2.9165\times104.05\times0.019e^{-0.019\times(t-23.70)}[1-e^{0.019\times(t-23.70)}]^{1.9165}$

雄性　$dL_t/dt=172.64\times0.026e^{-0.026\times(t-24.17)}$

$dWt/dt=2.8107\times38.81\times0.026e^{-0.026\times(t-24.17)}[1-e^{-0.026\times(t-24.17)}]^{1.8107}$

从放流中国对虾的体长生长速度曲线可见，雌虾和雄虾的体长生长速度都随时间的增加而递减并趋向于零。49 d 之前雄虾体长生长较雌虾快，之后雌虾、雄虾体长生长速度均递减，最后趋向于 0（图 7-2）。雌虾体长快速增长的时间较雄虾迟，但持续的时间长，能达到更大的个体（L_∞=200.83 mm）；雄虾快速增长的时间虽较早，但其持续的时间短，并以较短的时间接近渐近值（L_∞=172.64 mm）。由体重生长速度曲线可知，雌虾和雄虾“不对称倒二次曲线”型（图 7-3），所以有生长速度高峰。雌虾体重生长拐点为

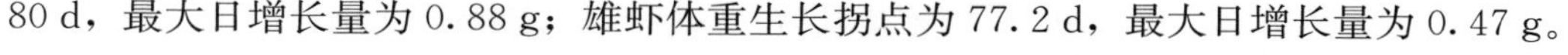

80 d，最大日增长量为 0.88 g；雄虾体重生长拐点为 77.2 d，最大日增长量为 0.47 g。

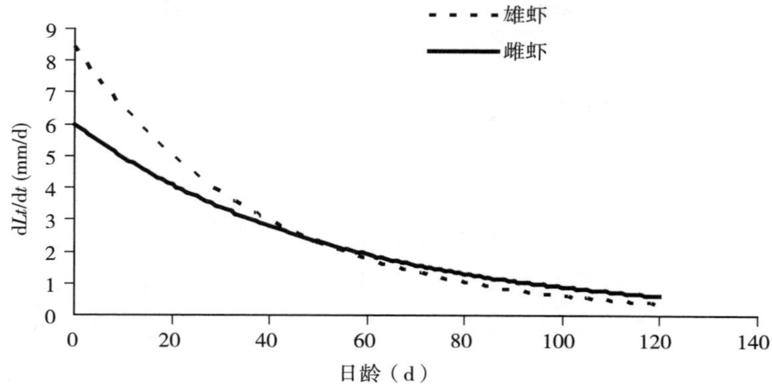

图 7-2　崂山湾放流中国对虾体长生长速度曲线

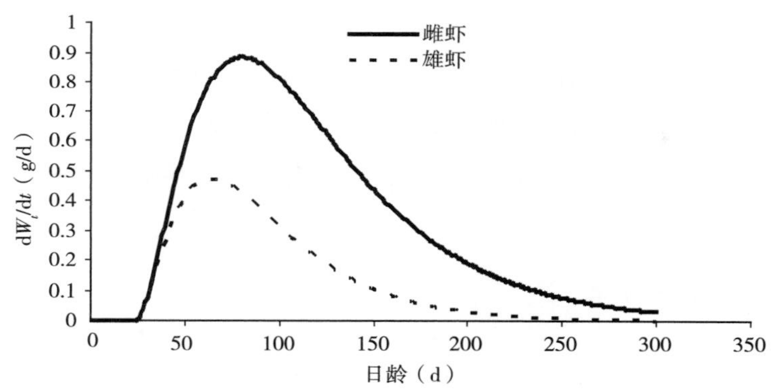

图 7-3　崂山湾放流中国对虾体重生长速度曲线

四、崂山湾中国对虾放流适宜性

（一）中国对虾的放流环境

崂山湾 5 个航次拖网调查的渔获物组成中，口虾蛄捕获量最大，占总捕获量的 46.66%；中国对虾的主要生物天敌鰕虎鱼和鲬（*Platycephalus indicus*）捕获量很少，两者捕获量占总捕获量的 1.28%。中国对虾和口虾蛄的食性十分类似，口虾蛄、鰕虎鱼和鲬的生物量说明崂山湾的生物环境适宜中国对虾的生长。崂山湾浮游动物和浮游植物生物水平评价等级分别为Ⅳ级和Ⅴ级，浮游植物很丰富，饵料基础适宜中国对虾的放流。

同期环境监测数据表明，崂山湾 6—9 月的水温范围为 19.62～25.26 ℃，平均水温

22.94 ℃；盐度范围 30.88～31.15，平均盐度为 31.02；pH 范围为 8.08～8.24，平均 pH 为 8.16；溶解氧范围为 7.23～9.73 mg/L，平均溶解氧为 8.48 mg/L，属正常范围。上述结果表明崂山湾的水化学环境也适合中国对虾的生长。

（二）中国对虾的资源量

历史资料表明，中国对虾在渤海的放流回捕率为 1.24%～4.6%。与其相比，2010 年崂山湾中国对虾的资源调查回捕率相对较低。崂山湾沿岸遍布定置网，中部水域存在流刺网和蟹笼等作业工具及最后 2 次调查的天气可能与回捕率较低有关，使得调查结果不能完全反映崂山湾中国对虾真实的资源量。开捕后对崂山湾周边港口码头进行中国对虾的生产走访调查显示，中国对虾的生产回捕率为 1.20%，在正常范围之内，但相对偏低。因崂山湾湾外为开放性海域，生产船只较多，分属不同的港口与码头，所以崂山湾周边港口码头中国对虾的生产调查数据也相对偏低。综合考量，崂山湾放流中国对虾的资源量属正常范围。

此外，当年崂山湾中国对虾是正中午放流的，当日气温较高，虾苗死亡率较高，也使得崂山湾中国对虾资源量偏低。按回捕率为 1.20%计算，2010 年崂山湾中国对虾的投入产出比为 1∶5.6，其捕捞量和投入产出比说明中国对虾应作为崂山湾长期的放流品种。

（三）中国对虾的生长

生物的生长是随时间而变化的生命过程，是种群的生物学特征。生物的生长是影响种群数量变动的 4 个因素之一，对中国对虾的生长进行探讨是研究其种群数量的依据。

根据崂山湾中国对虾的放流时间及其生长特性，雌、雄个体体重增长的拐点分别在 8 月 3 日和 7 月 18 日前后，即在 8 月初中国对虾已经越过了生长迅速的阶段。8 月 27 日所捕中国对虾的平均体重为 39.2 g，平均体长为 154.2 mm；8 月 30 日所捕中国对虾的平均体重为 38.2 g，平均体长为 156.3 mm。8 月底中国对虾的体重与体长无显著变化（$P>0.05$）。9 月初雄性中国对虾基本不增加体重，雌性中国对虾体重生长也渐趋缓慢。因此根据其生长特性，若在其快速生长转入缓慢生长以后加以利用，可获得较高的回捕产量，故合理的开捕日期应控制在 9 月初，这与青岛市海域伏季休渔的开捕时间 9 月 1 日相吻合。此时雌、雄中国对虾的体重分别约为 43.25 g 和 34.20 g，体长分别为 160.3 mm 和 153.2 mm，已达到捕捞规格。

从生长速度曲线可知，崂山湾放流的雌、雄中国对虾的体重增长速度不一。生长最快时，雌、雄中国对虾体重日增长量分别为 0.88 g 和 0.47 g。雌、雄个体生长差异较大，雄性生长速率大于雌性，以较快速度接近渐近值，但雌性个体较大。楼宝（1998）和张澄茂（2001）分别对浙江象山港和闽东海区放流中国对虾的渐近体重进行了研究，其雌虾的渐近体重分别为 105.8 g 和 108.4 g，与本文雌虾的研究结果 104.05 g 接近；而雄虾的渐近体重分别为 61.2 g 和 62.9 g，大于本文雄虾的研究结果 38.81 g。象山港和闽东海区放流中国对虾的渐近体长比本文的研究结果都稍长，闽东海区雌、雄虾的渐近体长分别为 210.2 mm 和 175.9 mm，象山港雌、雄虾的渐近体长分别为 214.1 mm 和 180.9 mm，本文雌、雄虾的渐近体长研究结果分别为 200.83 mm 和 172.64 mm。1990 年渤海中国对虾的渐近体重与体长为：L_∞＝201.3 mm、W_∞＝91.8 g（雌虾）；L_∞＝163.5 mm、W_∞＝49.1 g（雄虾）。

李旭杰等（2008）对青岛市古镇口湾增殖放流日本对虾的生长特性进行了研究，发现其雌、雄体重日增长量分别为 0.43 g 和 0.33 g。这也证实资源调查结果，即当年中国对虾比日本对虾的体型更大，且生长速度更快。

张澄茂（2001）研究发现 2001 年闽东海区放流雌、雄中国对虾的体重增长拐点分别为 105.3 d 和 97.9 d，最大体重日增长量分别为 0.61 g 和 0.36 g；1990 年渤海雌、雄中国对虾的体重增长拐点分别为 86 d 和 75 d，最大体重日增长量分别为 0.74 g 和 0.35 g；而崂山湾 2010 年放流的雌、雄中国对虾的生长拐点分别为 80 d 和 77.2 d，最大体重日增长量分别为 0.88 g 和 0.47 g。王文波等（1998）调查发现黄海中部放流的中国对虾自放流到捕捞期间的平均体长增长速度为 1.51 mm/d，低于崂山湾的调查研究结果 1.74 mm/d。对比发现，崂山湾中国对虾放流后的生长速率明显高于其他海域。

崂山湾放流中国对虾的生长拐点、最大体重日增长量、日平均增长速度、渐近体长与体重等生长参数大多高于目前浙江象山港、闽东海区、渤海和黄海中部放流的中国对虾的相应生长参数，少数几个生长参数相对偏低，但十分接近。这些重要数据证实崂山湾适宜中国对虾生长，是适宜的中国对虾放流点。

第二节　管理措施

崂山湾水化学环境、渔业资源种类组成、放流中国对虾的资源量、生长特征等重要数据崂山湾适合中国对虾的放流。8 月底中国对虾的平均体长可达 160 mm，平均体重可达 40 g，达到开捕规格，在此时进行中国对虾的捕捞，能产生较好的经济效益、生态效益和社会效益。

为获得更好的增殖放流效果，必须应用科学的放流方法与措施。放流前应依据拟放流苗种情况，对放流区域进行生态环境调查，进行一定数量和规格的苗种放流试验，以确定适宜的苗种放流规格及最适放流数量，并选择适宜的放流生境；采用适宜的苗种运输与放流操作方式；综合考虑放流苗种的摄食期、饵料情况以及敌害生物发生期等，以确定适宜的放流时间；加强增殖放流后期的管理，制定科学有效的保护措施，保护好放流水域和放流种群。

根据崂山湾的自然环境、天气与海况条件及本书研究结果，可以将放流时间提前到5月中下旬，降低放流时因天气炎热造成的死亡率。提前放流还有可能避开敌害生物，降低捕食死亡率，以获得更好的增殖效果。

参考文献

蔡立哲，马丽，高阳，等，2002. 海洋底栖动物多样性指数污染程度评价标准的分析［J］. 厦门大学学报，41（5）：641－646.

陈碧鹃，李云平，邢红艳，等，2003. 鳌山湾浮游植物的生态特性［J］. 海洋水产研究，24（2）：18－24.

陈聚法，赵俊，2004. 鳌山湾水文要素的分布及变化特征［J］. 海洋水产研究，25（2）：66－72.

程济生，俞连福，2004. 黄、东海冬季底层鱼类群落结构及多样性变化［J］. 水产学报，28（1）：29－34.

程济生，2000. 东、黄海冬季底层鱼类群落结构及多样性变化［J］. 海洋水产研究，21（3）：1－13.

程家骅，丁峰元，李圣法，等，2000. 夏季东海北部近海鱼类群落结构变化［J］. 自然资源学报，21（5）：775－781.

程家骅，姜亚洲，2010. 海洋生物资源增殖放流回顾与展望［J］. 中国水产科学，17（3）：610－617.

程家骅，姜亚洲，2008. 捕捞对海洋鱼类群落影响的研究进展［J］. 中国水产科学，15（2）：359－366.

崔毅，宋云利，1996. 渤海海域营养现状研究［J］. 海洋水产研究，17（1）：56－62.

崔毅，马绍赛，李云平，等，2003. 莱州湾污染及其对渔业资源的影响［J］. 海洋水产研究，24（1）：35－41.

邓景耀，金显仕，2000. 莱州湾及黄河口水域渔业生物多样性及其保护研究［J］. 动物学研究，21（1）：76－82.

邓景耀，孟田湘，任胜民，1986. 渤海鱼类食物关系的初步研究［J］. 生态学报，6（4）：356－364.

邓景耀，叶昌臣，刘永昌，1990. 渤黄海的对虾及其管理［M］. 北京：海洋出版社：104－116.

邓景耀，1988. 渤海渔业资源增殖与管理的生态学基础［J］. 渔业科学进展，3（9）：1－10.

丁喜桂，叶思源，高宗军，2006. 青岛鳌山湾海区营养结构分析与营养状况评价［J］. 湛江海洋大学学报，26（1）：22－26.

郭学武，唐启升，孙耀，等，1999. 斑鰶的摄食与生态转换效率［J］. 海洋水产研究，20（2）：17－25.

黄文祥，沈亮夫，朱琳，1984. 黄海的浮游植物［J］. 海洋环境科学，3（3）：19－28.

黄梓荣，张汉华，2009. 南海北部陆架区虾蛄类的种类组成和数量分布［J］. 渔业科学进展，30（6）：125－130.

贾晓平，杜飞雁，林钦，等，2003. 海洋渔场生态环境质量状况综合评价方法探讨［J］. 中国水产科学，10（2）：160－164.

贾晓平，李纯厚，甘居利，等，2005. 南海北部海域渔业生态环境健康状况诊断与质量评价［J］. 中国水产科学，12（6）：757－765.

金显仕，邓景耀，2000. 莱州湾渔业资源群落结构和生物多样性的变化［J］. 生物多样性，8（1）：65－72.

金显仕，2000. 渤海主要渔业生物资源变动的研究［J］. 中国水产科学，7（4）：22－26.

康元德，1986. 黄海浮游植物的生态特点及其与渔业的关系［J］. 海洋水产研究，7（7）：103—107.

冷春梅，王亚楠，董贯仓，等，2012. 黄河三角洲河口区浮游植物组成及多样性分析［J］. 环境生态，

38（1）：37－40.

李纯厚，林琳，徐姗楠，等，2013. 海湾生态系统健康评价方法构建及在大亚湾的应用［J］. 生态学报，33（6）：1798－1810.

李凡，吕振波，魏振华，等，2013. 2010 年莱州湾底层渔业生物群落结构及季节变化［J］. 中国水产科学，20（1）：137－147.

李虎，宋秀贤，俞志明，等，2014. 山东半岛近岸海域生态系统健康综合评价［J］. 海洋科学，38（10）：40－45.

李继龙，王国伟，杨文波，等，2009. 国外渔业资源增殖放流状况及其对我国的启示［J］. 中国渔业经济，3（27）：111－123

李旭杰，任一平，徐宾铎，等，2008. 青岛市古镇口湾增殖放流日本对虾的生长特性［J］. 南方水产，4（4）：26－29.

廖静秋，黄艺，2013. 应用生物完整性指数评价水生态系统健康的研究进展［J］. 应用生态学报，24（1）：295－302.

林金美，林加涵，1997. 南黄海浮游甲藻的生态研究［J］. 生态学报，17（3）：252－257.

林军，安树升，2002. 黄海北部中国对虾放流增殖回捕率下降的原因［J］. 水产科学，21（3）：43－44.

林群，李显森，李忠义，等，2013. 基于 Ecopath 模型的莱州湾中国对虾增殖生态容量［J］. 应用生态学报，24（4）：1131－1140.

林群，王俊，李忠义，等，2015. 黄河口邻近海域生态系统能量流动与三疣梭子蟹增殖容量估算［J］. 应用生态学报，26（11）：3523－3531.

刘瑞玉，崔玉珩，徐凤山，1993. 胶州湾中国对虾增殖效果与回捕率的研究［J］. 海洋与湖沼，24（2）：137－142.

刘晓收，赵瑞，华尔，等，2014. 莱州湾夏季大型底栖动物群落结构特征及其与历史资料的比较［J］. 海洋通报，33（3）：283－292.

楼宝，1998. 象山港人工放流中国对虾的生长特性研究［J］. 浙江水产学院学报，17（1）：51－58.

栾生，金武，孔杰，等，2013. 中国对虾（*Fenneropenaeus chinensis*）多性状复合育种方案的遗传和经济评估［J］. 海洋学报，35（2）：133－141.

宁璇璇，纪灵，王刚，等，2011. 2009 年莱州湾近岸海域浮游植物群落的结构特征［J］. 海洋湖沼通报（3）：97－104.

农业部渔业渔政管理局，2010. 中国渔业统计年鉴［M］. 北京：中国农业出版社.

农业部渔业渔政管理局，2011. 中国渔业统计年鉴［M］. 北京：中国农业出版社.

农业部渔业渔政管理局，2012. 中国渔业统计年鉴［M］. 北京：中国农业出版社.

农业部渔业渔政管理局，2013. 中国渔业统计年鉴［M］. 北京：中国农业出版社.

农业部渔业渔政管理局，2014. 中国渔业统计年鉴［M］. 北京：中国农业出版社.

乔凤勤，邱盛尧，张金浩，等，2012. 山东半岛南部中国明对虾放流前后渔业资源群落结构［J］. 水产科学，31（11）：651－656.

寿鹿，2013. 长江口及邻近海域大型底栖生物生态学研究［D］. 南京：南京师范大学.

宋金明，2000. 海洋沉积物中的生物种群在生源物质循环中的功能［J］. 海洋科学，24（4）：34－38.

隋吉星，于子山，曲方圆，等，2010. 胶州湾中部海域大型底栖生物生态学初步研究［J］. 海洋科学，34（5）：1－6.

孙振中，戚隽渊，曾智超，等，2008. 长江口九段沙水域环境及生物体内多氯联苯分布［J］. 环境科学研究，21（3）：92－97.

唐启升，1999. 海洋食物网与高营养层次营养动力学研究策略［J］. 海洋水产研究，20（2）：1－11.

唐启升，1996. 关于容纳量及其研究［J］. 海洋水产研究，17（2）：1－5.

唐启升，2006. 中国专属经济区海洋生物资源与栖息环境［M］. 北京：科学出版社：433.

田胜艳，张文亮，于子山，等，2010. 胶州湾大型底栖动物的丰度、生物量和生产量研究［J］. 海洋科学，34（6）：81－87.

王金宝，李新正，王洪法，等，2007. 黄海特定断面夏秋季大型底栖动物生态学特征［J］. 生态学报，27（10）：4349－4358.

王金宝，李新正，王洪法，等，2011. 2005—2009 年胶州湾大型底栖动物生态学研究［J］. 海洋与湖沼，42（5）：728－737.

王俊，2001. 黄海春季浮游植物的调查研究［J］. 海洋水产研究，22（1）：56－61.

王文波，邵武功，林源，等，1998. 黄海北部中国对虾放流虾生长的研究［J］. 水产科学，17（1）：3－5.

王瑜，刘录三，刘存歧，等，2010. 渤海湾近岸海域春季大型底栖动物群落特征［J］. 环境科学研究，23（4）：430－436.

王宗兴，范士亮，徐勤增，等，2010. 青岛近海秋季大型底栖动物群落特征［J］. 海洋湖沼通报，1：59－64.

吴莹莹，孟宪红，孔杰，等，2013. 非标记探针 HRM 法在中国对虾 EST－SNP 筛选中的应用［J］. 渔业科学进展，34（1）：111－118.

徐宾铎，金显仕，梁振林，2003. 秋季黄海底层鱼类群落结构的变化［J］. 中国水产科学，10（2）：148－154.

徐姗楠，陈作志，林琳，等，2016. 大亚湾石化排污海域生态系统健康评价［J］. 生态学报，36（5）：1421－1430.

许思思，宋金明，李学刚，等，2014. 渤海渔获物资源结构的变化特征及其影响因素分析［J］. 自然资源学报，29（3）：500－506.

叶昌臣，李玉文，韩茂仁，等，1994. 黄海北部中国对虾合理放流数量的讨论［J］. 海洋水产研究，15：9－18.

叶昌臣，邓景耀，2001. 渔业资源学［M］. 重庆：重庆出版社：300－302.

俞存根，宋海棠，姚光展，2004. 东海大陆架海域蟹类资源量的评估［J］. 水产学报，28（1）：41－46.

俞建銮，李瑞香，1993. 渤海、黄海浮游植物生态的研究［J］. 黄渤海海洋，11（3）：52－59.

袁伟，林群，王俊，等，2015. 崂山湾中国对虾（*Fenneropenaeus chinensis*）增殖放流的效果评价［J］. 渔业科学进展，4：27－34.

张波，吴强，金显仕，2015. 1959—2011 年间莱州湾渔业资源群落食物网结构的变化［J］. 中国水产科学，22（2）：278－287.

张澄茂，2001. 闽东海区中国对虾放流虾的生长特性［J］. 水产学报，25（2）：116－119.

张锦峰，高学鲁，庄文，等，2014. 莱州湾渔业资源与环境变化趋势分析［J］. 海洋湖沼通报（3）：82－90.

张天时，王清印，刘萍，等，2005. 中国对虾（*Fenneropenaeus chinensis*）人工选育群体不同世代的微卫星分析［J］. 海洋与湖沼，36（1）：72－80.

张秀梅，王熙杰，涂忠，等，2009. 山东省渔业资源增殖放流现状与展望［J］. 中国渔业经济，2（27）：51－58.

赵宁，季相星，王振钟，等，2013. 乳山湾春秋大型底栖动物生态学特征［J］. 海洋湖沼通报，4（4）：80－88.

中国海湾志编纂委员会，1993. 中国海湾志（第四分册）［M］. 北京：海洋出版社.

周红，华尔，张志南，2010. 秋季莱州湾及邻近海域大型底栖动物群落结构特征的研究［J］. 中国海洋大学学报，40（8）：80－87.

周军，李怡群，张海鹏，等，2006. 中国对虾增殖放流跟踪调查与效果评估［J］. 河北渔业，2006（7）：27－30.

朱明远，毛兴华，吕瑞华，等，1993. 黄海海区的叶绿素 a 和初级生产力［J］. 黄渤海海洋，11（3）：38－51.

朱树屏，郭玉洁，1957. 烟台、威海鲐鱼渔场及其附近海区角毛硅藻属的研究［J］. 海洋与湖沼，1（1）：27－94.

朱鑫华，缪锋，刘栋，等，2001. 黄河口及邻近海域鱼类群落时空格局与优势种特征研究［J］. 海洋科学集刊（43）：141－151.

Anticamara J A，Watson R，Gelchua A，et al，2011. Global fishing effort（1950—2010）：trends，gaps，and implications［J］. Fisheries Research，107：131－136.

Aprahamian M W，Martin S K，Mc Ginnitw P，et al，2003. Restocking of salmonids：opportunities and limitations［J］. Fisheries Research，62：211－227.

Badosa A，Boix D，Brucet S，et al，2007. Zooplankton taxonomic and size diversity in Mediterranean coastal lagoons（NE Iberian Peninsula）：influence of hydrology，nutrient composition，food resource availability and predation［J］. Estuarine Coastal & Shelf Science，71（1）：335－346.

Banse K，1995. Zooplankton：pivotal role in the control of ocean production［J］. ICES Journal of Marine Science，52（3－4）：265－277.

Beaugrand，G，Kirby R R，2010. Climate，plankton and cod［J］. Global Change Biology，16（4）：1268－1280.

Beaugrand G，Brander K M，Lindley J A，et al，2003. Plankton effect on cod recruitment in the North Sea［J］. Nature，426（6967）：661－664.

Bell J D，Bartley D M，Lorenzen K，et al，2006. Loneragan restocking and stock enhancement of coastal fisheries：potential，problems and progress［J］. Fisheries Research（80）：1－8.

Bell J D，Rothlisberg P C，Munro J L，et al，2005. Restocking and stock enhancement of marine invertebrate fisheries［J］. Advances in Marine Biology，49：1－370.

Blaxter J H S，2000. The enhancement of cod stocks［J］. Advances in Marine Biology，38：1－54.

Byron C，Link J，Costa－Pierce B，et al，2011a. Modeling ecological carrying capacity of shellfish aquaculture in highly flushed temperate lagoons［J］. Aquaculture，314：87－99.

Byron C，Link J，Costa－Pierce B，et al，2011b. Calculating ecological carrying capacity of shellfish aquaculture using mass－balance modeling：Narragansett Bay，Rhode Island［J］. Ecological Modelling，

222：1743－1755.

Christensen V，Pauly D，1995. Fish production，catches and the carrying capacity of the world oceans [J]. Naga，18：34－40.

Christensen V，Pauly D，1998. Changes in models of aquatic ecosystems approaching carrying capacity [J]. Ecological Applications，8（Suppl. 1）：S104－S109.

Christensen V，Walters C J，2004. Ecopath with Ecosim：methods，capabilities and limitation [J]. Ecological Modelling，172：109－139.

Clarke，K R，1990. Comparision of dominance curves [J]. Journal of Experimental Marine Biology & Ecology，138：143－157.

Clarke K R，1993. Non－parametric multivariate analyses of changes in community structures [J]. Australian Journal Ecology（18）：117－143.

Clarke K R，Ainsworth M，1993. A method of linking multivariate community structure to environmental variables [J]. Marine Ecology Progress Series（92）：205－219.

Clarke K R，Warwick R M，2001. Changes in marine communities：an approach to statistical analysis and interpretation [J]. Mount Sinai Journal of Medicine New York，40（5）：689－692.

Connell J H，1978. Diversity in tropical rain forests and coral reefs [J]. Science，199（4335）：1302－1310.

Cooney R T，1993. A theoretical evaluation of the carrying capacity of Prince William Sound，Alaska，for juvenile pacific salmon [J]. Fisheries Research，18：77－87.

Cushing D，1990. Plankton production and year－class strength in fish populations：an update of the match/mismatch hypothesis [J]. Advances in Marine Biology，26：249－293.

Davenport J，Ekaratne S U K，Walgama S A，et al，1999. Successful stock enhancement of a lagoon prawn fishery at Rekawa，Sri Lanka using cultured post－larvae of penaeid shrimp [J]. Aquaculture（180）：65－78.

Grønkjær P，Wieland K，1997. Ontogenetic and environmental effects on vertical distribution of cod larvae in the Bornholm Basin，Baltic Sea [J]. Marine Ecology Progress Series，154：91－105.

Hays G C，Richardson A J，Robinson C，2005. Climate change and marine plankton [J]. Trends in Ecology & Evolution，20（6）：337－344.

Hilborn R，1998. The economic performance of marine stock enhancement projects. Bulletion of Marine. Science，62（2）：661－674.

Hinrichsen H H，Möllmann C，Voss R，et al，2002. Biophysical modelling of larval Baltic cod（*Gadus morhua*）growth and survival [J]. Canadian Journal of Fisheries and Aquattic Sciences，59：1858－1873.

Jayaraj K A，Sheeba E，Jacob J，et a1，2008. Response of infaunal macrobenthos to the sediment granulometry in a tropical continental margine southwest coast of India Estuarine [J]. Coastal and Shelf Science，77：743－754.

Jiang W M，Gibbs M T，2005. Predicting the carrying capacity of bivalve shellfish culture using a steady，linear food web model [J]. Aquaculture，244：171－185.

Kang J H，Kim W S，Jeong H J，et al，2007. Why did the copepod Calanus sinicus increase during the

1990 s in the Yellow Sea? [J]. Marine Environmental Research, 63 (1): 82 - 90.

Karr J R, Fausch K D, Angermeier P L, 1986. Assessing biological integrity in running waters: A method and its rationale [J]. Special Publication, 5: 1 - 28.

Kashiwai M, 1995. History of carrying capacity concept as an index of ecosystem productivity (Review) [J]. Bulletin Hokkaido National Fisheries Research Institute, 59: 81 - 100.

Kavanagh P, Newlands N, Christensen V, et al, 2004. Automated parameter optimization for Ecopath ecosystem models [J]. Ecological Modelling, 172 (2 - 4): 141 - 150.

Kiørboe T, 1998. Population regulation and role of mesozooplankton in shaping marine pelagic food webs [J]. Hydrobiologia, 363: 13 - 27.

Kitada S, Kishino H, 2006. Lessons learned from Japanese marine finfish stock enhancement programmes [J]. Fisheries Research, 80 (1): 101 - 112.

Kitada S, Shishidou H, Sugaya T, et al, 2009. Genetic effects of long - term stock enhancement programs [J]. Aquaculture (290): 69 - 79.

Lorenzen K, Leber K M, Blankenship H L, 2010. Responsible approach to marine stock enhancement: an update [J]. Reviews in Fisheries Science, 18 (2): 189 - 210.

Margalef D R, 1958. Information theory in ecology [J]. Gen System (3): 36 - 71.

Mc Dowell N, 2002. Stream of escaped farm fish raises fears for wild salmon [J]. Nature, 416: 571.

Molinero J C, Ibanez F, Buecher E, et al, 2008. Climate control on the long - term anomalous changes of zooplankton communities in the Northwestern Mediterranean [J]. Global Change Biology, 14 (1): 11 - 26.

Möllmann C, Kornilovs G, Sidrevics L, 2000. Long - term dynamics of main mesozooplankton species in the Central Baltic Sea [J]. Journal of Plankton Research, 22: 2015 - 2038.

Pauly D, Christensen V, Guénette S, et al, 2002. Towards sustainability in world fisheries [J]. Nature, 418: 689 - 695.

Perry R I, Batchelder H P, Mackas D L, et al, 2004. Identifying global synchronies in marine zooplankton populations: issues and opportunities [J]. ICES Journal of Marine Science, 61 (4): 445 - 456.

Pielou E C, 1977. Mathematical ecology [M] . New York: John Wiley.

Pinkas L, Oliphant M S, Iverson I L K, 1971. Food habits of albacore, bluefish tuna, and bonito in California waters [J]. Water Research, 18 (6): 653 - 594.

Richardson A J, Walne A W, John A W G, et al, 2006. Using continuous plankton recorder data [J]. Progress in Oceanography, 68 (1): 27 - 74.

Sakamaki T, Nishimura O, 2009. Is sediment mud content a significant predictor of macrobenthos abundance in low - mud - content tidal flats? [J]. Marine and Freshwater Research, 60: 160 - 167.

Salvanes A G V, Aksnes D, Fossa J H, et al, 1995. Simulated carrying capacities of fish in Norwegian fjords [J]. Fisheries Oceanography, 4: 17 - 32.

Seitz R D, Lipcius R N, Knick K E, et al, 2008. Stock enhancement and carrying capacity of blue crab nursery habitats in Chesapeake Bay [J]. Reviews in Fisheries Science, 16 (1 - 3): 329 - 337.

Shannon E C, Weaver W, 1948. The mathematical theory of communication [M]. Urbana: University of

Illinois Press.

Shishidou H, Kitada S, Sakamoto T, et al, 2008. Genetic variability of wild and hatchery-released red sea bream in Kagoshima Bay, Japan, evaluated by using microsatellite DNA analysis [J]. Nippon Suisan Gakkaishi, 74: 183-188.

Stottrup J G, Sparrevohn C R, 2007. Can stock enhancement enhance stocks? [J]. Journal of Sea Research (57): 104-113.

Svåsand T, Kristiansen T S, Pedersen T, et al, 2000. The enhancement of cod stocks [J]. Fish & Fisheries, 1: 173-205.

Taylor M D, Brennan N P, Lorenzen K, et al, 2013. Generalized predatory impact model: a numerical approach for assessing trophic limits to hatchery releases and controlling related ecological risks [J]. Reviews in Fisheries Science, 21: 341-353.

Taylor M D, Suthers I M, 2008. A predatory impact model and targeted stock enhancement approach for optimal release of mulloway (*Argyrosomus japonicus*) [J]. Reviews in Fisheries Science, 16 (1—3): 125-134.

Thrush S F, Hewitt J E, Norkko A, et al, 2003. Habitat change in estuaries: predicting broad scale responses of intertidal macrofauna to sediment mud content [J]. Marine Ecology Progress Series, 263: 101-112.

Uki N, 2006. Stock enhancement of the Japanese scallop Patinopecten yessoensis in Hokkaido [J]. Fisheries Research, 80: 62-66.

Wang Q Y, Zhuang Z M, Deng J Y, et al, 2006. Stock enhancement and translocation of the shrimp Penaeus chinensis in China [J]. Fisheries Research, 80: 67-79.

Warwick R M, 1986. A new method for detecting pollution effects on marine macrobenthic communities [J]. Marine biology, 92: 557-562.

Washington H G, 1984. Diversity biotic and similarity indices: a review with special relevance to aquatic ecosystems [J]. Water Research, 18 (6): 653-694.

Xu S N, Chen Z Z, Li C H, et al, 2011. Assessing the carrying capacity of tilapia in an intertidal mangrove-based polyculture system of Pearl River Delta, China [J]. Ecological Modelling, 222: 846-856.

Ysebaert T, Herman P M J, 2002. Spatial and temporal variaion in benthic macrofauna and relationships with environmental variables in an estuarine, intertidal soft sediment environment [J]. Marine Ecology Progress Series, 244: 105-124.

作者简介

王　俊　男，1964年9月生，硕士，中国水产科学研究院黄海水产研究所研究员，中国海洋大学、上海海洋大学、南京农业大学兼职硕士研究生导师。现任中国水产科学研究院黄海水产研究所渔业资源与生态系统研究室主任、农业农村部黄渤海渔业资源环境科学观测实验站站长，从事渔业资源养护与生态研究等工作。近5年来，主持国家自然科学基金面上项目、科技支撑计划课题、公益性行业（农业）科研专项项目、中海油公益基金项目以及农业农村部财政项目等10余项。以第一作者和通讯作者发表研究论文30余篇；以第一发明人获国家授权发明专利3项；主持制定国家行业标准1项；主编专著1部，参编专著2部；获山东省科学技术进步奖一等奖1项。